"十三五"国家重点出版物出版规划项目
可靠性新技术丛书

装备研制产品保证的系统策略和工程方法

System Strategy and Engineering Method for Equipment Development Product Assurance

李建军　徐居明　赵广燕　编著
康锐　审

国防工业出版社
·北京·

内 容 简 介

本书以阐述装备研制产品保证的系统策略和工程方法为主线，介绍了基于系统工程原理和项目管理要求的产品保证的理论方法、系统建模、策略原则、体系设计、运行模式、工程技术方法和应用实践案例等。全书共分 10 章，阐述了产品保证的基本概念，产品保证与质量保证、质量体系建设的关系，产品保证的系统工程原理及方法，产品保证的工作结构分解与工作提要，装备研制产品保证的系统策略，装备研制产品保证的组织体系设置、规范体系设计，研制产品技术状态管理，产品保证工程技术方法应用等内容，最后，作者对产品保证的发展与应用趋势进行了展望。

本书可供从事装备研制、生产工作的工程技术与管理人员参考使用，也可作为普通高等院校相关专业研究生及高年级本科生阅读参考。

图书在版编目（CIP）数据

装备研制产品保证的系统策略和工程方法 / 李建军，徐居明，赵广燕编著. —北京：国防工业出版社，2024.1

（可靠性新技术丛书）

ISBN 978-7-118-13083-6

Ⅰ. ①装… Ⅱ. ①李… ②徐… ③赵… Ⅲ. ①武器装备-研制-产品质量-质量管理体系-研究 Ⅳ. ①E241

中国国家版本馆 CIP 数据核字（2023）第 248552 号

※

国防工业出版社出版发行

（北京市海淀区紫竹院南路 23 号　邮政编码 100048）

北京龙世杰印刷有限公司印刷

新华书店经售

*

开本 710×1000　1/16　印张 17　字数 314 千字

2024 年 1 月第 1 版第 1 次印刷　印数 1—1500 册　定价 98.00 元

国防书店：（010）88540777　　书店传真：（010）88540776

发行业务：（010）88540717　　发行传真：（010）88540762

丛书序

可靠性理论与技术发源于20世纪50年代，在西方工业化先进国家得到了学术界、工业界广泛持续的关注，在理论、技术和实践上均取得了显著的成就。20世纪60年代，我国开始在学术界和电子、航天等工业领域关注可靠性理论研究和技术应用，但是由于众所周知的原因，这一时期进展并不顺利。直到20世纪80年代，国内才开始系统化地研究和应用可靠性理论与技术，但在发展初期，主要以引进吸收国外的成熟理论与技术进行转化应用为主，原创性的研究成果不多，这一局面直到20世纪90年代才开始逐渐转变。1995年以来，在航空航天及国防工业领域开始设立可靠性技术的国家级专项研究计划，标志着国内可靠性理论与技术研究的起步；2005年，以国家“863”计划为代表，开始在非军工领域设立可靠性技术专项研究计划；2010年以来，在国家自然科学基金的资助项目中，各领域的可靠性基础研究项目数量也大幅增加。同时，进入21世纪以来，在国内若干单位先后建立了国家级、省部级的可靠性技术重点实验室。上述工作全方位地推动了国内可靠性理论与技术研究工作。当然，随着中国制造业的快速发展，特别是《中国制造2025》的颁布，中国正从制造大国向制造强国的目标迈进，在这一进程中，中国工业界对可靠性理论与技术的迫切需求也越来越强烈。工业界的需求与学术界的研究相互促进，使得国内可靠性理论与技术自主成果层出不穷，极大地丰富和充实了已有的可靠性理论与技术体系。

在上述背景下，我们组织撰写了这套可靠性新技术丛书，以集中展示近5年国内可靠性技术领域最新的原创性研究和应用成果。在组织撰写丛书过程中，坚持了以下几个原则：

一是**坚持原创**。丛书选题的征集，要求每一本图书反映的成果都要依托国家级科研项目或重大工程实践，确保图书内容反映理论、技术和应用创新成果，力求做到每一本图书达到专著或编著水平。

二是**体系科学**。丛书框架的设计，按照可靠性系统工程管理、可靠性设计与实验、故障诊断预测与维修决策、可靠性物理与失效分析4个板块组织丛书的选题，基本上反映了可靠性技术作为一门新兴交叉学科的主要内容，也能在一定时期内保证本套丛书的开放性。

三是**保证权威**。丛书作者的遴选，汇聚了一支由国内可靠性技术领域长江学者特聘教授、千人计划专家、国家杰出青年基金获得者、973 项目首席科学家、国家级奖获得者、大型企业质量总师、首席可靠性专家等领衔的高水平作者队伍，这些高层次专家的加盟奠定了丛书的权威性地位。

四是**覆盖全面**。丛书选题内容不仅覆盖了航空航天、国防军工行业，还涉及了轨道交通、装备制造、通信网络等非军工行业。

本套丛书成功入选“十三五”国家重点出版物出版规划项目，主要著作同时获得国家科学技术学术著作出版基金、国防科技图书出版基金以及其他专项基金等的资助。为了保证本套丛书的出版质量，国防工业出版社专门成立了由总编辑挂帅的丛书出版工作领导小组和由可靠性领域权威专家组成的丛书编审委员会，从选题征集、大纲审定、初稿协调、终稿审查等若干环节设置评审点，依托领域专家逐一对入选丛书的创新性、实用性、协调性进行审查把关。

我们相信，本套丛书的出版将推动我国可靠性理论与技术的学术研究跃上一个新台阶，引领我国工业界可靠性技术应用的新方向，并最终为“中国制造2025”目标的实现做出积极的贡献。

康锐

2018 年 5 月 20 日

前言

国防科技工业正面临装备建设的高质量发展时期，装备实战化需求的牵引、战术技术性能的升级、复杂环境下的作战使用与考核要求，以及装备研制技术的进步、高新技术的大量采用、跨单位协同的工作模式、多任务并举的运行状态等，均给装备全寿命周期的质量管理工作提出了严峻挑战。

20 世纪 90 年代中期至今，装备全寿命期质量管理工作普遍采用质量管理体系模式。国防科技工业普遍接受 GJB 9001 质量管理体系认证，使用方亦通过对质量管理体系的认证注册，赋予工业部门装备承制资格。随着科学技术与管理模式的进步，这种单纯靠质量管理体系保证装备质量，特别是对于跨行业、跨单位协同运作的复杂装备质量的管理模式，日渐暴露出其弊端，装备质量建设面临着一系列深层次矛盾问题，迫切需要探索新体制下的装备质量管理模式，以求进一步适应装备建设及发展的要求。

20 世纪 60 年代起，应国际航天、航空合作项目的需要，在质量保证模式基础上发展形成的产品保证模式，已为国内外众多的大型、复杂工程项目的实践所证实，是一种成功有效的质量管理模式。国内许多军工行业，特别是航天、航空领域，也在学习、借鉴国外先进的产品保证模式的基础上，探索、创新适应国情特色的产品保证模式，并将其积极运用于工程实践，有力保证了装备研制、生产的顺利进行，特别是保证了大型、复杂工程项目研制、试验的成功率。中国航天秉持系统工程的原理与方法，开拓进取，创新实践，将产品保证与质量管理体系有机结合，在载人航天、探月工程等重大工程领域，取得了显著的技术、经济与管理效益。

为进一步适应新时期装备建设和高质量发展要求，国防科技工业应在成功实践的基础上，积极借鉴和推广先进的产品保证模式和经验，探索、总结和形成适于国情特色、满足复杂装备工程项目特点的实用有效的质量管理模式。

本书以装备建设中的研制需求为背景，旨在探讨和研究国防科技工业质量管理的新思路和新方法，在分析国内外产品保证实践与经验的基础上，针对国防科技工业的现行管理体制，结合复杂装备研制的特殊背景和要求，进行基于装备研制需求的产品保证模式的研究和应用，重点研究基于系统工程和项目管理要求的产品保证的理论方法、策略原则、组织体系、运行模式及工程技术方法等，以求总结形成适于国情特色、满足复杂装备研制特点的产品保证模式。

首先，本书在综述国内外产品保证技术研究和应用现状、分析复杂装备项目研制特点的基础上，依据系统工程的原理和方法，探讨装备研制“项目管理、工程研制、产品保证”之间的关系，据此建立了融合三者内在关系的项目系统工程模型；同时，基于质量管理体系标准提出的“质量管理原则”，运用质量管理的“源头控制”理论，分析了产品保证的系统管理方法和过程方法，探讨了产品保证与质量保证的关系，从而为后续研究及工程实践奠定基础。

其次，本书依据常规武器装备研制程序和工作要求，结合国防科技工业和国防军工科研院所现状分析，进行了基于项目管理的装备研制产品保证策略的研究，提出了“以技术状态管理为主线，以专业工程综合为路径，以电子元器件、计算机软件、机械结构件为基础，以质量、计量、标准化、可靠性为一体”的产品保证工作模式；同时以“机构/职责、过程、程序和资源”为要素，提出了基于项目管理要求的型号组织体系及产品保证体系的设置模型，并在分析装备型号“两总”“三师”组织体系的基础上，提出了以“四位一体”型号质量师系统为组织形式的产品保证工作系统构建方案，以及以“五位一体”业务并行的产品综合开发团队运行模式等。

最后，本书以实际装备研制项目为背景，进行了装备研制产品保证技术的应用研究和工程实践，具体以研究形成的产品保证策略原则、工作项目、实施路径为基线，进行了产品保证相关技术与管理领域的工程实践及应用，提出了具体的工程技术方法，并辅之实际的工程案例以验证其有效性。

本书是以某型装备研制及产品保证的工程实践为基础，结合近几年装备建设及产品保证工作的研究成果总结形成的。特别致敬时任某型装备特聘顾问的杨为民教授，当年以他的博学睿智洞彻事理，提出了该型装备研制产品保证的总体思路和框架模型，而这正是本书的核心内容所在。特别感谢康锐教授对本书形成过程所给予的系统指导和校正，他的许多学术观念和独特见解使本书的内涵得到提升。本书在编写过程中，得到了李伟、赵胜、胡德敏、程思阳、任羿、李晓昕、李根成、朱觅、李硕、杨文进、牛焕生、海洋、柳思源、温方淇等同事的相关支持和帮助；宋太亮、汪邦军认真审阅了本书初稿，并对相关内容提出了指导性建议；北京航空航天大学可靠性与系统工程学院、国防工业出版社相关领导对本书的编写和成稿给予了热情的鼓励和支持；本书还参考了相关专家学者编写的标准、论文和著作，在此一并表示衷心的感谢。

本书所介绍的工作属于工程技术与管理型应用研究，对于从事装备研制、项目管理、质量管理、产品保证等工作的相关技术与管理人员，均具有借鉴意义和参考价值。由于作者水平有限，书中相关内容难免有疏漏和不妥之处，热诚欢迎各位读者给出批评指正意见。

李建军　徐居明　赵广燕

2022 年 6 月

目录

第1章

概　　述

装备研制是国防现代化建设的一项政治任务，是国防科技工业光荣而艰巨的历史使命，按期、优质完成装备的研制、生产和交付，是国防科技工业各军工企事业单位义不容辞的责任和义务。

随着现代科学技术的迅猛发展，以及国防现代化建设对装备战术、技术要求的升级，装备研制已发展到以高科技为特点、以高质量为标志，以全面实现装备的作战效能为目标，对国防科技工业的整体能力及装备研制、生产与质量管理工作提出了严峻的挑战。探索适于复杂装备研制特点、符合国情特色、基于项目管理要求的质量管理新思路和新方法，便成为国防科技工业所面临的亟待解决的问题。

1.1　装备研制现状分析

1.1.1　装备研制特点

装备研制工作普遍具有以下特点：

（1）技术跨度大，档位升级快，关键技术多。装备研制的战术、技术性能已经实现了更新换代，普遍从第二、三代装备的研制发展到第四代装备研制、第五代装备预研。装备研制及其管理过程已过渡到以“设计为中心”的系统工程过程。

（2）研制周期短，进度要求紧。复杂装备工程是在特殊背景下、为满足特殊需求而进行的特殊研制项目，研制工作时间紧、任务重，质量与进度的矛盾十分突出，以质量保进度、以质量保成功成为共识。

（3）研制生产并行，研产一体，研制带交付。鉴于装备建设的迫切需要及时间关系，研制工作很难按照常规的研制程序，按序串行完成工程研制、设计定型、生产定型后再实现批量交付，往往要求在装备设计定型前就要组织风险投产，交付部队使用。

（4）系统庞大、配套关系复杂。装备研制一般均为跨行业、跨单位的协同研制与配套过程，涉及不同行业特色、不同企业属性的各相关单位参加，由于企业转制及市场运作的不规范，使装备研制配套进度与质量失控的风险始终存在。

（5）研制的技术与管理基础薄弱。企业转型升级带来的不确定性始终存在，和平时期又使部分科研院所忽视了技术进步和技术储备，致使承担装备研制的技术与管理基础比较薄弱。

1.1.2 装备研制管理现状分析

国防科技工业肩负着为国防现代化建设提供军事装备的历史重任，走过了一条由小到大、由弱到强的成长之路，形成了体系健全、布局合理、系统配套，覆盖航空、航天、兵器、舰船、核能、电子等军工行业的国家战略性产业，为国防军工事业的发展和国防现代化建设奠定了基础。装备建设也经历了从仿制到改型再到自行设计的发展历程。国防科技工业迄今已形成系统完整、专业齐全、配套协调的研制、生产和试验能力，为国防军事建设和保卫国家安全立下了丰功伟绩，举世瞩目。

社会主义市场经济的发展、国防军工体制的改革和国防科研院所机构的调整，给国防军工科研院所创造了新的发展机遇，装备的跨越式发展，更给国防军工科研院所带来了新的业务拓展空间。伴随国防现代化建设和装备发展的需要，国防科研院所从整体上正在经历以下几方面的过渡和挑战：

（1）在运行体制上，从单纯科研型向科研、生产一体化的过渡。根据国防科技工业产业结构的调整，以及装备建设发展的需要，许多军工科研院所逐步实现了从单纯科研型到科研、生产一体化的转型，这种变化除带来经营模式、运行体制、机构设置、资源配置、管理流程的重大调整之外，更重要的是在型号的研制与组织管理上，必须建立起装备全寿命的管理理念和与之相适应的运行体制。

（2）在设计方法上，从仿制到自行研制的过渡。国防工业许多型号的研制工作，起步于20世纪50年代初期的跟踪测仿，由此形成了以“试验设计”为特征的设计分析方法和组织管理模式，进入90年代后初步走向自行设计的道路。武器装备一方面因为技术含量高，另一方面因为受到技术封锁，难于从国外全面引进或消化吸收，必须依靠自行设计和自主保障。以“系统设计”为特征的自行设计必然会给传统的跟踪测仿的设计模式提出挑战。

（3）在产业结构上，从单一品种到多型号研制并举的过渡。因为装备的系列化发展要求，更因为军事需求和技术档位的提升，多型号同步研制、生产并举的态势始终存在，由此带来内部资源的冲突、型号之间的沟通等问题。如何协调型号之间的资源冲突，疏通型号之间的信息障碍，满足型号对共性技术的需求，特别是缓解型号项目管理与行政管理之间的矛盾，成为装备研制工作中无法规避的一个现实问题。

（4）在品种规模上，从单纯研制到研制与小批生产、研制带交付的过渡。复杂装备工程项目普遍存在的时间紧、任务重、研制与生产并行、研制带交付等实际状态，使之不能按照常规的管理思路去组织项目的研制工作，必须另寻出路，探索新的管理模式和方法，控制研制向生产过渡、研制与生产交叉作业、研制带交付过程中客观存在的风险，特别是减少、消除因技术成熟度不够、技术状态更改频繁所导致的潜在隐患，形成既能高效运行又能确保质量的管理体制。

（5）在质量管理模式上，国防科技工业质量管理起步于检验把关，到研制、生产过程控制，到质量管理体系保证，标志着国防科技工业质量管理工作的持续进步与发展，已步入与国际接轨的科学化、规范化、程序化的渠道。质量管理体系的建立和运行，为国防科研院所开展组织层面的质量管理工作奠定了良好的基础。但装备建设一般均为跨行业、跨单位的复杂工程研制项目，组织层面的质量管理体系不能覆盖，也不能满足研制全线的质量管理需求，必须以统一装备研制全线的质量管理要求为目标，研究建立适应装备项目管理要求、覆盖装备所有参研单位的质量管理模式，形成协同高效的装备质量工作体系。

1.1.3　装备研制质量管理现状分析

武器装备研制时间紧、任务重、要求高、风险大，其特点决定了装备的立项程序和研制过程的超常规状态，这就要求在研制过程中贯彻“预防为主、质量第一”的方针，从“设计源头”抓起，从基础工作做起，扎实有效地开展装备研制全过程的质量管理和质量保证工作。

国外装备研制的质量管理与质量保证工作，经历了从最终检验，到过程控制，到产品保证的发展阶段，目前已普遍接受产品保证的模式。其具体做法是，在推进项目管理制的基础上，按照系统集成的思想和并行工程的思路，建立统一质量、计量、材料、机械零件与工艺、元器件、软件、可靠性、维修性、安全性等技术领域为一体的产品保证机构，对产品质量形成过程实施专业的技术支援和权威的监督管理。产品保证体系作为项目管理的重要组成部分，已经融入项目的研究与开发体系之中；产品保证技术作为项目研制的共性技术支撑，已经和项目研制的工程技术融为一体，密不可分；产品保证手段和条件（如质量控制、计量校准、元器件测试、软件评估、材料分析试验等）在项目需求的牵引之下，与项目研制工作一起得到了同步的建设与发展，并在项目研制过程中发挥了重要的支撑和保证作用。

国防科技工业质量管理经历几十年的发展，目前已从整体上过渡到以 ISO 9000 系列标准为基础的质量管理体系模式。各军工企业厂所以贯彻 IS0 9000 系列标准为基础，建立了适应于组织层面的质量管理体系，实施“以实物质量为中心、以过程控制为特征”的质量管理模式，在提升质量管理的规范化、标准化水平，控制和保证产品质量方面发挥了积极作用。航天工业借鉴、接受和采用国外先进的产品保证模式，在国际合作项目、国内重大专项建设工作中实施产品保证工作模式，建立产品保证工作系统，并成功应用于复杂航天项目的工程实践；航空工业、兵器工业积极探索型号项目质量管理思路，在国家重点型号研制工作中普遍施行型号总质量师系统制度；电子信息行业一般建立行政建制的质量管理组织，统一协调质量、计量、标准化、通用质量特性、质量信息等各相关业务工作。相对于国外优秀的质量管理模式和先进的项目管理制下的产品保证模式而言，国防科技工业从整体上，在型号研制的项目管理、项目质量保证，特别是在建立项目产品保证组织、运行产品保证体系、开展产品保证技术研究和应用等方面还存在较大差距。

国防科研院所质量管理面临的现实问题主要有：

（1）型号总体策划能力不足，抓总经验不足，造成“总体不总、总体难总”的现实状况。型号总体单位从项目管理、技术管理、质量管理等方面，对组织跨行业、跨单位的复杂工程研制项目缺乏经验，分承制方管理始终成为型号研制工作的一个薄弱环节。

（2）对装备研制的全过程、全寿命及综合保障要求缺乏了解，研制过程的质量与可靠性工作始终是一个薄弱环节，可靠性、维修性、测试性、安全性、保障性和环境适应性等通用质量特性设计尚未扎实、有效地开展起来，与功能、性能设计存在“两张皮”的现象。

（3）型号研制的技术跨度大，新技术、新器材、新工艺、新设备“四新”技术含量高，武器装备研制已过渡到以系统集成化、组件电子化、功能软件化、使用信息化为特点，电子信息技术、软件工程、嵌入式系统、大规模集成电路广泛用于装备性能的跨代升级，对此缺乏必要的技术储备和工程经验。

（4）时间紧、任务重、多型号同步研制、研制与生产高度并行交叉，产品尚处在工程研制或设计定型阶段，即要组织“风险投产”，形成小批产量并同时交付使用。对这种“边设计、边生产、边交付”的超常规运行状态，缺乏有效管理程序、组织流程和保证措施。

（5）工业基础薄弱，市场运作欠规范，国产原材料、元器件供应的质量风险始终存在，新研材料、新研元器件鉴定后的批产能力不足，质量不稳定，产品质量与供货进度得不到有效保证。

（6）研制保障条件建设和生产线技术改造项目实施相对滞后，质量与可靠性保证手段（包括质量、计量、检验、理化等）更新速度慢，不能适应复杂装备工程研制、生产的进度要求。

为进一步适应新型装备系统庞大、技术先进、配套关系复杂的研制特点，对装备研制实施全系统、全过程、全方位的质量监督控制和技术支持，原国防科工委曾在《关于加强国防科技工业质量工作若干问题的决定》中提出，应积极吸收国外产品保证的经验，选择试点，建立型号产品保证组织体系，旨在探索适于国情特色、适应新时期装备建设、满足复杂装备研制要求的质量管理模式，加强型号研制、生产过程的质量与可靠性工作。

科学技术与管理体制的进步，使得装备在设计、开发和管理策略上产生了根本变革，新型装备性能的升级，重点型号研制、生产中隐含的高新技术，使得现有的设计手段与管理方法不能适应当前任务的需求。面临多型号并行研制、试制与生产、交付交叉作业，加之研制进度紧、任务重、技术难度大、质量要求高的实际状况，迫使承担复杂装备工程项目研制的国防军工科研院所，不得不从战略的高度重新审视当前所面临的实际情况，努力探索适于复杂装备工程项目管理要求的新思路和新方法，以求更好地满足装备研制、生产的需要。

1.2 装备研制质量特性要求

1.2.1 装备质量与质量特性

按照国家标准 GB/T 19000—2016《质量管理体系 基础和术语》中的定义，质量是“客体的一组固有特性满足要求的程度”，质量特性是“与要求有关的客体的固有特性”。据此推理，装备质量就是指装备的一组固有特性满足要求的程度，装备质量特性就是指装备与要求有关的固有特性。

对装备质量与质量特性的理解应把握以下三个要点。

（1）固有特性：装备本来就有的、永久的特性。

（2）要求：包括三部分要求。第一是明示的，即在文件中阐明的或顾客明确提出的要求；第二是通常隐含的，即组织、顾客和其他相关方的惯例或一般做法，所考虑的需求或期望是不言而喻的；第三是必须履行的，如法律、法规要求的或强制性标准要求的。

（3）程度：一般指产品质量等级，或用户满意程度，前者取决于装备的固有质量，后者带有感官的成分，例如对同一个产品，不同的用户可能会有不同的感受，做出不同的评价。

1.2.2 装备质量特性要求

装备质量特性可分为专用质量特性和通用质量特性，两者均为体现装备质量水平的重要指标。具体内容如图 1-1 所示。

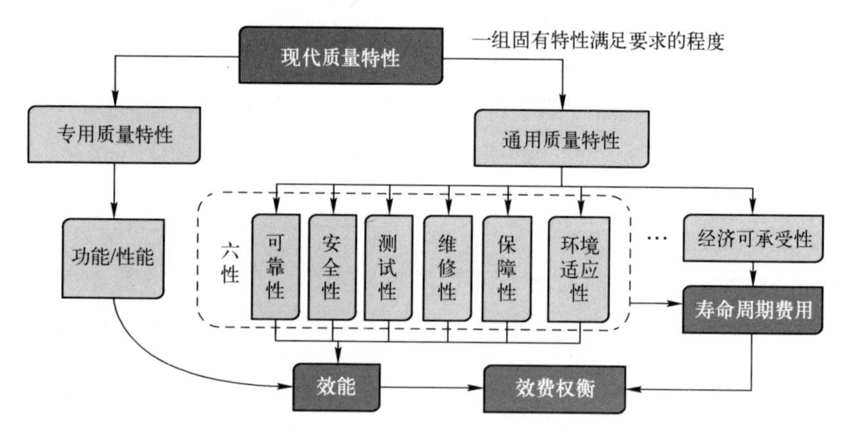

图 1-1 装备质量特性

1. 专用质量特性

专用质量特性是指由设计、制造等因素决定的装备专有的特性和功能，主要指装备的战术技术性能，体现了装备技术性能的优越，即技术先进性，装备的跨代升级一般是指产品的技术性能即专用质量特性。专用质量特性是装备固有的、专属的，不同的装备具有不同的专用质量特性。表 1-1 列出了几型典型装备的专用质量特性。

表 1-1 典型装备的专用质量特性

序号	装备类型	主要专用质量特性
1	火炮	口径、射程、射击精度、射速、配备弹种
2	飞机	飞行速度、飞行高度、加速度、作战半径、最大航程、载重量
3	坦克装甲车辆	战斗全重、发动机马力、火力性能、速度、越野能力、最大行程、装甲防护能力
4	水面舰艇	排水量、续航力、自持力、航速、抗沉性

续表

序号	装备类型	主要专用质量特性
5	雷达	抗干扰能力、射频频率
6	制导武器	射程、精度、威力、抗干扰性、控制方式
7	卫星	飞行高度、数据传输精度、定位精度

2．通用质量特性

通用质量特性是指保证各类装备战术技术性能得以有效发挥的一组通用技术特性，主要有可靠性、维修性、测试性、保障性、安全性及环境适应性等。通用质量特性是指所有装备均具有（或共有）的质量特性，是伴随装备作战环境、作战适用性要求提出的质量特性要求。通用质量特性一般均属于装备的使用性能，包括作战使用和维修保障等，反映了装备“好用、管用、顶用、耐用”的程度，因此，备受装备使用部门的密切关注。装备建设与研制工作中，需要重点关注的通用质量特性的内涵及常用评价指标如表 1-2 所列。

表 1-2　通用质量特性

通用质量特性	内涵	常用评价指标
可靠性	✧ 装备在规定条件下和规定时间内，完成规定功能的能力 ✧ 是一种评价装备是否容易发生故障的特性	✧ 反映装备故障发生多少的故障率、平均故障间隔时间（MTBF） ✧ 反映装备完成规定功能的概率，如任务可靠度、飞行可靠度 ✧ 反映装备使用和贮存时间长短的大修期、使用寿命、贮存寿命
维修性	✧ 装备在规定的条件下和规定的时间内，按规定的程序和方法进行维修时，保持或恢复其规定状态的能力 ✧ 是一种评价装备是否容易维护和修理的特性	✧ 反映产品从装备上拆装快慢的拆装时间 ✧ 反映产品故障后修复时间快慢的平均修复时间（MTTR） ✧ 反映维修工作量大小的维修工时
测试性	✧ 装备（系统、子系统、设备或组件）能够及时而准确地确定其状态（可工作、不可工作或性能下降），并隔离其内部故障的能力 ✧ 是一种评价装备测试效率和故障诊断效率的特性	✧ 反映装备在不同状态下进行功能测试快慢的测试时间 ✧ 反映测试是否充分的功能覆盖率、模块覆盖率 ✧ 反映装备出故障后能否快速发现和定位的故障检测时间、故障隔离时间 ✧ 反映装备有多少故障可以被检测和隔离的故障检测率、故障隔离率 ✧ 反映没有故障而报出故障的虚警率、重测合格率

续表

通用质量特性	内涵	常用评价指标
保障性	✧ 主装备和保障系统有机结合后能满足平时战备和战时使用要求的能力 ✧ 是一种评价装备在使用和维修过程中能否得到及时有效保障的特性 ✧ 主装备的设计要实现“好保障”的目标 ✧ 保障系统的设计（规划）和运行要实现“保障好”的目标 ✧ 保障系统由保障设备、备件、技术资料、保障设施、保障人员等各种保障资源和一套运行管理制度组成	✧ 反映主装备和保障系统综合特性的使用可用度、战备完好率 ✧ 反映主装备“好保障”特性的出动（发射）前检查时间、充电（气、液）时间、挂弹时间 ✧ 反映保障系统“保障好”特性的保障活动时间、保障规模大小等
安全性	✧ 装备所具有的不导致人员伤亡、系统毁坏、重大财产损失或不危及人员健康和环境的能力 ✧ 是一种评价装备能否以可接受的风险完成规定功能的特性 ✧ 装备设计中必须满足 ✧ 装备使用中必须保证	✧ 事故概率、损失率、安全可靠度
环境适应性	✧ 装备在其寿命期预计可能遇到的各种环境的作用下，能实现其所有预定功能、性能和（或）不被破坏的能力 ✧ 是一种评价装备在极端使用环境下正常工作的特性	✧ 温度、湿度、振动、冲击、噪声、低气压…… ✧ 举例： - 工作环境温度：低温-40℃，高温+60℃ - 贮存环境温度：低温-45℃，高温+70℃ - 相对湿度：95%±3%（在温度（35±3）℃时） - 天候条件：能适应昼夜使用 - 高度条件：能在海拔4000m的高度使用

国内外装备发展和历次战争的实践证明，通用质量特性与专用质量特性一样，是衡量装备质量水平和技术水平的重要尺度，也是形成装备战斗力的关键因素。专用质量特性反映了不同装备和自身特点的个性特征，代表着装备的战技水平；通用质量特性反映了不同装备均具有的共性特征，代表着装备的质量水平；两者相辅相成，共同构成装备的战术技术性能。

装备通用质量特性，一方面依附专用质量特性的发挥而表现；另一方面又影响专用质量特性的发挥。作为产品设计的附加属性与约束条件，通用质量特性是装备战斗力的倍增器。只有将通用质量特性的设计要求融入产品功能、性能设计要求，并对设计过程施加影响，即按照专用质量特性与通用质量特性一体化的设计要求开展工作，才能有效发挥作用。通用质量特性与专用质量特性的统筹协调，是装备科学化发展、实战化建设的客观要求。

装备研制工作，既要关注装备专用质量特性的提出与实现，也要关注装备通用质量特性的提出与实现。为此，应在装备系统及其组成的各产品层次上，提出专用质量特性和通用质量特性的设计要求，运用特性综合的一体化设计方法，在实现装备功能、性能等技术先进性的同时，实现规定的可靠性、维修性、测试性、保障性、安全性、环境适应性等特性要求，并且做到两者的有效综合，以保证装备在作战使用过程中，能够正常、可靠地发挥作战能力，实现预期的作战效能。装备研制过程要加强工程技术管理，一手抓专用质量特性，一手抓通用质量特性，以此促进两者的专业融合和管理协调，建立专用质量特性与通用质量特性一体化的设计流程，保证两者的协同设计，促进装备作战效能的实现。

1.2.3　装备全系统全特性全过程质量管理要求

评价装备的质量特性，不仅要关注装备所具备的性能指标（即装备专用质量特性要求），更要重视其长期保持这些性能的能力（即装备的可靠性、维修性、测试性、安全性、保障性、环境适应性等通用质量特性要求）。提高装备及各系统、设备和部件的通用质量特性，对于降低故障发生概率、减少维修人力、缩小后勤保障规模、降低使用和保障费用，提高装备的战备完好性和任务成功性，保证装备快速出动和持续作战能力，均具有极其重要的意义。

本书参考文献[17]（《装备全系统全特性全过程质量管理概述》）提出了装备“全系统、全特性、全过程”质量管理模型。该模型立足于装备全寿命周期的质量管理要求，覆盖了从元器件、零部件、软件、设备、部件、分系统、系统、装备体系的“全系统”产品层次，界定了装备研制应予实现的专用质量特性和通用质量特性的“全特性”要求，贯穿了装备论证、研制、生产、使用的“全过程”阶段。图1-2给出了装备全系统、全特性、全过程质量管理模型。

装备全系统、全特性、全过程质量管理是装备现代质量管理的特征和标志，它以装备“好用、管用、顶用、耐用”的用户需求为目标导向，通过系统工程的方法，分别从产品维度、特性维度、时间维度，提出了全系统、全特性、全寿命的管理要求，体现了装备质量管理观念的变革。其中，在特性维度，实现了从性能向效能的转变；在系统维度，实现了从硬件向软硬协同的转变；在时间维度，实现了从事后向预防的转变，最终体现了装备“符合性质量”向装备“适用性质量”的转变。在装备质量管理的实际工作中，全系统、全特性、全过程要求密切关联，相互耦合，相互支撑，形成了一个完整的质量管理工程系统。

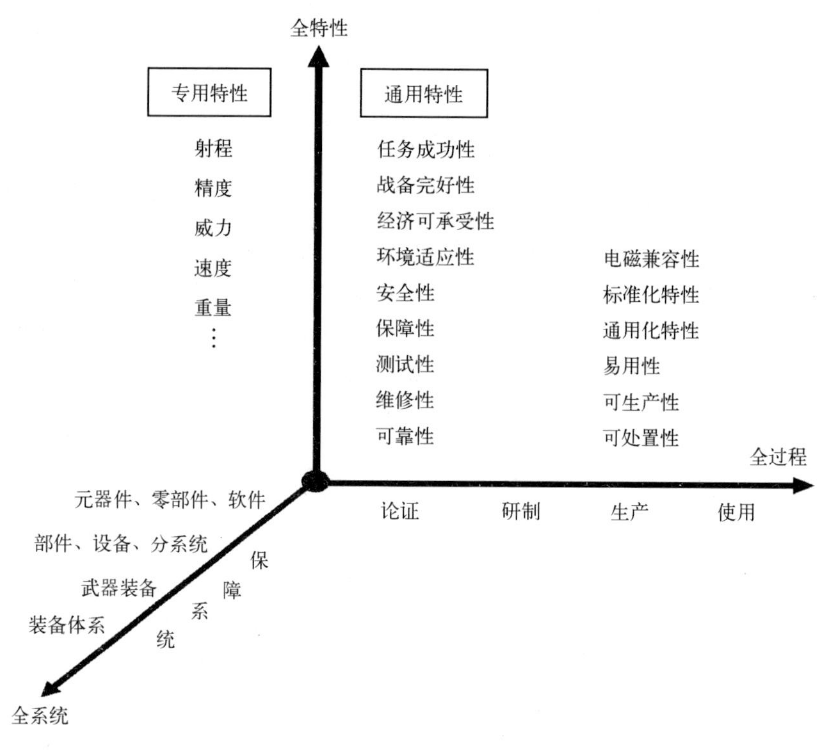

图 1-2　装备全系统、全特性、全过程质量管理模型

1．全系统质量管理

武器装备一般均为复杂装备，产品层次包括元器件、零部件、软件、分系统、系统，从主装备到保障系统，从单一装备到装备体系，装备质量隐含在各组成部分的实体单元中，是一个包含多层级的系统质量，任何一个实体单元的质量问题，都会传递到上一级产品，直至系统层面，任何一个环节失效，都会给系统运行带来影响甚至失效。因此，研制质量管理必须贯彻“全系统”的要求，面向构成装备系统的各个层次、各个类别的产品展开，全面覆盖，系统深入，综合运用不同的工程技术与管理方法，才能从整体上把握装备质量。

2．全特性质量管理

装备质量特性分为专用质量特性和通用质量特性，专用质量特性反映不同装备类别和自身特点的个性特征，如飞行速度、动力射程、制导精度等；通用质量特性是反映不同装备均应具有的共性特征，如可靠性、维修性、测试性、保障性、安全性、环境适应性等，两者融为一体，互为作用，构成装备的综合效能。因此，装备研制质量管理要覆盖全特性质量要求，不仅要关注专用质量特性的实现，还要关注通用质量特性的实现，更要通过专用质量特性与通用质量特性的权衡，以实现装备的综合效能。

3．全过程质量管理

装备质量是通过研制过程注入、生产过程实现、使用过程体现的，研制过程是装备质量形成的关键过程，是将用户要求转换为实际产品要求的过程，其间经历系统论证、方案设计、工程研制、设计定型等各个阶段的工作，最终决定了装备的固有能力及质量水平。装备的最终质量实际是过程质量的积累、传递和集成。因此，质量管理要覆盖装备整个研制过程，深入每一个工作环节，从过程质量抓起，从过程控制做起，以确保每个研制阶段、每个过程质量要求的实现。特别是，质量管理要提前策划，提早介入，向装备需求论证和方案设计的前端转移，以需求分析质量保论证质量、以论证质量保方案质量、以方案质量保样机质量、以样机质量保定型质量，最终确保实现规定的质量要求即用户要求。

全系统、全特性、全过程的质量产生于全员、全方位的工作过程中。按照全面质量管理定义的“全员、全方位、全过程”要求，型号研制质量管理还要覆盖产品质量形成的各业务领域（即全方位）和各工作岗位（即全员），以确保影响产品质量的各领域、各部门、各岗位及各级人员的工作质量受控。从根本上讲，员工是质量的主人，因此，质量管理必须以“人”为中心，在“人本控制”上下功夫。为此，一方面要加强型号全线的技术业务培训，提高全员质量素质和岗位能力，调动全员参与质量工作的积极性、主动性和创造性，为实现工作质量和产品质量奠定基础；另一方面加强型号规范和制度的建设，保证全方位工作有章可循，有法可依，以此建立严格的工作秩序，形成良好的工作氛围，以人的质量保证工作质量，以工作质量保证产品质量。

1.3 装备研制产品保证的工程需求

装备研制是现代军事斗争准备中的重中之重，普遍属于上水平、高难度的工程研制项目，在产品档位、技术性能方面实现了跨代升级。为适应装备实体的跨代升级要求，装备研制与发展的技术途径、管理模式等均产生了根本变革，装备质量建设必须紧跟新形势，适应新时期，瞄准新任务，针对新特点，求实进取，务实创新，努力探索、研究和形成能够满足新要求的质量管理模式，以适应装备建设和发展的需要。产品保证已被国内外众多的装备研制和项目管理的实践证明是成功有效的，为开拓符合国情特色、适于项目管理要求的装备质量管理的新思路、新方法、新模式，提供了一种行之有效、切实可行的实施途径。

1. 规范装备研制供应链管理

装备研制一般均为跨行业、跨建制单位的大型复杂系统工程，从项目管理的角度出发，统一型号研制供应链的质量管理要求，实现规定的研制目标至关重要。由于我国计划经济模式的延续，以及项目管理经验的不足，装备质量管理基本立足于研制单位现有的质量管理体系，属于组织层面的质量管理与质量保证工作；覆盖装备研制供应链，适应跨行业、跨单位的项目质量管理尚未形成规范统一的模式，项目质量管理体系建设无标准可依。产品保证正是在这方面弥补了质量管理体系的不足。产品保证基于项目管理要求，以实现装备研制总要求为目标，建立了覆盖型号总体和各级研制单位之间的产品保证工作体系，统一了研制供应链的质量管控和产品保证工作，实现了质量管理从组织层面到研制供应链的覆盖。

2. 支撑装备研制技术风险管控

装备研制产品保证的原则就是按照“预防为主”思想，实施研制全过程的风险控制。装备研制属于高风险产业，特别是“一次成功”的要求，更体现了必须准确识别和有效控制研制全过程的各类风险。由于装备研制及组织管理的复杂性，各项技术与管理活动具有极强的不确定性，风险隐藏于研制全过程，系统识别研制全过程的潜在风险，提前采取应对措施，是型号研制得以顺利进行的有效保障。产品保证正是在贯彻“预防为主”原则的基础上，以实现研制总要求为目标，对研制全过程的每一个工作环节实施风险管控，特别是以“设计质量控制”为源头，采取各类技术方法和设计保证措施，以求消除设计隐患，做到“防患于未然”，最大限度地避免或降低技术风险对装备质量的影响。产品保证经常采用的关键项目控制、四新比例控制、设计准则符合性审查、复核复算、技术评审等方法，以及失效模式与影响分析（failure mode and effects analysis，FMEA）、故障树分析（fault tree analysis，FTA）、成熟设计、环境应力筛选、强化试验、故障注入仿真试验等技术，均属于体现预防为主、控制技术风险、确保研制成功的技术与管理措施。

3. 助力装备实物质量提升

装备实物质量取决于装备的设计过程、制造过程和采购过程，其中，设计是产品质量的源头。产品保证立足“设计源头控制”，在突出可靠性、维修性、测试性、安全性、保障性及环境适应性等通用质量特性设计保证的同时，辅之以工艺、材料、机械零件、元器件、软件、质量验证、计量校准等方面的一系列技术与管理措施，形成了支持产品设计、制造与验证过程的，完整的、配套协调的技术保证体系和管理保障体系。特别地，设计保证以通用质量特性设计为核心，在提供通用质量特性设计规范、准则、指南的同时，将通用质量特性的相关设计要求嵌入产品功能、性能的设计体系及设计流程中，以此实现产品专用质量特性与通用质量特性的一体化设计，对提高产品的固有品质、提升装备的作战适用性，均具有十分重要的意义。

4．促进装备质量管理技术革新

装备质量本身是个工程问题，因此，装备质量工作应该具有工程技术和管理的双重属性。质量管理体系要求作为产品技术要求的补充，在系统阐述质量管理要求的同时，却忽视了工程技术对质量管理的牵引和助推作用。IS0 9000 系列质量管理体系要求作为标准无可置疑，但在与实际工程需求、实际运行状态对接时，特别是当发生问题时，经常面临众多的质疑，由此产生对质量管理体系有效性的质疑。产品保证因具有技术与管理的双重属性，在实施权威监督管理的同时，更多的是提供特殊的专业技术支持，因而更能贴合工程实际，从而发挥影响，体现价值。产品保证从技术层面弥补了质量管理体系的不足，促进了质量管理的工程化进程。推进产品保证，将有助于采用先进的质量工程技术和方法，提升质量管理的科学性和技术含量，提升企业的质量管理能力和水平，提升产品的实物质量。

国防科技工业正面临装备建设与发展的战略机遇期，装备质量将成为影响装备研制成功、影响装备形成保障力和发挥战斗力的关键。提高装备质量是装备建设与发展的永恒主题。产品保证作为装备研制和项目管理的重要组成部分，承载着装备质量建设的历史重任，不仅要在技术上寻求突破，而且要在管理上周密策划，以适应装备研制的新形势、新任务和新要求，以其强有力的专业技术支持和权威性的监督管理，支持装备的研制过程，支持装备的项目管理过程，支持装备的质量建设与发展。

第2章

产品保证的基本概念及与质量保证的关系

产品实现过程是一个从概念研究开始，遍历设计开发、生产制造、检验试验，直至交付使用的全过程。其中，设计开发过程是形成产品质量的起点，是决定产品固有质量水平的关键阶段。设计质量直接影响并决定着产品设计开发的成功与否，对于大型、复杂装备的研制更是如此。由此，装备研制的“设计源头控制”和设计质量保证，其重要性不言而喻。一方面，设计开发决定了产品的固有质量特性，包括功能、性能等专用质量特性，以及可靠性、维修性、测试性、安全性、保障性、环境适应性等通用质量特性；另一方面，由设计确定的质量特性要由生产来保证，即保证生产出符合设计要求的产品。产品保证体现了产品实现全过程控制，特别是“设计源头控制”的现代质量管理思想，已被国内外大型、复杂装备研制的实践证明是成功有效的。

随着装备战术技术性能的升级、技术复杂系数的提高，以及研制、生产及配套关系的日趋复杂，产品保证作为项目管理制下的一种综合的质量管理模式，日渐引起国防军工科研院所的关注，并在装备研制、生产的实践中得到采用，产品保证的相关理论、方法、技术与管理内涵等也在不断得到扩充和完善。

2.1 质量管理技术的发展

2.1.1 产品质量的源头控制

一般而言，产品寿命周期可划分为产品设计阶段、工艺设计阶段、产品制造阶段和产品使用阶段，其与质量控制所对应的阶段划分如下：

（1）源游段——产品设计阶段；

（2）上游段——工艺设计阶段；

（3）中游段——产品制造阶段；

（4）下游段——产品使用阶段。

早期的质量控制把着眼点放在下游，即在产品进入使用阶段前，靠质量检验保证交付给用户的产品质量。显然，这种质量控制模式属于“最终把关”，其效果只能控制不合格品的出厂，不能控制不合格品的产生。所以这种立足下游段的质量控制方法是一种高成本、高代价、低效率的控制。

从 20 世纪 50 年代开始，美国著名质量大师戴明（Deming）博士就主张“停止依赖检验保证产品质量”的做法，代之以统计过程控制（statistical process control，SPC）保证产品质量，即对产品制造过程实施监控，以防止不合格品的产生，也就是将产品质量控制的着眼点推向中游，保证产品在制造过程中的质量。实践证明，统计过程控制技术能有效地防止因制造而产生的产品质量问题，减少对产品检验的依赖，其结果是生产成本的下降，质量控制效果明显优于下游段的质量控制。因此，以统计过程控制为特征的产品质量保证技术得到广泛重视和应用。

在利用统计过程控制等生产过程的质量保证技术控制和改进产品质量的同时，人们又发现，大量的产品制造和使用的质量问题与产品的设计有关。据统计，产品在使用过程中暴露的问题，其 70%来源于设计缺陷，产品寿命期总成本的 70%是在设计阶段就决定了的。要从根本上解决产品质量问题，同时降低产品的寿命周期成本，就必须把质量控制的着眼点进一步上推，推向上游段，即产品设计与工艺设计过程。

设计质量的“源头控制论”来源于日本田口玄一（Taguchi）博士提出的现代质量工程理论，其理由在于，设计阶段影响产品质量的因素最多，从而可用以改善产品质量的可控因素也最多，改进的空间也最大，而在中下游段，可控因素将逐渐减少，而难以控制的波动因素将逐渐增多。

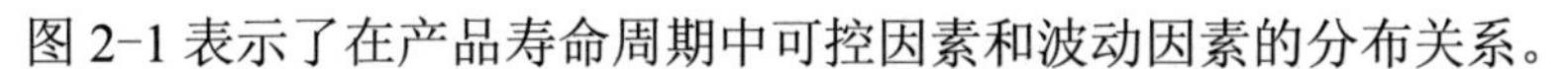
图 2-1 表示了在产品寿命周期中可控因素和波动因素的分布关系。

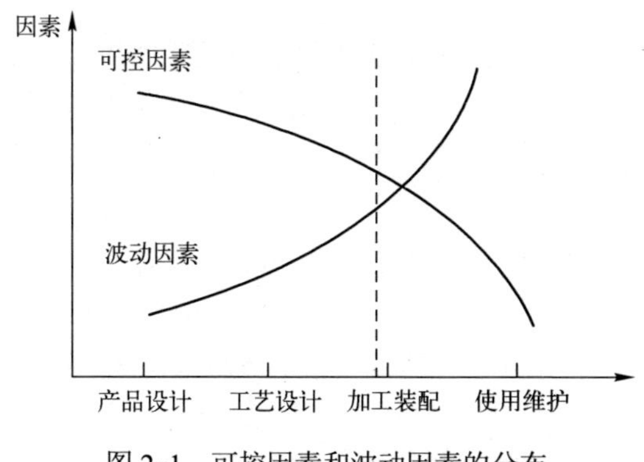

图 2-1　可控因素和波动因素的分布

鉴于此，田口博士提出了将产品质量控制的源头推向设计阶段，并且质量控制越是在上游努力，越能得到对产品质量进行改进的事半功倍的效果。上述观点可用图 2-2 所示的“杠杆”原理表述，该图描述了在产品寿命周期的不同阶段，对产品质量进行改进和控制的影响效果。依据杠杆原理，显然，在不同的阶段着力，相应的质量改进效果也明显不同，越是在上游阶段着力，质量改进的效果就越大。

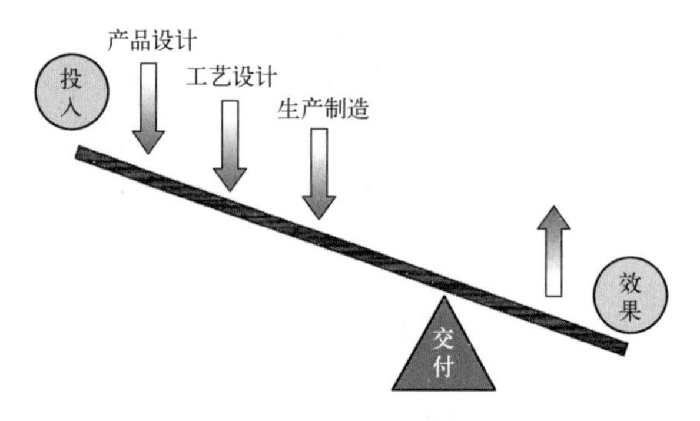

图 2-2　质量改进“杠杆”

产品保证正是基于“设计源头控制”的基本理论，将对产品质量控制的重点进一步向上游推进，即在产品设计阶段，通过有效的保证措施，对影响设计质量的基本属性（如可靠性、维修性、测试性、安全性等）、构成产品质量的基本单元（如电子元器件、计算机软件、机械零件与材料等）、决定设计质量的基本过程（如需求论证、方案设计、样机开发、技术评审等）实施控制和保证，同时采取措施降低风险，达到从设计源头控制及保证产品质量的目的。

2.1.2　质量管理中心的转移

按工业发达国家的实践来看，质量管理的发展大体经历了三个阶段，即 20 世纪初至 30 年代，建立在美国质量管理始祖泰勒提出的专职检验制度基础上的质量检验阶段；20 世纪 40—50 年代，建立在美国著名质量管理专家休哈特等提出的以统计技术应用为特征的统计质量管理阶段；20 世纪 60 年代初至今，建立在美国著名质量管理专家费根堡姆和朱兰提出的以系统科学为基础的全面质量管理阶段。

上述质量管理阶段的划分均是面向产品质量的形成过程而言的，并已为国际质量界人士所公认。从工程的角度，质量管理是以产品为对象的管理过程，目的是保证产品质量，就物化了的质量管理过程而言，质量管理技术经历了最终检验、过程控制、产品保证三个发展层次，各层次的管理目标、管理特征，以及主要的工作模式如表 2-1 所列。

表 2-1　质量管理技术层次及其主要特征

发展层次	目　标	特　征	主要工作模式
最终检验	以实物质量为中心	检验型	最终检验、符合性检查、事后把关
过程控制	以制造质量为中心	控制型	过程控制、生产要素控制
产品保证	以设计质量为中心	预防型	设计源头控制、风险控制、预防为主

由表 2-1 可以看出，质量管理技术经历了从最终检验、到过程控制、到产品保证的发展，体现了质量管理的重点在逐步向“上游”转移，质量管理的目标亦在从“以实物质量为中心”，转移到“以制造质量为中心”，转移到“以设计质量为中心”，其特征亦在从“检验型”，过渡到“控制型”，过渡到“预防型”。由此，产品保证可以看成是在质量保证基础上发展起来的一门新兴学科，其概念及其相关理论和技术亦是在原有基础上，应用系统工程的基本原理和方法，综合与产品保证各相关专业领域的基础理论和技术方法而发展形成的。

2.1.3　产品保证的提出与发展

20 世纪 60 年代初，美国国防部要求负责重大军事装备研制的承包商制定和实施质量保证大纲和可靠性保证大纲，以此降低研制风险，保证规定要求的实现。20 世纪 60—80 年代，美国通过高性能战斗机、载人登月、航天飞机、核动力航空母舰等高技术复杂系统的研制，在不断解决产品质量问题的过程中，陆续产生了可靠性、维修性、安全性保证，软件保证及元器件、材料和工艺保证等相关技术，并获得了成功的应用，在此基础上，发展形成了较为系统的产品保证技术。为了规范承制方的产品保证工作，美国国防部又于 1986 年制定并发布了军用标准 DOD-STD-2107《承包商产品保证大纲要求》，要求负责重大军事装备研制的承包商制定并实施产品保证大纲，以此指导和控制承包商的产品保证工作。

20 世纪 70 年代中后期起，美国军方、工业部门、波音公司等相继成立了产品保证部，其目的是将与产品质量相关的工作，诸如质量、可靠性、维修性、安全性、材料、工艺、软件等进行整合，建立统一的工作系统，统一管理重大项目研制中的产品保证活动，例如在导弹、卫星、飞机的研制中制定并实施产品保证大纲。美国航空航天局（NASA）在借鉴美军标的基础上，逐渐形成了一整套产品保证方法和标准规范，如《NASA 产品保证手册》等。

20 世纪 80 年代，欧洲航天界在学习和借鉴美国经验的基础上，在空间项目研制工程的实践中推行产品保证技术和方法，并适时总结经验，陆续制定了相关标准，继 PSS-01 系列标准之后，于 90 年代中期形成了完善的产品保证标准体系 ECSS-Q 系列标准，用于指导项目的工程实践并取得较好的成效。自此“产品保证”成为保证复杂高风险项目质量的一套科学系统的方法。

我国对产品保证的研究工作起源于 20 世纪 90 年代初，当时以美标 DOD-STD-2107 为文本，结合我国国情，制定了相应的标准 GJB 1406—1992《产品质量保证大纲要求》，覆盖了质量与检验，可靠性、维修性、可用性，元器件，软件，材料、零件与工艺等方面的产品保证要求。中国航天从 1987 年开始，组织引进和研究欧洲空间管理局（ESA）的产品保证标准体系，包括后来的 PSS、ECSS 产品保证系列标准，在此基础上，结合国情特色构建航天产品保证体系，编制产品保证标准，并在组织航天型号及重大工程项目研制、参与国际合作项目的过程中积极推广应用。1991 年，中国航天制定并发布了 QJ 2171—1991《航天产品保证大纲要求》，把实施产品保证的各项技术与管理工作综合成为一个完整的体系。此后，中国航天陆续跟踪、翻译了 NASA、ESA 产品保证系列标准，并在实践中不断探索、总结和创新，制定并发布了 QJ 2171A—1998《航天产品保证要求》、QJ 3076—1998《航天产品质量保证要求》、QJ 1408A—1998《航天产品可靠性保证要求》等一系列航天行业标准，标志着中国航天的产品保证工作已经步入较为系统、规范的发展渠道。中国航天在国家重点型号研制、国家重大专项任务等复杂工程项目实施中的产品保证实践，引领着我国装备领域产品保证技术的发展与应用，代表了我国当今产品保证领域的研究现状、技术成果、工程能力和应用水平。

2.2 产品保证的基本概念

2.2.1 产品保证定义

按照 QJ 2171A—1998 中关于产品保证的定义，产品保证是为使人们确信产品达到规定的质量要求，在产品研制、生产过程中所进行的一系列有计划、有组织的技术与管理活动。按照参考文献[10]中的定义：“产品保证是一系列有计划、有组织的系统化、规范化的技术和管理工作的集合，其目的是支持设计和管理决策，降低研制风险，保证交付的产品安全、可靠地完成规定任务，并取得最佳的费用效益，增强竞争能力”。据此，产品保证是一门研究、策划并实施一系列技术与管理活动，并以此保证产品实现规定要求、达到满意的质量水平的学科。

产品保证的特点如下：

（1）产品保证应能使用户或组织自身确信产品质量能够达到某一满意水平；

（2）产品保证是一项系统工程，其活动贯穿于项目研制、生产、交付与使用的全过程；

（3）产品保证活动包括工程技术和管理技术两大类；

（4）产品保证是建立在全面质量管理基础上的“广义质量”保证，其核心是确保实现产品综合效能，确保产品安全、可靠运行和任务成功。

2.2.2　产品保证目的

产品保证的目的是通过一系列的技术和管理活动，控制产品质量形成的各要素和全过程，使使用方和承制方都能确信产品达到了规定的各项要求，并能在今后的使用中安全、可靠地运行。具体有：

（1）保证交付的产品安全、可用、可靠，完成规定的任务使命；

（2）支持项目研制、管理决策，对技术风险进行充分的鉴别、评价、预防和控制；

（3）规范项目研制、生产过程，提高技术成熟度；

（4）控制寿命周期费用，提高工程项目效益。

2.2.3　产品保证范围及工作内容

产品保证的范围在不同国家、不同区域、不同标准、不同国际合作项目中的界定不尽相同。就共识而言，产品保证范围覆盖质量保证，可靠性保证，维修性保证，安全性保证，元器件保证，材料、机械零件和工艺保证，软件产品保证，以及产品保证管理 8 个方面。其主要工作内容及工作目标分述如下。

1．质量保证

针对与产品质量有关的各方面，依靠程序和规程的支持，有计划、有系统地开展各项活动，在产品的设计与开发、采购、制造、装配、总装、试验、接收与交付等各个过程中，保证供方及分供方的各项工作及产品都能达到规定的要求。

质量保证的目标是让用户确信最终产品和服务能满足规定的要求。

2．可靠性保证

进行可靠性设计分析、试验验证、监督管理的一系列技术与管理活动，保证产品以最佳费效比完成所要求的任务。

可靠性保证的目标是，在产品开发的寿命周期内，了解可能导致任务失败的任何潜在故障，并通过识别、评价、控制使其风险最小。

3. 维修性保证

进行维修性设计分析、试验验证、监督管理的一系列技术与管理活动，以最佳费效比保证产品持续完成所要求的任务。

维修性保证的目标是，在产品开发的寿命周期内，使有故障的产品，在恢复或保持其规定的功能状态时所需的维修活动简便、准确、安全和经济。

4. 安全性保证

通过安全性保证活动，发现可能导致人员伤害、损坏型号产品、危及国家及个人财产安全、破坏环境的任何潜在危险，通过对危险的识别、评价、消除或减少、控制，使安全性符合规定要求。

安全性保证的目标是，确保对产品设计、开发、生产和使用中的危险进行识别、评价，并采取措施以减少和控制危险，使危险产生的风险限制在可接受的水平内。

5. 元器件保证

制定并实施元器件大纲，说明元器件控制的途径、方法和程序，设立专门的机构管理元器件保证工作，通过对元器件的选择、采购和使用的控制，保证产品选用的元器件在性能、质量、可靠性以及费用等方面满足规定要求。

元器件保证的目标是，在产品全寿命周期内，确保使用的元器件满足任务的要求。

6. 材料、机械零件和工艺保证

制定材料、机械零件和工艺的选用标准和规范，控制材料、机械零件的选择、采购和使用，控制工艺的选择和使用，控制关键、重要的零件与工艺过程等，通过对材料、机械零件的选择、采购和使用控制，以及对工艺技术的选用控制，保证产品选用的材料、机械零件和工艺符合规定要求。

材料、机械零件和工艺保证的目标是，在产品全寿命周期内，确保使用的材料、机械零件和工艺满足任务要求。

7. 软件产品保证

软件产品保证包括软件寿命周期内软件技术状态（配置）管理、质量管理、可靠性、维修性、安全性等活动。

软件产品保证的目的是确保开发或重复使用的软件符合寿命周期的全部要求，并确保软件在使用环境中正常、安全地运行。

8. 产品保证管理

产品保证管理是运用管理手段，建立一个强有力的、权威的管理系统，对产品保证的各项工作项目进行计划、组织、指挥、协调、控制和检查监督，保证有效地执行各项产品保证活动，实现产品保证工作目标要求。

产品保证管理的目标是，通过对产品保证各专业的综合管理，以及与项目研制、生产、交付与使用过程的运行协调，确保规定的各项产品保证活动得到有效安排与实施。

产品保证管理的主要内容包括：

（1）建立产品保证组织：建立产品保证工作系统，任命产品保证负责人，规定各部门实施产品保证的职责、权限和相互关系。产品保证负责人的具体职责是：

✧ 根据顾客要求，组织编制产品保证大纲；
✧ 对所有产品保证工作项目进行策划；
✧ 按要求向顾客报告产品保证活动状态；
✧ 对分供方的产品保证活动实施监督检查；
✧ 参与项目技术评审；
✧ 控制关键项目；
✧ 对产品保证大纲的执行情况进行审核。

（2）策划产品保证工作体系：进行产品保证的工作结构分解，确定产品保证专业技术领域、业务过程活动、文件规范体系、条件资源需求等，制定和发布产品保证大纲。

（3）实施分供方管理：规定对分供方产品保证工作的监控方法，主要包括会签分供方产品保证大纲，实施分供方产品保证工作监督及控制，按计划组织产品强制检验、质量审核、产品保证规范执行情况检查等活动。

（4）进行关键项目管理：明确关键项目识别准则，阐明对关键项目管理原则与办法，建立和保存关键项目记录，以及对分供方关键项目的管理要求。

（5）组织及参与技术评审：制定和实施分级、分阶段的技术评审计划，确定关键评审项目及通过准则。技术评审包括设计评审、工艺评审、产品质量评审、生产准备状态检查、试验准备状态审查等，必要时还包括可靠性、安全性、元器件、软件、技术状态、故障归零等专题性评审。

（6）报告产品保证活动：建立产品保证信息管理系统，及时通报、传递产品保证大纲执行情况的各种信息，定期向顾客报告有关的产品保证活动情况，包括：

✧ 产品保证大纲执行情况；
✧ 质量问题、不合格情况及处置意见；
✧ 关键项目清单及运行监控情况；
✧ 产品合格鉴定情况；
✧ 分供方及产品保证概况；

✧ 重大故障及处置情况报告。

（7）参与重大故障分析和处理：制定并执行重大故障的分析和处理程序，并按规定及时向顾客报告。

（8）组织质量审核：对本单位、分供方的产品保证大纲执行情况进行审核。

（9）组织人员培训：制定并执行各级各类人员的培训计划，对所有关键工艺、特殊工种、关键工序、关键岗位的操作人员进行培训和资格认可。

2.2.4 产品保证工作方式

产品保证的工作方式是通过制定和实施产品保证大纲，有组织、按计划地在产品研制、生产过程同步开展产品保证活动，对产品及其技术状态进行评审、检验、审核、验证、鉴定、验收等工作，并就相关问题进行报告和监控管理。由此可以看出，产品保证是运用管理手段，建立一个强有力的权威管理系统，以确保有效开展各项产品保证活动，达到预定的产品保证目标。

产品保证的工作方式和基本原则是：

（1）通过制定产品保证大纲确定产品保证活动，以满足产品的目标和要求；

（2）保证以一定的资源（人、财、物等）开展产品保证活动，进行各项产品保证工作；

（3）保证对供方、分供方的产品保证活动进行监控；

（4）实施评审、检验、审核、验证、鉴定、验收等活动，对这些活动提出的关键项目、不合格、报警、更改、超差、偏离以及纠正措施和建议等进行报告和监控。

2.3 产品保证与质量保证

2.3.1 产品保证与质量保证的起源

业界普遍认为，质量保证起源于 20 世纪 50 年代末，由美国发布的 MIL-Q-9858A《质量大纲要求》，这是世界上最早的有关质量保证方面的标准，并在其后的发展历程中逐步得到认同和借鉴。当时与 MIL-Q-9858A 并存的还有 MIL-I-45208A《检验系统要求》，属于立足于产品检验的质量保证体系，MIL-Q-9858A 不仅包括了 MIL-I-45208A 的基本要求，而且还增加了若干关键要素，诸如承包商控制、器材采购、质量成本控制、数据收集和使用，从研制转移到生产过程的技术要求等内容，还有一些非常特殊的要求或详细工作规程，由此构成了一个相对全面的质量保证体系要求。承包商必须据此建立质量保证体系，开展产品质量保证工作。按照现代质量管理的理念，属于狭义的质量保证。

产品保证源于美国 20 世纪 60 年代开始在国防项目中推行的质量保证大纲和可靠性大纲。随着装备复杂程度的提高和技术进步，软件、元器件、技术状态控制等逐步列入产品保证的范围，美国国防部于 1986 年制定了 DOD-STD-2107（NAVY）《承包商产品保证大纲要求》，提出了产品保证的概念，将质量保证、可靠性、维修性、技术状态管理、研制过程控制、生产过程控制、试验与评价、数据资料等大量分散的要求集中在一起，形成产品保证要求，以指导和监督承包商进行全面的管理与控制。而后，NASA 将“产品保证”进一步发展为“安全与任务保证”。20 世纪 80 年代后期，ESA 在借鉴 NASA 成功经验基础上，在欧洲航空航天企业全面推行产品保证工作，并逐渐形成了一套完整的产品保证标准体系。“产品保证”成为保证复杂高风险项目质量的一套科学系统的方法。

从产品保证与质量保证的发展历程来看，产品保证源于质量保证，但其内容与使用范围均有所拓展与深化。

2.3.2　产品保证与质量保证的比较

较之于狭义的质量保证工作内容而言，产品保证的特点是：以满足顾客需求为导向，以确保项目成功为目标，以工程技术与管理为支撑，突出了预防为主、控制前移、风险管控、全程保证的指导思想，并以设计质量控制和风险控制为主体，强调专业技术的支持与保障。因而，产品保证更具有全过程、全特性的工作属性，工作项目更全面，工作内容更广泛，工作方式更复杂。表 2-2 中选择了几个有代表性的比较因子，给出了产品保证与质量保证的关系。

表 2-2　产品保证与质量保证的关系

比较因子	质量保证	产品保证
工作目标	产品质量	产品质量与任务成功
工作依据	质量管理体系标准	用户需求及产品要求
责任主体	组织最高管理者	型号两总系统或项目负责人
计划/大纲	质量保证大纲/计划	产品保证大纲/计划
工作方式	监督、控制	监督、控制、技术支持
工作手段	检验、审核、评价	检验、审核、评价、工程验证
工作重点	实物质量	设计源头、技术状态实现过程
工作项目	狭义质量特性（特别是产品符合性质量）	广义质量特性（包括可靠性、维修性、保障性等）
阶段覆盖	工程研制、生产、交付阶段	全寿命周期
控制模式	过程控制	过程控制，风险控制
专业技术	质量管理技术、产品检验技术	质量保证+专业工程综合

从质量保证到产品保证，实现了项目质量管理重心向上游的转移，亦即从“以实物质量为中心”的控制与保证，转移到“以设计质量为中心”的控制与保证，而不只是概念的延伸。产品保证立足于项目的整体要求，基于项目的系统管理与风险控制，从技术与管理两个维度进行工作结构分解，提出具体的产品保证工作项目、工作要求与控制要求，据此形成一个完整的产品保证方案，并通过有效的贯彻实施与运行监控，以此保证项目各级产品的研制要求的实现，以及产品的合格交付与安全、可靠的使用，最终确保项目成功，实现用户满意。

2.3.3 产品保证与质量保证的关系解析

以下从产品保证与质量保证的定义、适用对象、发展演变及工作关系的维度，对两者的内在关系进行解析：

（1）从产品保证与质量保证的定义来说，根据 ISO 9000：2000《质量管理体系 基础和术语》的定义：质量保证作为“质量管理的一部分，致力于提供质量要求会得到满足的信任”，保证质量是质量控制的任务，而质量保证则是以保证质量为基础，进一步延伸到提供“信任”这一目标。QJ 2171A—1998 将产品保证定义为：“产品保证是为使人们确信产品达到规定的质量要求，在产品研制、生产全过程，所进行的一系列有计划、有组织的技术与管理活动。”两者在为实现质量要求而采取措施、提供信任这方面是一致的。

（2）从产品保证与质量保证的适用对象来说，“产品保证”是适应跨行业、跨单位合作的大型、复杂、高风险工程项目开展的质量保证活动，属于项目质量管理的范畴，其出发点是针对项目、型号或产品所采取的一组技术和管理活动，“质量保证”是以组织质量管理体系运行为基础，从职能与组织层面对型号或产品实施质量保证。两者所涉及的工作项目和工作内容基本一致，但在组织管理模式上有一定的差异。

（3）从产品保证与质量保证的发展演变来说，“产品保证”和“质量保证”的概念都是质量工作发展到一定阶段的产物，质量保证作为组织层面的质量管理工作的组成部分，伴随质量管理体系的发展而发展。产品保证则起步于跨组织层面的项目研制及管理的需求，其核心是保证项目目标的实现，属于项目层面的质量保证工作，并伴随项目管理的需求而进步。产品保证与质量保证的内涵均在各自的实践过程中得到不断的丰富和拓展，到现阶段，无论从应用对象还是具体工作项目，两者核心内容基本一致。

（4）从产品保证与质量保证的工作关系来说，传统意义上的质量保证（即狭义质量保证）属于产品保证的一个子集，也是产品保证的基础，而广义质量保证则等同于产品保证，它将传统意义上的以实物质量为中心的质量保证工作，拓展到以项目成功为目标、以风险预防为核心、以设计保证为源头、以过程控制为手段的工作模式。遗憾的是，迄今为止，相当部分企业的质量管理仍处于狭义的质量保证模式，无论是从质量意识、组织架构、运行机制、资源配置等方面，较之于产品保证模式及要求仍存在较大差距。

2.4　产品保证与质量管理体系

2.4.1　军工产品质量管理体系中的产品保证要求

军工产品具有结构复杂、技术难度大、质量与可靠性要求高等特点，尤其是复杂装备研制工程，普遍具有时间紧、任务重、研制周期短、研制与生产交付并行交叉等特点，对质量管理工作提出了一系列更高、更新的要求。建立军工产品质量管理体系，将与装备质量形成过程相关的各项技术与管理活动整合为一体，采用系统的、体系化的方式实施管理，是保证装备质量的有效途径。

GJB 9000 系列国家军用质量管理体系标准的建立，为实施装备质量管理工作的规范化、科学化提供了标准指南。特别是 GJB 9001C—2017《质量管理体系要求》在贯彻装备质量建设新特点、新规律和新要求的基础上，总结了近年来装备研制质量管理的经验教训，在军用标准化、通用质量特性、技术状态管理、工艺设计开发、软件工程化、元器件质量控制、风险管理等方面提出了更明确的要求，并且较好地保持了与相关军工法规和军用标准的协调一致性。

GJB 9001C—2017《质量管理体系要求》是在等同采用 GB/T 19001—2016《质量管理体系要求》的基础上，通过“A+B”的结构模式形成的，其中 A 部分等同采用了 GB/T 19001—2016 的所有条款，B 部分针对军工产品质量管理的特殊要求，提出了一系列的补充条款，特别是针对装备研制的设计和开发过程，明确规定了承制单位必须开展的有关工作项目和要求，具体反映在运行的策划（即产品实现的策划）和控制、设计和开发策划、设计和开发阶段控制、供方管理、产品规范与标准化要求、产品特性分析、通用质量特性设计与管理、新技术新器材新工艺控制、工艺设计与开发、监视与测量、元器件选择与使用、软件工程化等相关要求和条款中。这些要求与条款，实际体现了“设计源头”的控制原则，体现了产品保证（特别是设计保证）的管理思想和技术要求。表 2-3 列出了 GJB 9001C—2017 在产品设计开发活动中提出的与产品保证各专业相关的工作项目和实施要求。

表 2-3　GJB 9001C—2017 中的产品保证要求

序号	工作项目	实施要求
1	运行策划、实施与控制（产品实现策划）	依据装备合同及项目要求，以及装备研制程序进行运行策划，确定产品实现过程及阶段划分，规定过程运行准则及产品接受准则，按照准则实施过程运行与控制
2	设计和开发策划	依据研制程序进行设计与开发的策划，制订并执行符合产品与过程性质的设计和开发计划，实施节点控制和转阶段控制
3	工作分解结构	按产品层次结构进行设计和开发的工作结构（包括按硬件、软件产品层次，以及专业技术如可靠性、维修性等），确定每一个单元的工作项目和所需资源
4	通用质量特性设计	进行产品性能与“六性”（可靠性、维修性、测试性、安全性、保障性、环境适应性）等通用质量特性的系统分析和综合权衡，确定最佳费效比
5	软件工程	按软件工程化要求组织软件开发工作，实施软件配置管理，实行设计、编程、测试三分开，进行软件测试和独立评测
6	元器件保证	对元器件选用、采购、监制、验收、筛选、复验以及失效分析等活动进行规范管理和控制。必要时，对进口元器件和重要元器件进行破坏性物理分析（DPA）
7	新技术、新器材、新工艺	对设计采用的新技术、新器材、新工艺进行充分论证、试验和鉴定，对结果进行风险分析并履行审批程序
8	军用标准化	制定产品标准化大纲，确定标准选用范围，开展产品通用化、系列化、组合化工作，制定产品设计、工艺和试验规范，通过规范化工程途径实现规定的要求
9	特性分析	对产品进行特性分析，包括技术指标分析、设计分析和选定检验单元，并根据特性分析的结果确定特性类别
10	产品与过程的综合设计和开发	采用产品与过程的综合设计和开发（IPP）方案，利用多学科小组同时优化产品设计、制造过程及其外场保障，实现其费用和性能目标
11	关键项目控制	关键特性、重要特性识别；关键件、重要件确定；关键过程、特殊过程控制；关键特性不允许让步使用
12	风险管理	制订风险管理计划，在产品实现各阶段进行风险分析和评估，形成各阶段风险分析文件，必要时提供给顾客

仔细分析 GJB 9001C—2017 提出的特殊要求，其核心思想就是：装备研制及质量管理工作，要以保证装备综合效能的实现为目标。在装备设计和开发过程中，不仅要实现装备的功能和性能要求，而且还要实现装备的使用要求，即可靠性、维修性、测试性、保障性、安全性、环境适应性等通用质量特性要求；不仅要考虑装备的设计要求，还要考虑装备的工艺要求和生产制造要求；不仅要保证装备整机产品的质量，还要保证决定装备本质质量的基础产品的质量，如原材料、元器件、结构件、软件等。这些要求与产品保证的指导思想、工作原则、专业领域、相关工作项目及要求等完全兼容，也是产品保证工作必须开展的基本活动。

2.4.2　质量管理体系建设对产品保证工作的启发

不可否认，在众多的业务管理领域中，质量管理率先实现了体系化、规范化和标准化，实现了与国际先进标准的接轨。质量管理体系建设在获得成功的同时，也为其他业务领域的管理进步提供了范式。

建立和实施质量管理体系是组织的一项战略决策，能够帮助组织提高整体绩效，为推动组织的可持续发展奠定良好的基础。产品保证作为基于项目管理的一种质量管理模式，亦应采用质量管理体系的建设思路，创造条件实施体系化管理，其益处在于：

（1）稳定提供满足顾客要求、实现任务成功的产品保证能力；

（2）促成增强顾客信任、满意的机会；

（3）应对与装备研制环境、研制过程、研制目标实现的相关风险和机遇；

（4）证实具备承担装备建设相关任务的能力。

复杂装备研制一般均属于跨行业、跨单位的工程项目，与组织层面的质量管理体系建设不同，装备项目层面的产品保证体系建设要考虑跨行业、跨单位的协同过程，要统一装备研制全线的产品保证工作要求、工作标准。因此，装备研制产品保证体系建设，一定要紧密结合装备研制及项目管理的实际需求、系统考虑装备研制配套及供应链的运行状态，充分兼容组织层面的质量管理体系要求，否则，极易出现“两张皮”的现象。装备研制项目的产品保证体系建设应重点关注以下几个工作项目：

（1）内外部环境及利益相关方分析：基于装备研制项目要求，系统分析装备研制过程的内外部环境影响，识别各利益相关方的核心需求，据此确定开展产品保证工作的优势和劣势，进行装备产品保证的需求分析、业务模式设计，确定产品保证的核心客户、核心活动及核心资源需求，建立产品保证的核心能力基线。

（2）产品保证体系策划：依据质量管理体系架构和过程要素，进行产品保证体系的策划，确定产品保证的机构与职责、过程、程序和资源，建立产品保证的组织体系、流程体系、文件体系，适应组织环境及利益相关方，进行产品保证体系的策划。

（3）方针目标管理：依据装备项目的研制目标及研制要求，建立产品保证的方针和目标，并在装备研制各参研单位、各阶段工作、各层级产品中进行目标分解，形成装备研制产品保证的目标体系。进一步选择关键项目和关键产品，进行产品保证关键绩效指标（KPI）的分析与分解，同时提出关键解决途径，以此牵引装备研制产品保证工作的整体运行，促成各级产品保证目标的实现。事实上，GB/T 32305—2015《航天产品保证》已经引入了方针目标管理的内容。

（4）工作结构分解与工作说明：从产品维度、专业维度、时间维度进行产品保证的工作结构分解，确定产品保证的过程域、业务域、数据域，形成产品保证工作分解架构，进一步细化工作单元，并就每一个工作单元编制工作说明，实施工作包（或任务包）管理。

（5）过程方法应用：运用质量管理体系的过程方法，以所定义的工作单元为对象，从技术与管理维度，分解确认各阶段、各业务过程所要求的产品保证活动，针对每一项活动建立工作流程，梳理和确认输入、输出、控制、资源等流程要素，明确流程主体及信息流向，建立流程关系，特别是确定流程接口，定义末端流程要求，明确末端流程的主体能力及资源配置要求。

（6）基于风险的思维：按照预防为主、源头控制的工作思路，以识别型号研制过程的各种技术风险为主题，实施全过程风险管控，采取预防控制，最大限度地降低不利影响，以确保在项目约束条件内对技术风险和计划风险充分进行识别、评价、预防和控制。

（7）供应链产品保证：拓展质量管理体系中的采购及外包过程控制要求，实施供应链产品保证管理，制定分供方产品保证大纲和供应链管理程序，明确供应商准入与选择、监督与控制、评价与追责、培育与退出的工作程序和方法，确保对供应链的产品保证要求得到准确传递、产品保证过程得到有效管控、产品保证情况得到及时报告。特别是组织对供应商产品保证能力的检查与审核，促进其产品保证能力的提升，以有效控制装备研制的供应风险，保证配套产品质量。

（8）PDCA 循环改进：运用质量管理体系的 PDCA 循环工具，以问题为导向，建立产品保证工作改进机制，确定改进机会并采取行动；以确保装备研制过程能够得到充分的资源和管理，以实现对产品保证各级组织、各类机构业务能力、业务流程、装备产品质量的持续改进与提升。

鉴于产品保证体系是以装备研制项目成功为目标，针对装备研制的具体需求（特别是针对装备研制的特殊需求）所提出的专项质量保证方案，因此，作为基本原则，产品保证体系建设一定要遵循“目标性、系统性、协同性、有效性、兼容性”的原则，即有明确的目标牵引，有系统的大纲计划，有过程的协同规则，有绩效的评价标准，同时应充分兼容组织现有的质量管理体系要求。

一个重要的结论是，质量管理体系是保证产品质量的基础，而产品保证是质量管理体系有效运行的见证。

国际标准 ISO 10016：2003《质量管理体系　项目质量管理指南》提出了项目质量管理体系的概念，建立、实施和保持项目质量管理体系的内容和要求，以及项目质量管理体系应与承担项目的组织的质量管理体系相协调的原则。为此，我们有必要认真研究 ISO 10016：2003 标准所隐含的先进、成熟的项目质量管理理论、方法和工作程序，同时，认真总结国防科技工业装备型号研制质量管理的经验做法，建设适于国情特色、满足装备研制需求的产品保证体系，实现装备研制项目质量管理的体系化、标准化和程序化。

第3章

产品保证的系统工程原理及方法

武器装备的研制一般均为跨行业、跨单位的复杂工程项目，涉及的专业学科宽泛、技术领域众多，系统庞大，结构复杂，其组织管理与接口关系异常复杂，项目管理对于装备研制的成败至关重要。如何构建装备研制的组织体系、运行机制和工作流程，形成各方协同、运行高效的项目管理模式？如何落实装备研制全线的各级责任，形成分工合理、各司其责的工作体系和管理关系？如何科学配置和准确调度项目运作所需的各类资源，使之适时有效地投入使用，保障项目研制工作的顺利进行？如何统筹考虑和平衡项目质量、进度、成本之间的矛盾，控制项目过程的风险？如何对装备研制过程提供有效的产品保证，确保各级研制目标以及总体目标的实现？系统工程方法提供了一条有效的实施途径。

产品保证属于装备研制工作的重要组成部分，作为一门技术高度交叉、管理深度融合的应用学科，产品保证集成了运筹学、工程学、统计学、经济学、管理学等多个学科的研究成果，同时，产品保证运用项目管理、系统工程、并行工程等管理思想，并将其融为一体。装备研制的产品保证工作是基于项目管理要求提出的，遵循系统工程、并行工程的原理与方法。

3.1 装备研制系统工程管理要求

系统工程是采用科学的方法，规划和组织人力、物力、财力，通过最优途径的选择，使工程项目在一定期限内收到最合理、最经济、最有效的效果。所谓科学的方法就是从整体观念出发，通盘筹划，合理安排整体中的每一个局部，以求得整体的最优规划、最优管理和最优控制。系统工程管理中的每个局部都服从于和服务于一个整体目标，在对项目资源实施优化组合、合理配置的情况下，力求做到人尽其力、物尽其用，从而使整体优势得到充分发挥，使资源的损失和浪费降低到最低限度。

3.1.1　系统工程定义

国际标准 ISO 15288：2015《系统和软件工程——系统生命周期过程》给出了系统工程的最新定义：系统工程是“管控整个技术和管理活动的跨学科的方法，这些活动将一组客户的需求、期望和约束转化为一个解决方案，并在全寿命周期中对该方案进行支持”。

美军标 MIL-STD-499A 对系统工程做出如下定义：“系统工程是对科学的和科研的成果的应用，以做到：①通过利用反复迭代的定义、综合、分析、设计、试验和鉴定等过程将作战上的需求转换成对系统性能参数和系统技术状态的描述；②综合相关的技术参数并保证所有物理的功能和计划的接口间具有相容性，以便优化整个系统的界限和设计方案；③将可靠性、维修性、生存性、人的因素以及其他有关因素综合到整个工程成果中去，以达到费用、进度和技术性能方面的目标。

钱学森对系统工程的定义是：“系统工程是组织管理系统的规划、计划、试验和使用的科学方法，是一种对所有系统都有普遍意义的科学方法。”

综合以上定义可以认为，系统工程是科学技术成果的应用，是指导工程系统设计、建造及运营所采用的方法和技术，它将装备研制中的各项技术要素与管理要素综合为一体，系统运作，协调发展，实现装备研制过程的设计最优和管理最优，直到满足用户要求的系统方案得以实现，用户得到最佳的产品与服务。

装备研制中的系统工程，要在应用科学技术成果的基础上，实现以下三方面的作用：将作战需求转化成为确定的技术性能参数（即专用质量特性要求），并加以准确描述；将性能参数和接口关系进行合理的分析与综合，得出优化的设计方案；将多项综合工程要求（包括可靠性、维修性、安全性等通用质量特性要求以及工艺性等）设计到装备产品中去，成为装备的固有能力。

3.1.2　系统工程过程

GJB 8113《装备系统工程管理通用要求》规定了装备研制系统工程的技术过程和技术管理过程。

装备研制的技术过程就是从用户需求出发，将用户对装备的需求转变成实际产品的过程，包括设计与验证两个方面。即通过设计过程，自上而下将系统逐层分解为分系统、单机、零部件、原材料；通过装配与验证过程，从最低层次的零部件起，自下而上逐级进行组装、集成、验证，最终形成系统，交付用户，满足用户需求。装备研制的技术过程如表 3-1 所列。

表 3-1 GJB 8113 定义的技术过程

过程名称	含义	过程分解
需求分析	开展装备订购需求分析，识别其在规定的使用环境内应具备的作战能力或功能	（1）获知需求； （2）定义需求； （3）分析及维护需求
技术要求分析	开展装备技术要求分析，将研制需求转化为功能、性能和接口要求	（1）定义装备技术要求； （2）分析及维护技术要求
体系结构设计	开展体系结构设计，经多方案设计、权衡择优，最终形成满足技术要求并可接受的体系结构技术数据包	（1）定义装备体系结构； （2）分析并评价体系结构； （3）生成并维护体系结构技术数据包
单元实施	开展体系结构组成单元的设计、实现与验证	（1）完成单元设计； （2）完成单元实现
产品集成	依据体系结构，自下而上逐级进行产品集成和验证，形成最终装备	（1）制订集成计划； （2）完成产品集成
验证	在产品逐级集成过程中，逐一对装备组成单元进行验证，确定其是否满足技术要求，直至最终装备	（1）制订验证计划； （2）完成验证
移交	适用于武器装备体系结构组成单元向更高层次单元集成的转移，以及武器装备从验证向用户确认的转移(包括武器装备直接部署使用)	（1）制订移交计划； （2）完成移交
确认	由订购方对移交的装备进行作战能力确认，判定需求是否实现。确认过程可适用于装备各体系结构组成单元	（1）制订确认计划； （2）完成确认

鉴于装备研制的技术过程是由不同的研发团队、机构、人员完成的，因此，需要从技术的角度对其实施协调、管理，以确保设计方案的技术正确性、可行性，确保技术过程的有效运行。技术管理过程就是对这些活动从技术的角度进行计划、组织、协调、控制的过程。技术管理过程一般是在贯彻相关国家军用标准要求的基础上，结合装备研制的实际需求开展工作。技术管理过程、含义及国家军用标准依据如表 3-2 所列。

表 3-2 GJB 8113 定义的技术管理过程

过程名称	含义	主要依据标准
研制策划	制订装备研制计划，明确系统工程过程的具体活动和工作分解	GJB 2116 武器装备研制项目工作分解结构； GJB 2742 工作说明编制要求
需求管理	实施装备研制全过程需求管理，建立需求和技术要求的追溯系统，记录、跟踪技术要求的分解、分配和变更，以及维护需求与技术要求的双向追溯	

续表

过程名称	含义	主要依据标准
技术状态管理	实施装备研制过程技术状态管理	GJB 3206 技术状态管理
接口管理	明确装备各组成单元之间的接口定义，以及装备与其他有互连、互通、互操作要求的系统的接口定义，确保接口定义完整并符合相关规定	GJB 2737 武器装备系统接口控制要求
技术数据管理	针对装备研制过程生成的和使用的技术数据，明确其采集、访问、分析处理和发布使用等的程序和要求	GJB 1686 装备质量信息通用管理要求；GJB 1775 装备质量与可靠性信息分类及编码通用要求
技术风险管理	制订并实施技术风险管理计划，将技术风险管理纳入装备研制项目风险管理	GJBZ 171 武器装备研制项目风险管理指南
研制成效评估	开展装备研制全过程的技术审查，对装备关键技术参数进行持续监测和分析预测，对装备关键技术和关键制造工艺开展成熟度评价	GJB 3273 研制阶段技术审查；GJB 7688 装备技术成熟度等级划分及定义；GJB 7689 装备技术成熟度评价程序
决策分析	在择优选择方案时，应开展决策分析，例如系统分析、费用-效能分析、权衡优化研究等	GJB 1364 装备费用-效能分析

技术过程和技术管理过程是系统工程相互联系、不可分割的两个部分。鉴于复杂装备研制项目一般均实施项目管理，因此，有必要按照系统工程的要求，从技术与管理两个维度进行工作结构分解（WBS），以此系统识别、准确界定项目研制所要求的技术过程和技术管理过程，在确定项目目标的基础上，建立项目运行机制，分解项目管理要素，明确项目工作要求，提供项目资源保障，对项目技术过程、技术管理过程实施统一管理，以求过程运行规范、协调，过程绩效有保障、可考核，以此保证项目目标的实现。

3.1.3　系统工程过程在装备研制中的应用

GJB 8113《装备系统工程管理通用要求》给出了系统工程过程在装备产品研制项目周期阶段的应用模型（图 3-1），该模型一般被称为“V 模型”。“V 模型”左侧表示自上而下的产品设计过程，说明产品从系统—分系统—组件—部件的需求分析、技术要求确定、产品分解和定义等活动，“V 模型”右侧表示自下而上的产品集成与验证过程，说明产品从部件—组件—分系统—系统的制造、装调、试验和验证活动。图 3-1 所示模型还标出了系统工程的技术过程和技术管理过程，技术过程在产品研制中循环迭代，技术管理过程贯穿于产品研制项目的全寿命周期。

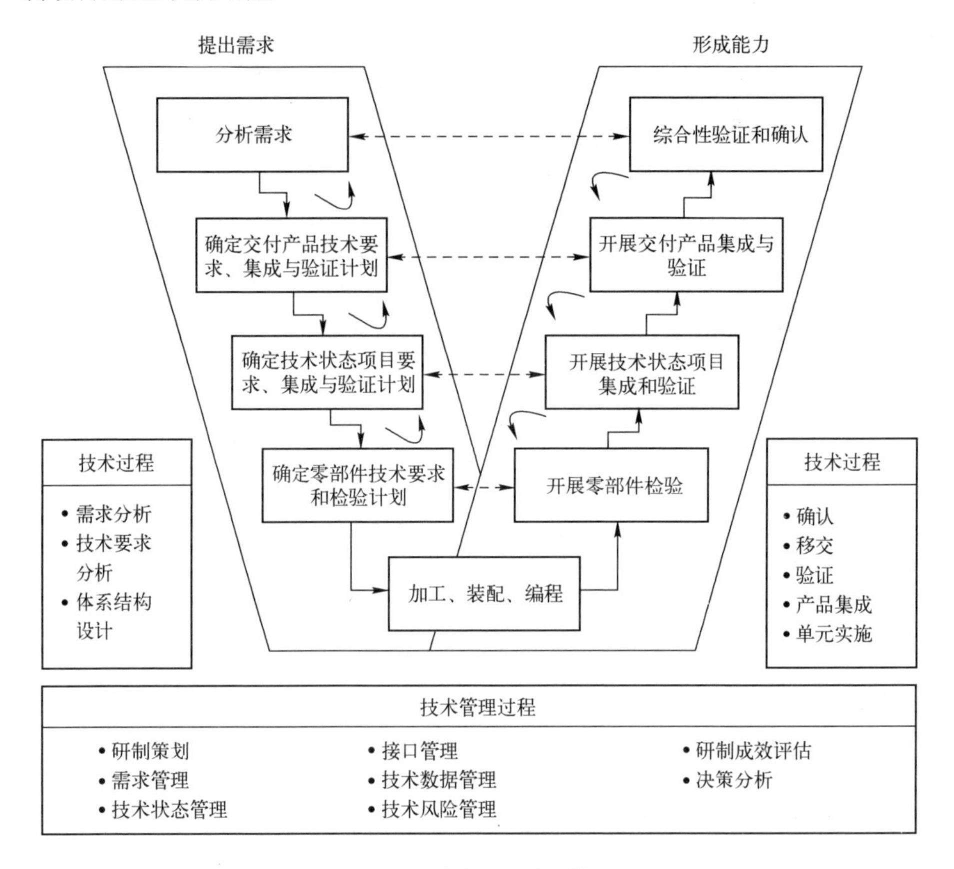

图 3-1　系统工程过程模型

系统工程在装备研制中的应用，核心是将装备研制作为一个工程系统，从用户的需求出发，综合运用多种专业技术，通过分析—综合—试验的反复迭代过程，逐步逼近既定的需求，最终研制出一个满足使用要求、整体性能最优的系统。系统工程过程以用户需求（或上一过程输出）为输入，通过权衡综合，循环迭代，自上而下，按序解决相关问题，以期逐步逼近并最终实现预期的结果。实际装备研制中的系统工程工作要素一般包括：输入、输出、要求分析、功能分析/分配、工程综合设计、验证、系统分析、控制和权衡。上述过程随着研制阶段迭代进行，不断优化，最终实现满足用户要求的工程系统。典型的系统工程过程方框图如图 3-2 所示。

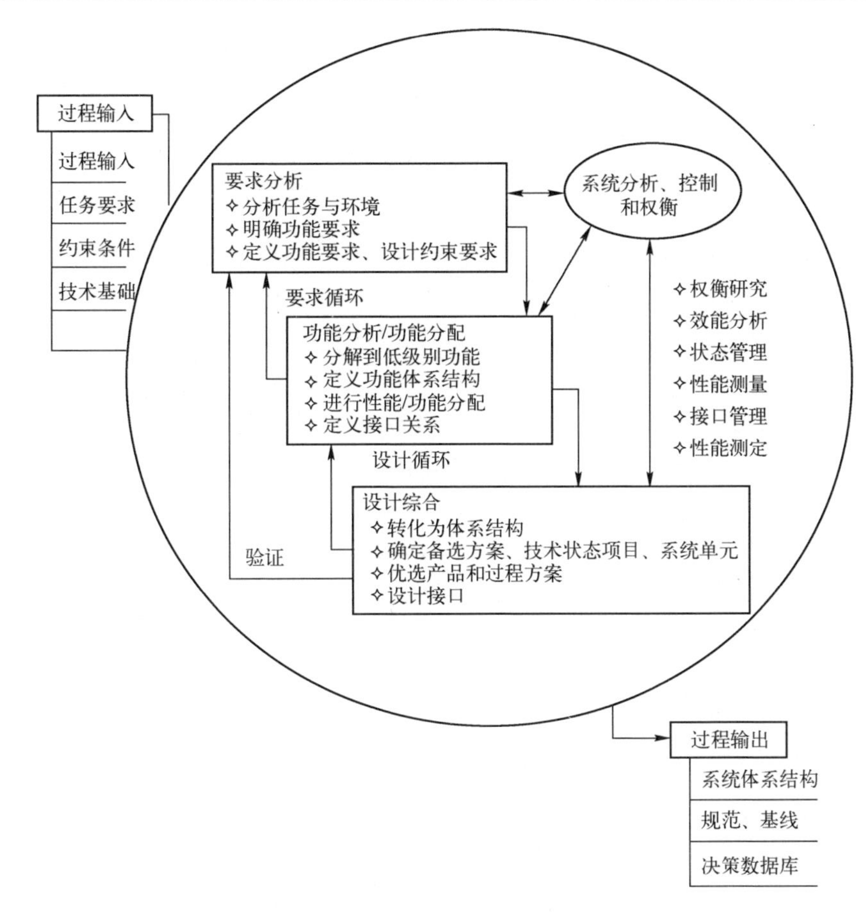

图 3-2　典型的系统工程过程方框图

武器装备一般均属于复杂的工程系统，其研制过程一定属于复杂的系统工程过程，遵循系统工程的规律和方法。为此，应运用系统工程的方法和工具，对装备研制过程实施系统工程管理，对影响装备研制目标的技术、费用、进度三要素进行分析权衡、综合优化，从产品实现、过程运行、资源保障、供应链管理等维度进行科学筹划、协调运行，以确保各级目标能够得到有效分解，各类风险能够得到有效控制，各项要求能够得到有效落地。

作为装备研制系统工程的组成部分之一，产品保证工作要覆盖装备研制的各个产品层次、各个工作环节和各个业务过程，从装备立项论证、方案设计、工程研制到设计定型，从基础元器件、机械零件、部组件、单机、分系统到系统集成，从关键技术研究到基础技术应用，从系统总体单位到各级分包商，都应纳入型号产品保证范畴。要加强型号研制工作的系统管理，加强产品保证工作的顶层设计，突出系统统筹，建立协同机制，理顺管理关系，形成共性合力，以确保型号研制及产品保证工作标准统一，政令畅通，过程受控，运行规范。

3.2 项目系统工程模型

依据系统工程的原理和方法，可以构建图 3-3 所示的项目系统工程模型。该模型提出，在装备项目需求明确的前提之下，可将装备研制工作分解为项目管理、工程研制、产品保证三大组成部分，分别标识为 A、B、C 域；三者的两两交集，分别形成了装备研制中的相关职能领域，其中 AB 域为工程策划，AC 域为技术监督，BC 域为专业综合；三者的共集 ABC 域代表了装备研制的终极目标，即项目需求的实现，也就是装备研制产品的实现。

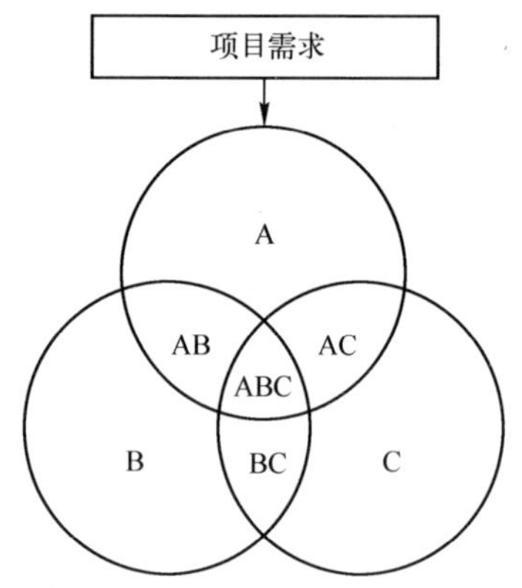

A—项目管理；B—工程研制；C—产品保证；AB—工程策划；AC—技术监督；BC—专业综合；ABC—产品实现。

图 3-3　项目系统工程模型

3.2.1 项目管理

项目管理即为项目运作所要求及所采取的所有管理活动，本质要点是以项目为对象的系统管理方法。其做法是，依据系统工程的原则，将项目运作所需的过程和资源（一般包括任务、人员、经费、设备、信息等）按照项目目标的要求协调一致地组织起来，进行合理策划、组织、协调和评价，保证有序投入项目的研究、设计、试验、试制与生产全过程中，以确保满足项目研制需求，确保项目研制成功。项目管理还包括对项目运行各要素进行高效率的计划、组织、指导和控制，以及项目的综合管理，以实现项目全过程的动态平衡和项目目标的综合协调和优化。

美国项目管理协会 PMI 提出的项目知识管理体系（PMBOK）被国际项目管理界所公认，其定义的项目管理要素如图 3-4 所示。我国对重大工程项目及国防装备研制也实施了项目管理制，采用了 PMBOK 所界定的项目管理要素，在管理模式上实现了与国际的接轨。

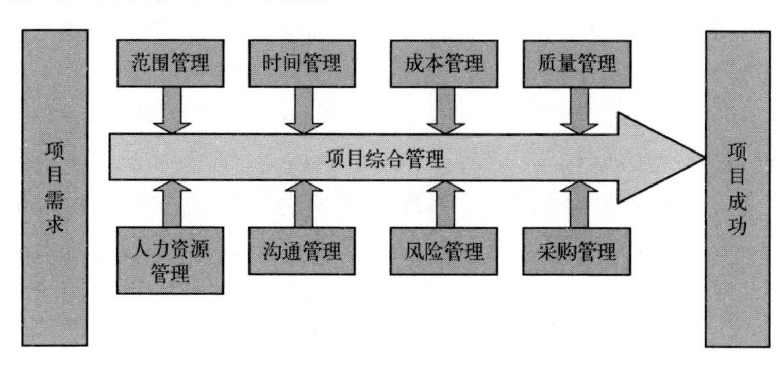

图 3-4　项目管理要素

项目管理各要素的内容简述如下：

（1）范围管理：根据项目目标，界定项目工作范围并对其进行管理，包括立项、项目范围的计划和定义、范围确认、范围变更控制。

（2）时间管理：给出项目活动的定义、安排和时间估计，制订进度计划并行控制。

（3）成本管理：确保项目在预算范围之内的管理过程，包括资源和费用的规划、费用预算和控制。

（4）人力资源管理：确保项目团队成员发挥最佳效能的管理过程，包括组织规划、人员招聘和项目团队的组建。

（5）质量管理：确保项目满足客户需要的质量，主要包括质量计划、质量保证和质量控制。

（6）沟通管理：确保项目相关信息能及时、准确地得到处理，包括沟通计划的制订、信息传递、过程实施报告和评估报告。

（7）风险管理：确保项目能够成功实现，需进行风险的识别、度量、响应和控制。

（8）采购管理：确保项目所需的外界资源得到满足，包括采购计划、询价、资源选择、合同的管理和终结。

（9）项目综合管理：确保项目各要素的协调工作，包括项目计划的制订和执行、项目整体变化控制。

项目管理的目标是在对项目范围做出正确界定的前提之下，通过对项目的组织设置、计划安排、经费预算、技改筹措、质量保证以及信息管理等，以进度、质量、成本、服务（即 TQCS）的最佳费效比，完成项目预定的目标。

需要特别指出的是，装备的研制工作一般是在一定的保障条件前提下进行的，往往需要通过国防科技工业固定资产投资项目建设，包括装备研制保障条件建设、生产线技术改造项目建设，以进一步改进和提升型号研制单位的研究设计、试制生产和质量保证能力。因此，型号项目管理工作中，特别需要将装备研制保障条件建设、生产线技术改造项目纳入资源管理范畴，必要时设立独立的业务部门实施归口管理。装备研制单位应按国家政策以及国防科技工业固定资产投资项目管理制度和要求，系统识别装备科研、生产能力及质量保证能力方面存在的差距，合理提出建设项目需求，按规定的程序和要求组织立项申报、可行性研究、初步设计、项目实施、验收评估等工作，同时接受上级主管部门和规划设计单位的指导。

3.2.2 工程研制

工程研制即为项目实施的所有工程技术过程。依据 GJB 1405A—2006《装备质量管理术语》的定义，工程研制就是“按照批准的研制总要求进行的具体设计、试制、试验的过程”。本书所指的工程研制过程起步于装备的需求分析，终止于装备的设计定型，包括装备设计、装备制造、装备检验试验三大过程，分别对应装备的设计工程、制造工程和试验工程，每项工程又可分解为若干工程专业领域或技术活动。图 3-5 给出了某型装备工程研制过程的分解。

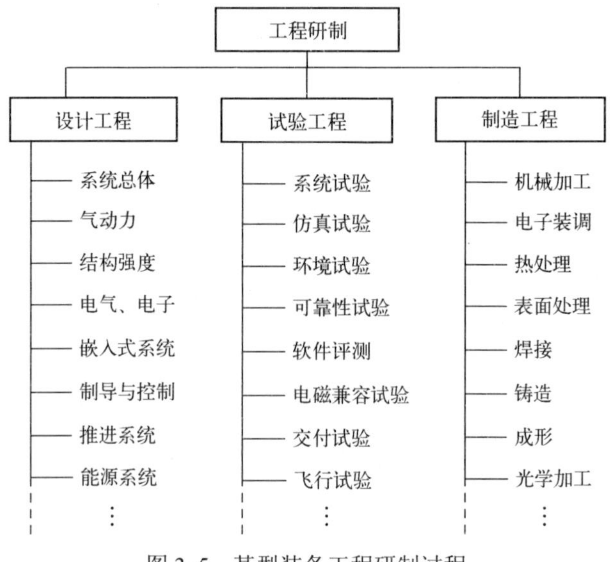

图 3-5　某型装备工程研制过程

在既定的装备项目需求的前提下，工程研制的目标就是要将装备的用户要求转化为装备的实物产品。其间经历三个转换过程：

（1）将用户需求转化为产品要求。工程研制的主要任务，首先是将装备项目的任务需求转化为对装备工程系统量化的技术性能要求和设计参数，并确定出系统的最优配置，为后续工程样机的实现提供依据。此项工作的输出一般表现为装备型号研制总要求、产品研制任务书、产品技术要求/技术条件等。此项工作一般由系统总体设计部门完成。

（2）将产品要求转换为相关设计要求、设计图样和技术资料等，具体表现为产品设计过程产生的技术文件，包括产品设计图样、采购明细、安装调试细则、检验试验规范、使用和维修保障手册等。此项工作一般由产品设计部门完成。

（3）将设计要求转化为工艺要求，即产品制造技术研究或生产工艺技术开发，为产品的生产试制提供技术方法、作业流程和检验要求等，具体表现为工艺设计过程形成的工艺总方案、工艺规程、作业指导书等工艺技术文件。此项工作一般由工艺技术部门完成。

在产品完成设计和工艺开发、确定工程样机的设计状态和制造方法之后，即进入产品的试制及验证过程，通过产品试制，将产品的设计状态转化为实物样机，通过对实物样机的检验和试验，完成对设计状态的验证与确认。

装备的工程研制过程是一个迭代进行的过程，遵循一定的研制规律，按照规定的研制程序进行，一般经历方案设计、样机试制、设计定型等阶段，通过设计迭代不断细化和优化，最终达到规定的设计要求。

3.2.3　产品保证

产品保证作为产品实现的一个支持过程，是指在产品设计开发、生产试制、检验试验等过程中所进行的各项产品保证活动、所采取的各项产品保证措施的集合，即针对项目研制的特点和实际需求，如何采取有效的技术方法、有效的管理措施，保证产品质量，保证项目目标的实现，因此，产品保证是一个跨学科的工程技术过程和工程技术管理过程。

从工程技术角度而言，产品保证要提供产品实现所不可缺少的工程技术支持，特别是产品保证所属的各专业技术领域的支持，具体体现为由各专业技术领域形成并向设计提供的设计准则、优选手册、使用指南（如通用质量特性设计准则、元器件优选目录、标准件使用指南）等，以及在其技术领域中所开展的各相关工作。从工程技术管理角度而言，产品保证要采取有效的技术管理措施，确保规定的各项工作要求和保证措施得到落实，具体表现为依据产品保证要求提出的各项技术与管理规范（如设计复核复算要求、软件工程化管理指南、工艺可生产性评价准则），以及据此所采取的检查、评审、审核、验证、确认等活动。工程技术与工程技术管理构成产品保证活动的集合。

应该指出的是，项目管理下的产品保证活动，是围绕项目的特性和具体需求展开的，产品保证应伴随装备研制进程，覆盖装备各产品层次，提供产品实现过程的各项产品保证措施。因此，产品保证应遵循装备的研制程序和规律，覆盖装备全系统、全特性、全过程的质量管理要求。

依据图 1–2 所确立的装备研制全系统、全特性、全过程质量管理模型，可以构建产品保证的三维架构模型，并从专业维度、产品维度、时间维度进行分解（图 3–6）。其中，专业维度涵盖了产品保证的各相关工程领域，计有通用质量特性设计保证、材料机械零件与工艺保证、元器件保证、软件保证、产品保证管理等；产品维度覆盖了构成装备的各级产品层次，计有器材、零件、部件、组件、单机、分系统、系统等产品层次；时间维度涵盖了产品研制的各阶段，包括装备立项论证、方案设计、工程研制、设计定型全过程。

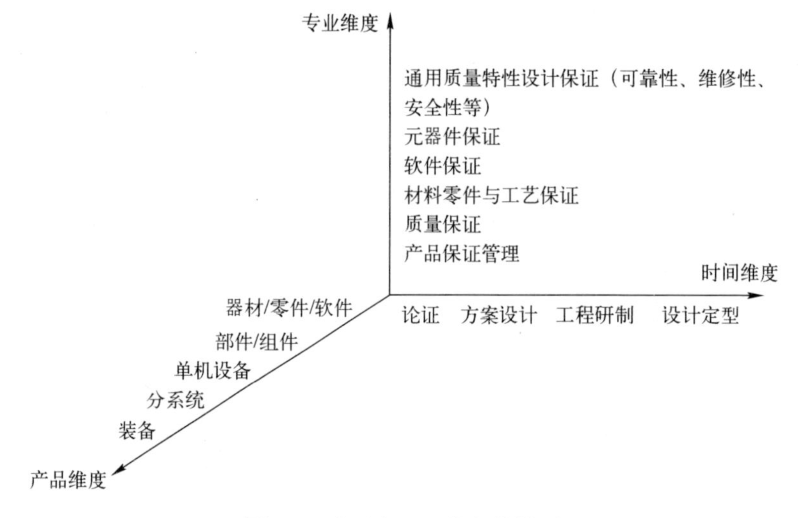

图 3–6　产品保证三维架构模型

3.2.4　工程策划

项目管理与工程研制的结合即为工程策划。即依据项目确定的总要求，对项目运作所需要的时间、进度、技术与质量指标、人员、设施、经费、技术装备等资源进行风险分析、综合权衡、优化决策的过程。

工程策划实质上是一个技术与管理过程的综合，即要在既定的时间、资源、技术能力条件下，通过合理有效的策划，确定项目运作和项目实现的最佳组合，以此完成项目的研制工作，实现项目目标。比照GJB 9001标准的相关过程界定，工程策划实际就是产品实现（运行）的策划，其策划的主要内容有：

1．与产品有关的要求的策划

在进行与产品有关的要求的策划时，要基于顾客要求、相关标准要求和适用的法律、法规要求，以及组织自身的运行及发展要求，确定适宜的产品质量目标和要求。在确定产品的质量目标时，要考虑产品的实际质量水平和企业实际具备的条件与能力。在确定产品的质量要求时，主要考虑质量管理体系标准规定的各相关条款和要求，详见第2章内容。

2．与组织有关的策划

与组织相关的策划本应纳入资源策划的范畴，但因其重要性而单独阐述。装备一般均为跨行业、跨单位的国家研制项目，依据武器装备相关研制管理规定，以及项目管理的要求，需要组建专门的型号组织机构，成立型号线，这些均属于产品实现策划时的组织策划范畴，是型号研制及产品实现中至关重要的一项工作。

3．与过程有关的策划

根据特定产品的质量目标和要求，考虑用户的特殊要求，识别和确定产品实现所需的过程及子过程（包括外包过程）、过程的输入/输出及资源条件需求、过程之间的相互作用和顺序，建立过程控制、监测和改进的具体准则和方法，以及支持这些过程运行、实施过程监视和测量的文件，如程序文件、工艺文件、检验规程、作业指导书等。

4．与资源有关的策划

针对特定产品要求及过程运行要求，确定对各类资源的需求，包括人力资源、财务资源、信息资源、时间资源、物资、厂房设施设备等资源，并制订措施，确保这些资源能及时提供到位，如人员培训或招聘、研制保障条件建设、生产线技术改造等。资源需求还应包括产品使用和维护所需的资源。

5．与风险有关的策划

风险不可避免地存在于产品实现的全过程中，随着产品实现过程的进展，风险事件及其发生的概率和后果也会有所变化。因此，要进行风险管理策划，确定纳入风险管理的事项并制订风险管理计划，在其实现的各个阶段进行风险分析与评估，确定应对措施。需要注意的是，研制过程的技术风险一定要得到充分识别和管控，特别是对新技术、新器材、新工艺使用风险的识别与控制。

6．与文件和记录有关的策划

规定产品实现过程的工作依据、保持产品实现过程的可追溯性是质量管理的基本要求。为此，首先要确定产品实现过程所需的各类文件，既作为产品实现过程的工作依据，又为产品实现过程的控制提供准则和方法。其次要规定产品实现过程的所有相关记录及记录要求，用于证实产品实现过程按照策划的要求有效运行，产品和服务符合规定的要求。对文件和记录的策划一定要结合型号研制要求，体现产品特点，力求准确齐全，以确保型号研制有依据，控制有标准，执行有记录，产品实现的各项技术与管理活动均可追溯。

3.2.5 技术监督

项目管理与产品保证的结合即为技术监督过程，较之于传统的质量监督，属于广义的质量监督范畴。其主要职能是：依据项目规定的各项技术规范和管理条例，对工程研制过程和产品保证过程中的各项活动进行监督、检查、评价与控制。

事实上，从工程研制的技术监督而言，产品保证所属的各工程技术领域（包括可靠性、维修性、保障性、元器件、软件等）均具有技术与管理的双重属性，既包含技术过程，又包含技术管理过程。其中，技术过程要通过有效的监督管理才能注入工程研制过程中，特别是面临设计过程片面追求功能、性能，忽视综合效能的实际情况，更需依靠技术监督的手段，将产品保证的各项技术要求，强制性地贯彻到产品设计过程中，以解决产品设计经常出现的“两张皮”现象。技术监督的实施往往借助于行政手段来展开，而技术监督的内容又往往依据产品保证提出的各项要求来确定，由此形成产品保证与项目管理的结合，说明了产品保证要求必须借助于项目管理的指令才能实现。

技术监督的方式一般借助于各类技术管理活动进行，属于产品保证管理的范畴。换句话说，产品保证工作中的产品保证管理，实际体现了对装备研制过程的技术监督要求。技术监督也包括装备型号行政指挥系统、技术指挥系统依据研制需求和研制计划的安排，组织及开展的各类监督检查和风险管理活动，例如设计准则符合性检查、转阶段技术审查与评审、专项质量监督检查、供应商产品保证能力审核、质量问题归零管理等。

装备研制工作中的技术监督工作，更多是按照质量监督检查的方式安排的。为此，要从建立有效的装备质量监督机制入手，明确研制各相关方的质量监督工作责任，确定质量监督的对象、内容和工作方式，选准监督时机，依法依规实施相关的质量监督工作。具体有：

（1）构建装备研制主管部门（如军工集团总部）、装备总体研制单位、配套研制单位“三位一体”的型号质量监督体系。必要时，还可由研制总体单位牵头，联合顾客代表，建立覆盖型号总体研制单位和配套研制单位的“两厂四方”质量监督工作机制。

（2）应结合型号研制进展，选择里程碑节点作为主要监督时机，按研制阶段/年度制订型号专项质量监督计划，明确质量监督的实施主体、质量监督的内容、要求及工作职责分工等。

（3）坚持预防为主，突出过程控制，实施以研制、生产质量保证工作和产品实物质量为主的质量监督。着重监督和检查研制、生产过程中，各项质量法规制度和技术标准规范的执行情况，各级质量责任制的落实情况，型号质量目标的实现情况，质量保证大纲的实施情况，供应商质量监督管理情况，关键/重要配套产品质量检验情况，以及质量问题归零情况等。

（4）坚持以问题为导向，实施“面向产品、面向过程、面向组织”的质量监督检查（图 3-7），以现场的符合性检查、发现差异为目标，形成通过检查监督发现问题、制订措施、解决问题的改进机制，以此提高质量监督效能，并将质量监督结果与装备质量综合激励、质量责任追究相结合。

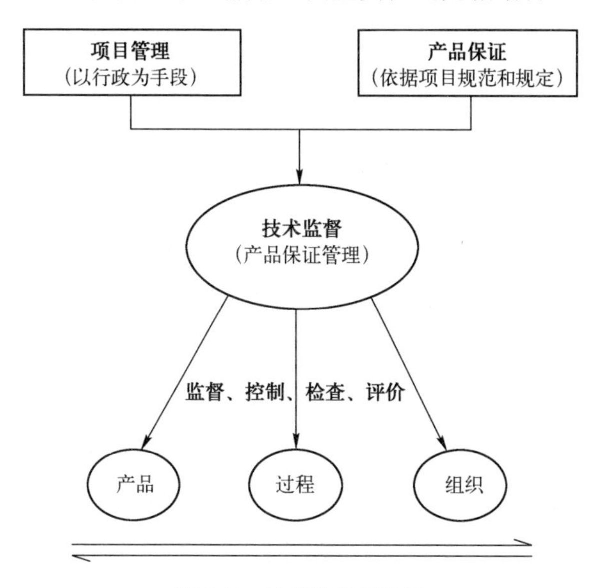

图 3-7 技术监督示意图

3.2.6 专业综合

工程研制与产品保证的结合就是专业综合，也可称之为专业工程综合。从装备效能的角度来讲，产品的固有特性和技术状态，是设计工程和专业工程的综合结果，只有借助这两大工程技术的融合集成，才能研制出满足使用要求、使用方能够接受的产品。两者缺一不可。由此，专业综合（即设计工程过程与专业工程过程的综合）应紧紧围绕装备效能中的可用性和可信性来展开，这样一来，两者就有了共同的研究对象和目标。

在组成系统效能的三要素中，除能力与传统的设计工程有关外，可用性和可信性均与专业工程中的可靠性、维修性、测试性、安全性、保障性等通用质量特性相关。专业工程综合过程就是将与装备研制项目有关的通用质量特性专业（诸如可靠性等）及时、协调、有效地纳入系统的设计开发过程中，以确保它们能对设计开发过程施加影响，并最终满足对装备研制项目规定的要求。产品保证涵盖了通用质量特性相关专业，集中体现为装备研制过程所采取的设计保证措施，故在技术监督有效实施的前提下，通过产品保证与工程研制的结合，即可实现设计工程与专业工程的综合，这是实现装备综合效能的前提，也是实现装备战斗力的保证。成功的项目管理应该促成设计工程与专业工程的有效综合，实现产品通用质量特性与专用质量特性的一体化设计。

美国 Benjamin S. Blanchard 等著的《系统工程与分析》（第 5 版）（国防工业出版社，2014）一书提出了工程专业综合的框图，如图 3-8 所示。

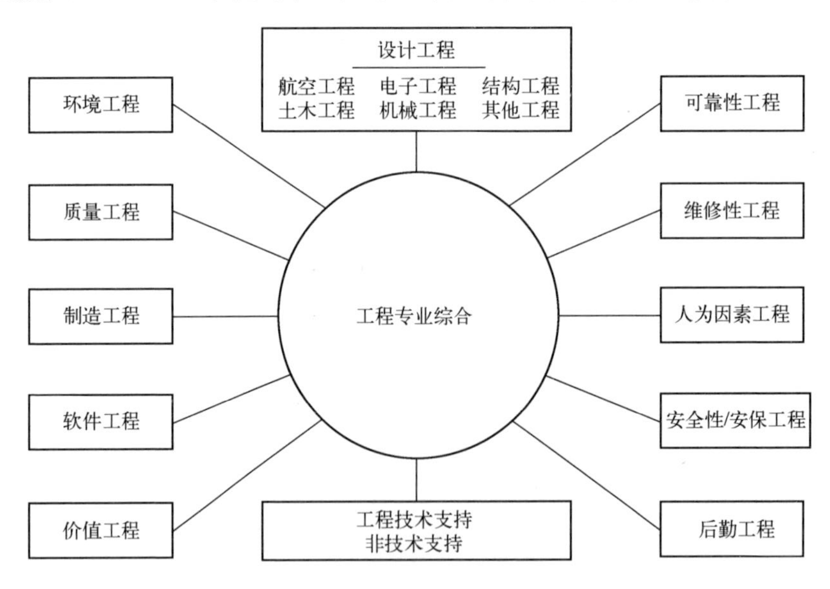

图 3-8　工程专业综合

按 GJB 2993《武器装备研制项目管理》，工程专业综合是“将武器装备研制中某些专门要求（诸如可靠性、维修性、保障性、人机工程、安全性、电磁兼容性、价值工程、标准化、运输性等）结合为一个整体，以保证完成对系统设计的要求”。在装备研制工作中，要按照系统工程的方法，进行工程专业综合的设计，推进设计工程与专业工程的有效综合。其工作要求是：

（1）进行系统（产品）的需求分析时，应系统分析装备的作战任务要求及使用环境要求，确定作战效能指标（如可信性），同步考虑装备维修和保障方案等，从用户角度，分解成可靠性、维修性、测试性、安全性、保障性、环境适应性等顶层设计指标，建立通用质量特性指标体系。

（2）将通用质量特性指标纳入设计参数，进行系统总体方案的权衡设计及综合优化，形成最佳方案，其中，对通用质量特性要求的设计应作为优选方案的重要评价准则。

（3）总体方案确定后，结合系统的功能分析和分配，把可靠性等通用质量特性指标（包括定量指标和定性要求）向下分解。

（4）综合产品功能性能要求和工程专业要求，进行具体的设计方案权衡研究和设计综合。

（5）通过计算、仿真、试验等方式进行系统分析与评价，评估设计方案能否满足设计要求。

（6）通过技术审查、状态审核、设计定型/鉴定等方式，确认产品实现了规定的技术要求，包括通用质量特性指标要求。进一步可对产品的作战适用性做出评价。

（7）根据产品寿命周期内（特别是使用阶段）暴露的可靠性等通用质量特性问题与薄弱环节，实施设计改进。

3.2.7　产品实现

项目管理、工程研制及产品保证三者的结合构成了一个完整的项目系统工程过程，也形成了一个完整的工程技术与管理体系，三者的运行（包括交互运行）覆盖了项目研制所要求的所有技术过程与技术管理过程，亦即能够满足“项目需求有效实现”所要求的产品实现过程，三者的交集就是实现所要求的项目需求，这是项目运行过程中各项技术与管理工作的归宿点，也是项目管理的最终目标。换句话说，装备研制的产品实现就是要在科学有力的项目管理过程的督导之下，通过规范有序的工程研制过程的运行，以及协同有效的产品保证过程的支持，达到预定的项目目标。

依据图 3-3 构建的项目系统工程模型以及上述分析结果，参照 GJB 9001C—2017 界定的相关过程，可对产品实现（运行）的主要过程要素进行分解（图 3-9）。相对于美国 PMBOK 及 QJ 2171A—1998 之定义，在图 3-9 中进行了以下调整：一是考虑装备研制实际需求，在项目管理要素中加入了技术改造管理；二是借用设计保证提法，以此涵盖可靠性、维修性、安全性等通用质量特性设计保证要求；三是对接 GJB 9001C—2017 中“外部提供的产品或过程”的控制要求，将原材料、元器件、标准机械零件等采购品的质量保证合称为器材保证，从器材采购角度提出相关的产品保证要求。

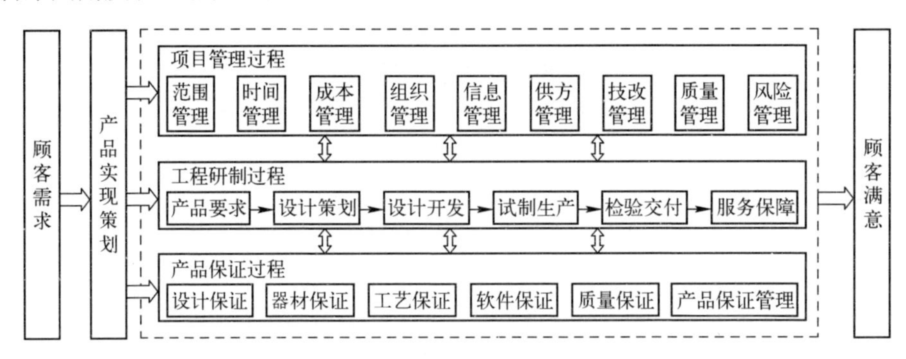

图 3-9　产品实现过程

装备研制的产品实现目标，一般应理解为，研制单位在对顾客提出的，并以装备研制任务书（或研制总要求）下达的装备战术技术指标要求进行详细分解的基础上，提出的一套完整的产品设计指标体系和产品实现过程指标体系，前者构成产品的技术体系要求，后者构成产品的技术管理体系要求。装备产品的实现过程就是要围绕各级实体产品（包括软件产品）的研制要求，在研制计划、成本、质量等规定的约束条件之下，通过有效的产品保证活动或措施，展开装备研制的各项技术与管理活动，以此控制研制过程可能产生的技术、进度及财务风险，降低研制过程的质量损失，以最佳的效率和效益实现规定的装备研制目标，实现研制任务书规定的各级战术技术指标要求。

3.3　产品保证方法论

由上述分析可以看出，产品保证属于装备研制系统的一个分系统，产品保证过程属于产品实现的支持过程，因而应纳入装备系统工程管理。产品保证也是一个贯穿产品实现全过程的复杂系统，产品越复杂，形成产品的过程就越分散，系统也越复杂，由此产品保证的过程也越复杂。要保证装备研制目标的实现，保证装备研制过程质量及各级产品质量，必须对产品实现过程，以及产品保证过程实施集中统一的管理，形成体系并协调一致地开展工作。

国际标准化组织（ISO）推荐的质量管理原则，已被工业界公认会给企业的管理带来业绩，同样也适用于装备的产品保证过程。产品保证工作的开展，遵循系统工程的原理及方法。

3.3.1　产品保证的系统方法

系统是指由若干相互联系、相互作用的要素按一定的秩序和方式组成的统一整体，而系统方法就是把对象作为一个系统，从整体上进行专门研究，以揭示其内在的运作规律，应用系统科学的一般原理去研究工作方法，解决实际问题。“将相互关联的过程作为系统加以识别、理解和管理，有助于提高实现目标的有效性和效率”。

产品实现及产品质量的形成过程是一个复杂的系统工程。其中，项目管理、工程研制、产品保证过程相互影响、相互作用，形成了功能互耦、逻辑关联的过程网络，其中每一个过程及子过程，均在其运行过程中直接地（或间接地）、不同程度地决定（或影响）产品的质量。为确保项目预定目标的实现，就需要按照体系化的管理思路，运用系统管理的方法，对系统的各个过程及过程网络实施控制，使其协调、有效运行，以确保其规范、有序、协同、高效，从而适应复杂系统的固有属性、运行特点和管理要求，实现由“过程个体为中心”到以“系统集成为中心”的转变。

管理的系统方法，本质上就是系统工程的原理、方法在管理过程中的具体应用和体现。产品保证工作中系统方法的应用，就是要从整体上把产品保证过程作为一个完整的系统，从整体上对产品保证工作的专业领域、组成要素、实现过程和活动进行工作结构分解，对其相互关联、相互作用的逻辑关系进行识别、梳理和确认，建立相应的工作制度、运行规则和业务流程，以此保证产品保证工作在整体上的协调、有序和规范运行，保证预定的产品保证目标的实现。产品保证在实施系统管理方法时，应从以下几个方面入手：

（1）以实现装备战术技术指标为主线，以实施装备“全系统、全特性、全过程”产品保证管理为原则，系统开展产品保证工作的顶层策划，确立产品保证的工作原则、工作项目、工作要求和控制要求，在此基础上制定产品保证大纲，实施产品保证工作的统一管理。

（2）建立产品保证目标体系。以保证装备战术技术指标的实现为主线，围绕装备研制总要求策划产品保证的总体目标，并按系统优化的原则，对总体目标进行展开和权衡，识别和确定与总体目标相关的产品保证过程和专业领域，分解制定产品保证各专业领域、各业务过程的目标和指标，据此建立和形成产品保证的目标体系，实施产品保证目标管理。

（3）建立产品保证规范体系。系统分析型号研制过程的产品保证需求，以及产品保证工作对规范的需求，对这些需求进行识别、筛选、归纳和优化，建立覆盖型号研制全过程、兼容产品保证各专业领域、涉及技术和管理两个层面的产品保证规范体系（规范树），形成产品保证的总体规范要求和各专业规范要求，形成规范编制清单并组织具体的编制工作。鉴于产品保证各业务领域的专业性很强，有必要按照各业务领域组织编制。

（4）建立产品保证工作体系。构建覆盖装备产品层次及协作配套关系的产品保证工作系统，落实各层、各级产品保证的工作职能，规定组织接口和管理关系，特别是要明确产品保证各职能之间、产品保证与型号“两总”系统之间的工作接口，形成责任衔接、职能互补、专业协同的产品保证工作机制。

（5）聚焦风险开展产品保证防控。装备研制是高风险的产业，各项技术与管理活动均具有极强的不确定性，风险隐藏于装备研制全过程中。为此，要贯彻“预防为主”的工作原则，基于研制全过程的风险思维，系统策划和安排风险管理工作，实施以产品保证为核心的风险防控，特别是针对设计源头，突出以通用质量特性为主体的设计保证工作。产品保证工作要以“防患于未然”为原则，在系统识别研制各阶段、各过程的各类风险的基础上，针对风险源，特别是针对关键项目和关键过程控制，提出有效的产品保证措施，开展有效的产品保证活动，以此建立研制全过程的风险识别与控制保障链，形成以产品保证为核心的风险防控机制。

（6）建立产品保证评价体系。从技术与管理两个维度，按照产品保证的综合管理及专业领域，在确定产品目标及工作要求的前提下，提出产品保证工作的评价指标，并且形成综合的产品保证评价指标体系；依据指标体系，合理选择及确定产品保证体系运行及过程活动的测量和监视方法，据此测量和评价产品保证体系及产品保证活动的实际运行效果，采取措施以持续改进其有效性。

（7）建立产品保证的信息管理制度和信息共享渠道，统一产品保证的信息管理要求，实施产品保证信息生成、收集、处理、分析、传送、分析利用和反馈通报的规范化管理，建立产品保证信息管理系统，按专业、过程、产品实施数据包管理。

3.3.2 产品保证的过程方法

根据参考文献[8]的定义：过程就是利用资源，将输入转化为输出的一组相互关联或相互作用的活动，“过程方法”就是系统地识别和管理项目运作所应用的过程，特别是这些过程之间的相互作用。“过程方法”的特点在于：“将项目的活动和相关的资源作为过程进行管理”并建立起单个过程之间的联系，实现了过程的组合，以及过程相互作用的优化，从而提高了过程的运行效率，使之“更高效地得到期望的结果”。

ISO 9000 提出的过程方法同样适用于产品保证过程，如图 3-10 所示。

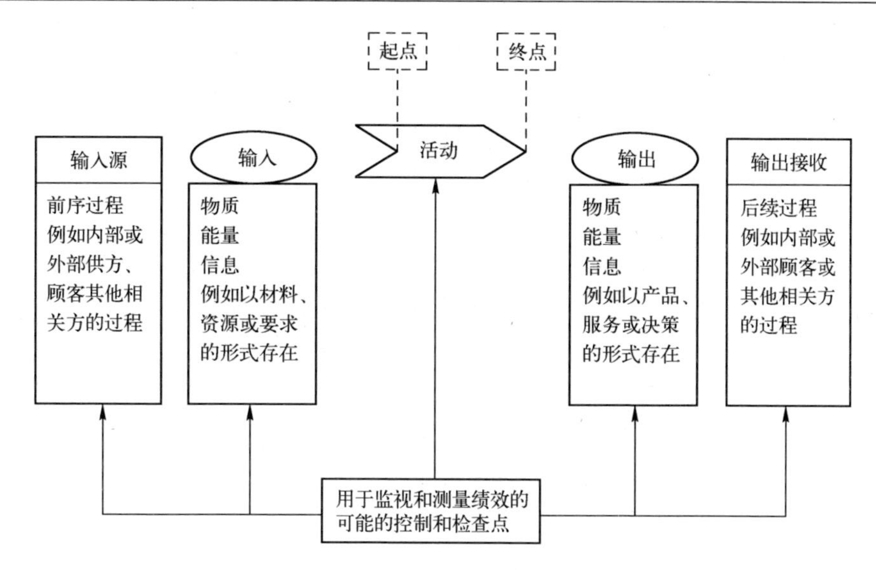

图 3-10　单一过程要素示意图

为对装备研制的产品实现过程实施有效的产品保证工作，首要的是对所需的产品保证活动进行充分、有效的识别，同时还要识别及确定这些活动之间的关联关系，在此基础上对其实施有效的管理与控制，借助“过程方法”可以实现这一目标。“过程方法”是控制论在过程控制中的具体应用。在建立产品保证体系的基础上，采用“过程方法”，对相关的产品保证领域、过程和要素进行工作结构分解，可以厘清项目运作中与产品实现有关的产品保证活动，进一步建立过程之间的内在关系及相互联系，从而为产品保证的有效实施和控制提供依据。

产品保证在应用“过程方法”时，应在识别产品保证所需过程的基础上，确定每个过程的所有者，过程的输入、期望的输出，过程运行准则和方法，所需资源及资源的可用性，以及过程的关键绩效指标等。在产品保证运行过程中，采用基于风险的思维模式，策划、安排和控制过程运行中的需要应对的风险和机遇，监视、测量和评价过程的绩效，必要时进行过程的优化与改进，从而确保实现过程的预期结果。具体应从以下几个方面入手：

（1）建立产品保证过程体系。依据产品保证的目标，进行产品保证工作结构分解，系统识别产品实现过程中的产品保证要求，据此确定产品保证过程和支持活动，包括工作项目、管理职责、资源需求，以及测量控制要求和评估标准等。特别地，要确定产品保证的关键项目和关键过程，准确界定产品保证过程和活动的输入、输出要求。

（2）建立产品保证过程准则或规范。分解产品保证过程要求，明确各个过程的工作项目、工作要求和控制要求，解决做什么（工作项目）、怎么做（工作要求）、怎么管（控制要求）的问题。过程准则和规范应在预期过程结果、提出过程目标的前提下，充分考虑产品保证过程的活动、流程、方法、控制措施、信息及其他资源等，以确保产品保证各个过程活动工作有依据，控制有标准。

（3）建立产品保证的工作程序。由于产品保证专业性强，技术与管理属性不一，应在厘清产品保证过程秩序和相互作用的基础上，明确各过程的责任主体、工作接口和管理关系，对每个产品保证过程确定责任部门和责任人（如任命产品保证经理），明确职责、权限和义务。应以“过程方法”为主体，以产品保证过程产生的“物流”和“信息流”为载体，建立产品保证的工作程序，实施对产品保证每个工作环节的“精细化”管理，以细节追求产品保证的过程绩效。

（4）建立产品保证过程绩效评价体系。评价体系的建立可考虑以过程输入、过程输出、过程运行、过程资源“四要素”为架构，分解和展开相关的过程活动，提出过程评价的子要素，进一步从输入的充分性、输出的符合性、过程的有效性、资源的合理性等方面，提出相关的评价要点和观测变量，据此形成过程绩效评价体系。

（5）对过程绩效进行监视测量、实施过程改进。依据装备研制进程的需要，适时安排产品保证的过程绩效的监视与测量，并使用适当的统计技术，对监视、测量中获得的过程数据进行分析，据此对产品保证过程的结果、可能产生的风险，以及对产品实现过程的影响做出评价，发现工作过程存在的薄弱环节，采取措施，实施改进，以持续提升产品保证的有效性。

“系统方法”与“过程方法”逻辑关联，作用互补。“过程方法”的要旨是，基于对过程及过程之间的相互关系的持续控制，实现对过程细节品质的追求，而“系统方法”则以“过程方法”为基础，基于对过程网络实施系统分析和优化，以提高系统实现目标的整体有效性和效率，遵循整体性、相关性、动态性和有序性的原则。“过程方法”实现的是过程绩效，更多地应用于产品保证的具体实施过程，而“系统方法”追求的是整体绩效，更多地应用于产品保证的管理过程，两者结合形成一个完整的产品保证方法体系。

第4章

产品保证的工作结构分解与工作提要

随着科学技术的飞速发展，以及军事需求的持续升级，武器装备已经进入了跨越式的发展阶段，装备产品正在从以机械化、电子化为主导，向信息化、智能化方向发展，装备研制及使用模式，也伴随着装备发展的需求和科学技术的进步，逐步形成系统一体化、组件电子化、功能软件化、使用信息化的发展形态。

高新技术的日新月异，尤其是智能信息技术、数字网络技术、电子计算机技术的飞速发展，不仅使武器装备在设计、开发和管理策略上产生了根本变革，同时也给产品保证的技术领域与管理模式带来了挑战。一方面，传统的“单纯追求性能”的设计方法已无法适应武器装备的研制要求，追求装备设计与使用的“综合效能”已成共识；另一方面，新技术、新方法（如嵌入式计算机系统、软件工程化开发、大规模集成器件、新型功能材料的采用等）的不断出现和应用，也给产品保证领域本身注入了新的研究内容。作为装备研制的重要组成部分，产品保证工作理应适应这种发展需求，在不断探索研究和应用实践的基础上，总结形成系统的、有效的产品保证模式，包括产品保证的组织体系、运行机制、管理模式、技术方法等。这是国防科技工业质量管理的发展趋向，也是复杂装备工程项目研制和发展的迫切需要。

4.1 产品保证的专业领域及其工作项目

按照全面支撑装备研制过程、全面实现装备研制总要求的目标，产品保证技术体系应该覆盖该型装备研制所有的工程技术领域，产品保证活动应该覆盖该型装备的所有研制产品、所有研制过程，即产品保证应满足“全系统、全特性、全过程”的质量管理要求。依据参考文献[10]和[17]的界定，装备研制的产品保证工作体系应该覆盖图4-1所示的各专业领域。

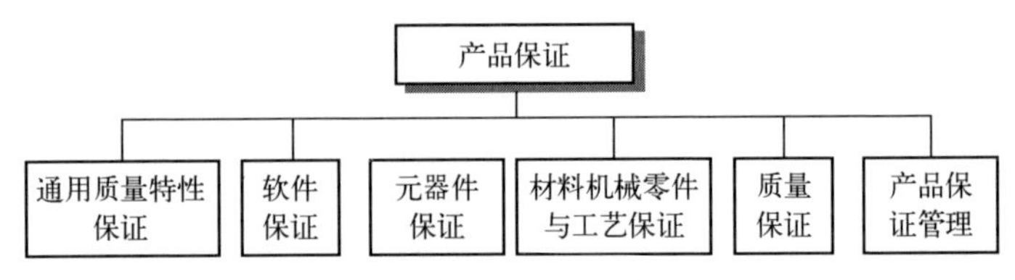

图 4-1 产品保证的专业领域

由此，产品保证是一个综合性的技术与管理学科，具体项目的产品保证工作，其工作内容应依据项目属性、技术要求、过程实施要求，以及项目管理要求等进行正确的界定和合理的选择。武器装备研制的产品保证工作应该贯彻"需求牵引、技术推动"的原则，依据装备特点及研制需求，以及产品实现的实际要求，对所覆盖的专业技术领域进行识别和工作结构分解，确定产品保证的工作项目和活动、工作要求和控制要求，进一步以有效控制研制风险为原则，力求采用先进、成熟的工程技术和适用、有效的工程管理方法，对装备研制过程提供产品保证方面的技术支持与管理保障。产品保证相关领域的主要工作项目如表 4-1 所列。

表 4-1 产品保证相关领域的主要工作项目

项目	产品保证管理	通用质量特性保证	元器件保证	软件保证	材料机械零件与工艺保证	质量保证
主要工作内容	产品保证策划 产品保证大纲 产品规范与标准化管理 技术状态管理 评审、验证与确认 审核与报告 纠正与预防措施 供方控制	大纲与工作计划 设计准则 设计选用控制 建模预计分配 FME(C)A FTA 设计评审 关键项目控制 可靠性研制/增长试验 ESS 可靠性验证试验 批产验收试验 FRACAS	元器件大纲 优选目录 设计准则 选用指南 采购控制 监制与验收 特殊试验 元器件入检 二次筛选 DPA 贮存发放 失效分析 元器件质量信息	软件产品保证计划 需求分析 文档控制 配置管理 评审与审查 软件测试 软件验收 软件审核 SFRACAS 供方控制	优选目录 设计准则 选用指南 采购控制 物理化学分析 工艺策划(工艺保证大纲) 技艺准则 工艺评审 工艺确认 工艺 FMEA 工艺装备控制 关键与特殊过程控制	设计控制 文件资料控制 采购控制 产品标识和可追溯性 试制控制 检验与试验控制 检验与测量设备控制 不合格品审理 贮存包装与交付 质量信息

4.2 产品保证各专业领域工作提要

4.2.1 通用质量特性保证

1. 需求分析

现代战争是高技术条件下的战争，"是在可用、可信、可维修的基础上，装备性能的较量”。由此，在武器装备的研制中，可靠性、维修性、安全性等通用质量特性已成为与性能同等重要的设计要求，是形成装备效能的决定性因素。美军在“R & M 2000 行动计划”中已明确提出：“可靠性、维修性的重要性已等于甚至超过以往认为最重要的性能、费用、进度等指标。为此，要转变观念，把可靠性、维修性和生产性作为第一要素来抓。”针对国内装备研制可靠性、维修性等工作起步较晚、水平不高，从而制约装备发展的实际现状，装备使用方在 20 世纪 90 年代初，即已经明确了可靠性、维修性等通用质量特性对装备使用的极端重要性，并将其置于与作战性能、费用和研制周期同等重要的地位。

国防装备经历了从仿制、改型设计到自主设计的发展历程，正在沿着正向设计的技术路径和方法，以期进一步提升设计能力和水平，提升装备的综合效能。在以往的装备研制工作中，国防军工科研院所在装备研制工作中，贯彻执行了相关军工法规标准关于装备通用质量特性工作的相关要求，特别是在贯彻 GJB 450、GJB 368 等标准的基础上，针对装备的研制特点和使用方需求，开展了行之有效的通用质量特性设计分析、试验与管理工作，并已逐步发展成为一项规范化的工程活动。在装备研制与使用的工程实践，逐步积累和形成了较为丰富的通用质量特性的工程经验和技术储备，具体表现为在通用质量特性各业务领域中形成的各类专业技术规范和管理标准、型号或产品的通用质量特性设计准则、设计指南、设计手册等，为开展装备研制的产品保证工作提供了有效的资源和条件。但应该看到，装备研制过程的通用质量特性设计分析工作相对于性能设计来说始终滞后，试验与评价工作缺乏系统的规划和安排，管理工作仍然处于较为被动的位置，且各行业、各研制单位管理模式不甚一致，与质量管理的界面不甚清晰，相当部分的工程实践与质量管理分线运作。总之，装备研制的通用质量特性工作在“系统、规范、协同、有效”等方面还存在较大差距。

随着高新技术武器装备功能性能的跨代升级，以及结构组成的日趋复杂精密，装备使用问题也日渐突出，用户对可靠性等通用质量特性的要求亦大幅提高。武器装备研制应适应用户要求，以追求综合效能为目标，以专用质量特性与通用质量特性设计综合为基本要求，开展面向全寿命周期的设计分析和验证工作，具体按照系统工程方法，通过需求分析、功能分配与分析、设计综合和验证、系统分析与控制等过程，进行专用质量特性与通用质量特性的设计迭代与综合权衡，不但要考虑功能、性能需求，还要综合考虑可靠性、维修性等与使用相关的特性要求，得到优化的产品设计方案和技术参数集（含可靠性等指标参数），以期研制出满足用户需求的、适用可靠的产品。

通用质量特性是提高装备战备完好性的基础，是提高装备战斗力的倍增器。作为新型装备的研制：一方面因其功能、性能的复杂性，给通用质量特性的设计实现带来了风险；另一方面大量高新技术的采用也给通用质量特性工作本身提出了新的要求（如软件可靠性）。为了全面提高装备的任务成功率和战备完好性，必须从装备的设计、试验、生产等方面入手，以提高装备的通用质量特性能力为中心，开展技术与管理创新，特别是加强新型装备研制的全系统、全特性、全寿命管理，运用数字化、智能化、综合化、建模与仿真等现代信息技术，促进通用质量特性与专用质量特性（功能、性能）的一体化设计，促进设计过程的深度融合，以提高装备通用质量特性工作的实际效果。

2. 工作分解结构

装备研制产品保证意义下的通用质量特性设计保证工作，应该贯彻“预防为主、风险控制”的原则，在充分总结、借鉴成熟经验的基础上，结合具体装备研制的实际需要发展创新。国防军工相关法规、标准、要求等，是开展装备研制通用质量特性工作的重要依据，因而也成为研制部门和使用部门共同遵守的原则和要求，表 4-2 给出了通用质量特性相关的顶层国家军用标准。装备承制单位应以实现装备研制总要求规定的战术技术指标要求（包括通用质量特性指标要求）为目标，根据装备研制的实际需求，在贯彻表 4-2 所列标准的基础上，合理确定通用质量特性的相关工作项目和要求，扎实有效地开展装备及各级产品的通用质量特性工作。

表 4-2　通用质量特性工作通用要求标准一览

标准名称	标准号
装备可靠性工作通用要求	GJB 450
装备维修性工作通用要求	GJB 368
装备测试性工作通用要求	GJB 2547
装备安全性工作通用要求	GJB 900
装备综合保障通用要求	GJB 3872
装备环境工程通用要求	GJB 4239

表 4-3 列出了某型装备研制工作中必须开展的通用质量特性工作项目。实际研制工作中，在决策通用质量特性工作项目时，经常需要在技术、成本、进度等方面进行风险权衡，并按照“最少、有效”原则，确定装备研制必须开展的通用质量特性工作项目，如表 4-3 通用质量特性工作项目（WBS）实施表中“*”号所注明。

表 4-3　通用质量特性工作项目（WBS）实施表

工作项目		研制阶段					输出形式
		论证	方案	初样	试样	定型	
通用质量特性管理与监督	建立并运行通用质量特性工作系统	○	√	√	√	√	组织结构
	建立并运行 FRACAS*		√	√	√	√	运行报告
	建立并运行故障审理委员会*		√	√	√	√	运行报告
	制定并实施通用质量特性大纲*	○	√	√	√	√	大纲
	制定并执行通用质量特性工作计划*	○	√	√	√	√	工作计划
	通用质量特性评审*		√	√	√	√	评审报告
	组织通用质量特性培训	○	√	√	√	√	培训总结
	对分承制方和供应方的监督和控制	○		√	√	√	报告
通用质量特性设计与分析	制定并贯彻通用质量特性设计准则*	○	√	√	√	√	符合性报告
	制定并实施元器件大纲*		○	√	√	√	大纲
	论证可靠性指标*	√	√	○	○		论证报告
	建立可靠性模型*	○	○	√	√		建模报告
	RM 分配*	○	√	√	√		分配报告
	RM 预计*	○	√	√	√		预计报告
	FMECA*	○		√	√	√	分析报告
	FTA*	○		√	√	√	分析报告
	非工作状态可靠性分析					√	分析报告
	容差分析			√	√	○	分析报告
	潜在电路分析			√	√	○	分析报告
	维修性分析*	○			√	√	分析报告
	保障性分析*	○		√	√		分析报告
	维修方案与综合保障准则*		○	√	√	○	技术文件
	确定可靠性关键件、重要件*	○	○	√	√	√	分析报告
通用质量特性试验与评价	环境应力筛选*			√	√	√	试验报告
	可靠性研制试验		√	√	√	√	试验报告
	可靠性增长试验*		○	√	√	√	试验报告
	可靠性鉴定试验*				○	√	筛选报告
	维修性和测试性试验与评价*		○	√	√	√	试验报告
	保障性试验与评价*		○	√	√	√	试验报告

注：“√”表示适用；“Δ”表示根据需要选用；“*”表示最少有效项目。

3. 实施要点

纵观国内外的工程实践都表明:“产品的可靠性是设计出来的、生产出来的、管理出来的”。装备研制的通用质量特性工作应贯彻系统工程的原则，按照装备研制的技术与管理要求，在做好顶层策划、突出需求牵引、立足现有能力的基础上，从设计分析、试验验证与监督管理三方面全面展开，并按研制阶段进行迭代改进。主要有以下几项重点工作：

（1）突出作战适用性需求的牵引。在装备研制工作中，要根据装备的作战使用特点，瞄准作战适用性需求，合理确定相关的通用质量特性要求，包括定性要求、定量要求和工作项目要求。研制总体单位，应在对接研制总要求的前提下，系统研究装备的作战任务剖面和作战使用环境，提出合理的通用特性设计总体要求，确定最佳分配方案，根据装备寿命历程的研究分析，剪裁出产品设计过程容易实现且能有效提高装备效能的工作项目，为型号研制的通用质量特性设计、分析工作提供依据。

（2）系统开展通用质量特性设计分析。通用质量特性要求（特别是可靠性要求）应在装备研制的各级产品中予以实现，为此，应在全系统层面开展通用质量特性设计分析工作。装备研制的总体单位，要在严格落实研制总要求的前提之下，经慎重的综合分析和决策权衡，形成指标分配方案，对系统的通用质量特性指标要求进行合理分解，并依次逐级分解，确定各级产品的通用质量特性设计要求。要根据装备寿命历程的研究分析，剪裁出型号设计人员易于接受的且能有效提高装备通用质量特性水平的工作项目，作为各级产品开展通用质量特性工作的依据。要以相关国家军用标准为指南，借鉴同类产品的成熟经验，结合具体产品特点，研究适用有效的通用质量特性设计分析方法，形成相应的设计准则或指南，为具体的设计、分析工作提供指导。

（3）合理规划通用质量特性试验验证项目。根据装备的可靠性试验及验证要求，开展可靠性试验技术的研究和应用，制定适合于型号不同层次产品的可靠性试验方法，包括可靠性增长试验方法、鉴定试验方法、环境应力筛选方法等，开展任务剖面及可靠性试验剖面的应用研究工作，为实现产品的可靠性设计改进与增长、验证产品的可靠性指标要求提供依据。要充分考虑通用质量特性的试验验证必要性和可行性，既要考虑现有技术能力和条件的可实现性，又要考虑进度、成本等方面的约束。

（4）扎实推进通用质量特性与功能、性能的一体化设计。通用特性设计是产品研制的重要组成部分，要通过有效的管理，将产品的通用特性设计融合到功能、性能设计过程中，保证通用特性与功能性能同步论证、同步计划、同步设计、同步验证，真正做到通用特性与专用特性一体化，切实避免“两张皮”

现象。应采取有效措施，深入研究和推进通用特性与功能性能一体化的集成设计技术，加大集成一体化设计平台的推广应用工作，为实现一体化设计提供技术支撑与工具方法。要根据装备特点及研制要求，借鉴同类产品的成熟经验，研究制定适用有效的工程设计、分析与试验验证技术方法，并对其实施要点进行研究，形成相应的设计准则、试验规范和工程技术指南等，用于指导和规范具体的设计与试验工作。

（5）建立通用质量特性工作管理机制。装备通用质量特性管理是从系统工程的角度，对所需开展的一系列工作（活动）进行规划计划、建立机构制度、开展有效管理与控制的过程。应依据国防军工有关条例和规定，建立机构，明确职责，理顺关系，规范研制全过程的通用质量特性工作；要建立和形成型号设计师系统、质量师系统、通用质量特性工作系统的协同工作机制，明确工作职责和业务接口关系。要遵循“预防为主、早期投入”的方针，进行系统策划，制定并实施装备研制通用质量特性大纲/计划，明确通用质量特性工作项目、工作要求和控制要求；要严格研制过程的通用质量特性技术评审，以问题为导向，实施技术审查和评审把关，以确保各项通用质量特性工作扎实、有效。要加大对通用质量特性工作的监督、检查和审核力度，加强对分承制方、供应方的监督和控制；建立和运行型号 FRACAS，以故障闭环管理为主线，实现产品的可靠性增长和管理能力的提升。

4.2.2　软件产品保证

1．需求分析

随着电子信息技术和计算机技术在装备研制中的应用发展，软件产品日渐显示出在装备研制中的重要地位和作用。嵌入式军用软件与硬件集成为一体，更是装备系统的指挥中枢，其作用至关重要。软件已成为决定装备性能的主导因素，软件的质量与可靠性亦成为影响装备战备完好性和任务成功性的首要问题。由此，按照软件工程的思路，组织软件产品在整个生存周期内的各项技术与管理工作，尤其是采用一定的软件保证手段，对软件的质量及其可靠性进行控制、测试、验证和评价，已成为装备研制工作中不可或缺的重要组成部分。

2．工作分解结构

产品保证意义下的软件保证技术，应在贯彻软件工程化要求的前提下，按照规定的软件生存周期内各阶段的工作项目进行合理剪裁，以此界定软件产品保证的工作项目。图 4-2 中按照软件工程项目管理的思路，给出了软件产品保证的工作分解结构。

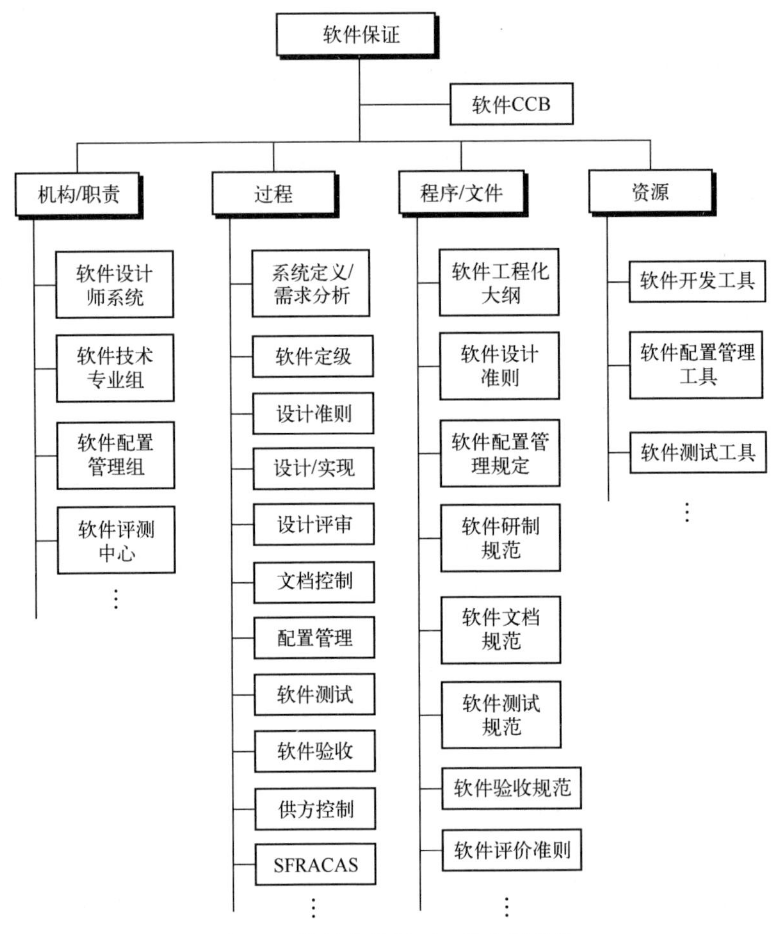

图 4-2　软件产品保证工作分解结构

3. 实施要点

鉴于软件产品保证工作的相对独立性，具体工作应在实施软件工程项目管理的基础上，按照关键项目的控制原则，着重控制软件需求评审、设计评审、文档编制、配置管理、测试验证等环节的工作，规范软件开发全过程的工作。实施软件产品保证的工作重点有：

（1）软件需求评审。按照“设计源头控制”的要求，严格软件的需求分析，控制软件的设计输入；审查软件需求说明是否清楚，每项需求（功能、性能、设计约束和属性）及外部界面的定义是否准确，以确保无二义性；建立软件需求矩阵，以及基于需求的设计和验证程序，采用预先规定的方法（如审查、分析、演示或测量等）对软件需求进行逐级验证和确认，以保持需求的双向可追溯性；严格软件的需求评审、接口评审、设计任务书（或技术协议）评审，保证软件需求与系统要求、用户要求的一致性，并且作为软件设计、验证和验收的依据。

（2）软件文档编制。针对普遍存在的“重设计、轻文档”的倾向，要特别重视各类软件文档的编制工作，严格按照型号管理要求和国家军用标准规定的格式，在研制各阶段形成相应的文档，随同软件源程序一起纳入配置管理系统。应确保各类软件文档的编写质量，包括格式的规范性、内容的一致性、文档之间的协调性，以及整套文档的完备性，以准确记实软件技术状态的形成过程及其验证情况，保持软件质量的可追溯性。随同软件产品一起交付用户的软件文档（如软件设计说明、使用维护书手册等），要明确规定产品的唯一性标识（包括版本标识），注明软件装订及运行环境要求等。

（3）软件配置管理。建立软件技术状态管理组织（如SCCB），建立软件的技术状态基线，合理选择及确定软件技术状态项（即软件配置管理项），并以此为对象，控制软件技术状态的形成过程，确保软件开发状态透明、开发过程受控。控制软件的设计更改，确保软件更改过程严格按照规定的程序执行、规定的要求验证、规定的级别审批，做好更改落实及追踪工作，确保软件更改后文文相符、文实相符。开发软件配置管理系统，设立软件开发库、受控库和产品库，建立软件出入库准则，规定相关条件和要求，明确规定软件“三库”管理要求，确保软件开发过程受控，技术状态形成过程可追溯，软件各阶段产品版本清晰，文档齐全完整。

（4）软件测试和评估技术。依据软件研制要求及其特点，特别是针对软件实时、嵌入式、分布式的结构特点，探讨适用有效的软件测试、验证和评估技术，建立适应软件编程语言的测试环境和仿真环境，研究测试用例的自动生成技术、回归测试的自动执行技术等，提高软件的测试覆盖率和测试可信度，系统开展软件测试评估工作，包括代码走查、单元测试、集成测试、系统测试等；按规定组织软件的第三方测评、软件定型/鉴定测评等。

（5）软件评测机构。建立开放型的软件评测专业机构，配置专业的软件技术与管理人员，配备必要的软件测试工具和仿真环境，形成软件质量检测与评估、软件可靠性测试、软件集成测试、系统测试、综合测试等方面的技术能力和条件；研究软件开发、测试评估与配置管理的集成技术，建立“三位一体”的综合技术平台与管理环境，从技术与管理两个层面支持软件的产品保证过程。

（6）软件研制能力建设。软件研制能力评价是对承担装备软件研制的单位取得军用软件研制能力资质所进行的认证活动，以表明其具备装备软件研制的能力，可以承担相应等级装备的软件研制任务。军用软件研制单位应对照国家军用标准GJB 5000《军用软件研制能力成熟度模型》、GJB 8000《军用软件研制能力等级要求》标准要求，根据单位已研制完成的软件或将要承担的研制软件的重要等级和软件规模，建立与自身研制要求相适应的软件研制能力成熟度等级。一般规定，装备研制总体单位应达到军用软件研制能力三级要求，软件配套研制单位应达到军用软件研制能力二级要求。

4.2.3 元器件保证

1. 需求分析

随着装备战术、技术指标的不断升级，以及电子信息技术在装备研制中的广泛采用，元器件在装备研制中的作用日趋重要。一方面，新型装备研制采用的元器件品种多，数量大，集成度高，技术含量高，对元器件的固有质量与可靠性的要求越来越高；另一方面，现代电子技术的飞速发展使元器件的设计与工艺技术日新月异，元器件的功能和性能参数日趋复杂，越来越多的存储器、数字逻辑和模拟成分被同时集成在单个芯片上，使元器件的设计选用成为一项复杂的技术过程。与此同时，大规模微处理器、存储器、多芯片组合器件，以及为满足特殊要求而制作的专用集成器件、新研元器件等被广泛应用，给型号研制工作带来若干技术风险。元器件的质量问题已成为影响装备研制质量的突出问题。

为了最大限度地减少元器件给装备研制带来的风险，保证元器件的质量与可靠性满足装备研制的整体要求，除了要求元器件制造厂对元器件进行制造质量和可靠性的控制外，装备研制中的元器件工作应按照工程的要求，对元器件选择、采购、监制、验收、筛选、DPA、贮存、使用、失效分析、信息管理的全过程进行质量与可靠性控制和产品保证。

元器件的设计选用是形成产品质量及其可靠性的关键环节，因而成为元器件质量控制的源头，也是元器件保证工作的关键要素。当设计选用确定之后，元器件的质量控制主要靠采购过程和入厂检验筛选来保证。鉴于目前国产元器件的总体质量尚不尽如人意，距型号的装机使用要求还有一定差距，而国外元器件又因出口限制或进口渠道的混乱等而无法保证质量，因此，在市场经济条件尚不完备的情况下，加强元器件的检测、筛选工作仍然是首选的保证措施。为确保元器件的装机质量和使用质量，需要从技术与管理的角度，把元器件当作一项工程来实施，开展元器件全过程的产品保证工作。

2. 工作分解结构

元器件使用全过程涵盖了从元器件的选择、采购、监制、验收、筛选、保管、使用、失效分析直到元器件信息管理的各项活动，元器件保证工作是一项规范性很强的技术与管理活动，应在明确规定每一项活动的技术要求、管理要求和使用要求的前提下，紧紧围绕元器件保证的工作目标展开，每一项活动都应有明确的输入要求和输出要求。图 4-3 所示为元器件产品保证工作流程的一个示例，其流程中各个环节的工作输入（或工作依据）基本来自元器件保证工作所提供的专业技术支持，包括设计选用指南、选用手册、优选目录、元器件可靠性设计准则等。

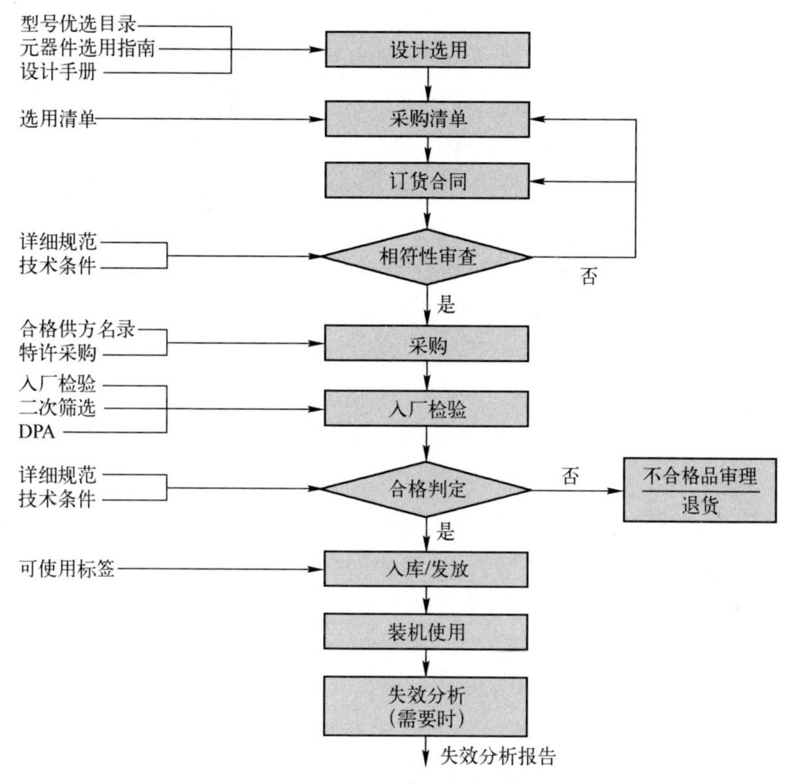

图 4-3　元器件产品保证工作流程

3．实施要点

（1）设计选用控制：装备研制中，一般根据产品特点以及战技指标中的可靠性要求、使用环境、供货渠道等因素确定元器件的选用要求，特别是要明确规定装机元器件的质量等级、可靠性水平、适用标准等。作为一般要求，对于国家重点型号装备的研制工作，一般由型号总体设计单位组织编制和发布“型号元器件优选目录”，为型号研制全线的元器件设计选用提供依据，以此统一元器件选用要求，规范元器件选用行为。元器件优选目录的编制一般按照“压缩品种规格、剔除淘汰产品、限用无发展前途产品、优化生产厂家”的原则进行。要特别关注各级产品元器件选用情况的审查工作，严格控制元器件优选目录外的选用行为。

（2）元器件入厂检验及二次筛选：鉴于元器件供应质量的风险始终存在，元器件入厂检验及二次筛选对于保证元器件的装机质量至关重要。要统一型号元器件的检验筛选要求，统一组织元器件的检验和二次筛选工作，严格按规定的技术条件进行100%的入厂复验和二次筛选，以剔除具有潜在失效机理的不合格或有缺陷的元器件，确保元器件的使用质量。值得提出的是，元器件二次筛选与一次筛选有本质的不同，一次筛选是元器件生产厂依据该元器件的技术条件所进行的筛选工作，二次筛选是元器件使用单位依据该元器件的使用条件所进行的补充筛选，相对于一次筛选而言，二次筛选条件更能反映元器件装机使用的质量要求。为此，要根据元器件的装机使用工况和环境，合理确定二次筛选条件。

（3）新研元器件质量控制：随着新型装备日渐电子化的发展趋势，以及产品设计中电子技术的大量采用，现有的电子元器件货架商品不能完全满足装备研制的需求，伴随一型装备的研制一般会诞生一批新型元器件（也包括元成件），由此给装备的研制工作带来极大的风险。研制工作中的元器件保证工作，应突出新研元器件的保证要求，明确规定对新研元器件必须施行的保证活动要求，如立项需求审查、研制技术条件评审、研制过程跟产监制、装机前应用验证、新研元器件详细规范审查、定型鉴定等工作。要严格控制新研元器件的设计选用比例，对其立项需求要组织充分论证和权衡；要对所有新品的详细规范进行严格审查，确保符合立项提出的技术要求和整机使用需求；要将新研元器件纳入技术状态项并对其实施独立的管理，确保经鉴定试验合格后才能装机使用；要对关键、重要的新研元器件实施过程监制，对所有新研元器件实施下厂验收，以确保新研元器件的研制质量、生产质量和交付质量，确保满足装机使用要求。

（4）元器件 DPA 与失效分析：元器件 DPA（破坏性物理分析）是一种发现元器件潜藏的批次性隐患或缺陷的有效方法。为避免将元器件的批次性隐患或缺陷代入整机产品，应积极推进元器件 DPA 工作，通过 DPA 试验，提前发现和避免具有批次性缺陷元器件的装机使用，从而保证产品质量，提高可靠性。为此，一方面，元器件保证工作要根据装备的研制要求，系统分析元器件现有质量状况，识别可以开展 DPA 的元器件并形成清单（不是所有的元器件都具备可开展 DPA 的条件），制定并执行“元器件 DPA 清单”；另一方面，要坚持元器件失效分析的工作制度和原则，一般对在产品研制、试验过程中发生的元器件失效问题都应纳入“质量问题归零”管理，对失效元器件及时进行失效分析，一般是委托具有资质的元器件失效分析中心进行，以求弄清失效机理，采取纠正和预防措施，改进产品设计。

（5）元器件“五统一”管理：鉴于元器件在装备研制中的特殊作用，以及元器件配套及供货所面临的市场风险和质量风险，在统一装备研制元器件选用要求、元器件质量等级要求的前提下，进一步统一元器件的质量保证要求至关重要。据此，中国航天提出了型号元器件“统一选用、统一采购、统一监制验收、统一筛选复验、统一失效分析”的要求，不失为一项行之有效的管理举措和保证措施。应切实推进元器件的“五统一”管理，以求将元器件保证工作落到实处，降低元器件质量风险。为此，型号总体单位应统筹策划和提出实施元器件“五统一”的具体要求和工作流程，建立元器件专业技术支持机构、质量保证机构，授权设立型号定点元器件检验分析站，开展元器件的检测、筛选、DPA 和失效分析工作，并且提供资源保证。实施元器件“五统一”的关键，首要的是要统一思想、统一标准，并有与之配套的相应技术措施和管理制度保证。

4.2.4　材料、机械零件与工艺保证

1．需求分析

材料、机械零件（也包括机械成件）与工艺技术属于现代工业、国防科技和高技术发展的共性关键技术。国防科技工业常常是新材料、新零件、新工艺技术成果的优先使用者，也是一些新材料、新零件、新工艺的需求牵引者，材料、机械零件与工艺技术的研究开发对于国防科技工业和装备的发展有着决定性的意义。与此同时，材料、机械零件与工艺也构成产品制造技术的基础，是装备制造过程的综合性应用技术，是产品实现的物化过程。产品制造技术实际上可以看成是材料、机械零件与工艺技术领域的集成。由此，新材料、新机械零件、新工艺的运用既是产品技术含量的表征，也是产品制造水平的重要标志。

军用新材料对武器装备的研制和升级改造、对装备作战效能的实现和军事威慑力量的提高具有特别重要的意义，目前已被广泛应用于新型装备的研制过程，从其品种到功能等各方面都有很大的发展，尤其是以功能性材料及复合材料的发展最为引人注目。举例而言，复合材料由于其优越的特殊性能，如可使飞机或机载武器的质量大大减轻而提高其战斗性能等，已成为评价飞机设计和制造水平的标志，导弹产品上复合材料的应用领域及部位也在进一步拓展。机械零件因其系统设计与结构设计的需要，往往从单一构型、独立功能（如机械、光学、热学）的工件状态，向具有复杂构型、组合功能的成件状态过渡，从而带来设计、加工、装配等诸多方面的新问题。工艺技术要保证产品设计各项技术要求的实现，适应产品设计所用的材料、机械零件（也包括元器件等）的加工、装配、调试测试等方面的要求，同时还面临制造技术进步、生产效率提升等方面的挑战。一般而言，武器装备因其结构、功能的复杂性，往往研制选用的材料、零件范围宽泛，品种规格众多，特种材料、特种零件、成件与异形构件、特殊工艺等被广泛应用，如超高强度不锈钢、钛合金、陶瓷材料以及特殊的热防护材料等，一方面促进了材料、机械零件与工艺技术领域自身的发展；另一方面也产生了许多新的需求，装备研制中的材料、机械零件与工艺保证工

作必须同步跟进这种需求的发展。

装备研制产品保证意义下的材料、机械零件与工艺保证工作，应以满足设计要求、降低质量风险为原则，策划及开展旨在保证设计技术状态有效实现的一系列的技术与管理活动，为产品设计、制造过程提供成熟、先进的技术和应用平台，并且控制新材料、新零件、新工艺的使用比例，贯彻“一切经过试验验证”的原则进行。

2．工作分解结构

材料、机械零件与工艺是装备研制的重要基础，也是装备制造技术的重要保证。材料、机械零件与工艺同元器件、软件等技术领域一样属于共性技术范畴，因而属于产品保证的技术领域。在装备研制的产品保证工作中，应系统策划和安排材料、机械零件与工艺的保证工作，为产品设计要求的实现、为产品制造过程奠定可靠的基础条件。如图 4-4 所示给出了材料、机械零件与工艺保证的工作分解结构。

图 4-4　材料、机械零件与工艺保证的工作分解结构

3．实施要点

（1）材料保证：主要从材料选用、材料采购及材料使用三方面采取保证措施。材料保证工作从材料的设计选用开始，制定和发布材料设计手册或选用指南，统一材料设计选用要求，推荐经型号装机应用验证满足使用要求的材料，对设计选用的材料实施目录管理，要严格控制新材料的立项研制、材料鉴定及应用验证工作，跟踪材料检验过程、加工过程及使用过程的特性变化情况，以控制新材料使用风险。材料的采购保证重点在制定和落实质量保证措施，包括供方选择、复验规范制定及材料入厂检验等，要特别关注材料的检测技术与理化分析研究，巩固常规性能检测专业，发展无损检测专业，强化无损检测、失效分析的技术实力。材料的使用控制主要是控制材料代用，组织超期复验，开展失效材料分析等工作。一般规定，在产品研制、生产过程中，凡在材料使用过程中发现材料异常或丧失规定的功能、性能时，均应开展失效分析工作。

（2）机械零件保证：机械零件保证一般包括机械零件选用、鉴定、采购及使用等环节。对机械零件的设计选用应实施目录管理，严格控制机械零件的装机使用，应优先选用已经被其他型号成功使用过的机械零件，同时考虑通用化、标准化、系列化要求，尽量减少品种规格。应通过技术鉴定手段，确认机械零件的可使用状态，除标准紧固件等机械零件之外，一般新选用的机械零件、定制加工的机械零件、材料或工艺发生变化的机械零件，以及应用条件或应用状态发生变化的机械零件，均应组织技术鉴定。机械零件的采购保证重点在供方选择，以及相关质量保证措施的制定与落实，包括采购规范制定、下厂检验、入厂复验、超期复验等，要特别关注复杂机械零件、含有特殊过程、不稳定工艺的机械零件的质量一致性。机械零件的使用要充分关注实际环境工况及载荷分布情况，关注构型的应力、强度分析等，关注有限寿命机械零件的使用情况等。作为原则，在产品研制、生产、试验过程中，当发现机械零件结构异常、变形、磨损、功能丧失及性能严重退化时，均应开展失效分析工作。

（3）工艺保证：工艺保证贯穿于产品研制的全过程。工艺保证的目的是通过系统、全面、规范、有效的工艺技术与管理措施，确保准确传递和实现设计提出的产品技术要求，将产品设计图样转换为实物样机。工艺过程是伴随产品设计过程同步进行的，因此，工艺保证的首要任务是建立工艺设计与产品设计协同的工作机制，实现两者的同步策划、同步实施、同步考核和验证。工艺保证的关键是工艺技术方法的选用，原则是力求采用技术先进、经济合理的工艺布局、工艺方法和工艺手段，保证产品的工序质量，缩短试制和生产周期并且降低生产成本，严格控制禁（限）用工艺的使用。工艺保证的主要工作项目有：产品设计的工艺性审查、工艺策划与工艺总方案的制定、工艺选用、工艺设计、评审与验证、工艺关键特性分析、工艺鉴定、工艺文件编制、工艺过程质量控制等工作。值得提出的是，产品设计应贯彻“面向工艺”的要求，确保设计的工程化程度，而设计的工艺性审查要涵盖对产品结构的工艺性、加工合理性、可检测性、采用标准、验收准则等的审查；工艺评审是实施工艺技术风险控制的主要手段和方法，应按照设计要求和有关标准规范，对工艺的先进性、经济性、可行性、可检验性等进行详细的分析、审查和评价。

（4）新材料、新零件、新工艺使用控制：新材料、新零件、新工艺的应用是技术发展的必然趋势，为此，应积极推广应用国内外新材料、新零件、新工艺，以此提高产品技术水平；但同时，新材料、新零件、新工艺的应用必然会给产品实现过程带来风险，为此，应围绕型号新工艺、新零件、新材料的使用要求，研究并提出相应的控制要求和保证措施。从产品保证角度而言，应跟踪、研究新材料的测试、分析与验证技术，重点研究新材料的测试原理、工艺试验方法，加强对特种材料的理化分析；应加强对零件、成件的构型分析和应力分析，对产品无损检测技术的研究和应用；应制定工艺设计与技艺评定准则，推荐使用成熟并经验证有效的工艺技术，保证所要求的工艺技术成熟度。

4.2.5 质量保证

1. 需求分析

装备研制一般均为复杂的系统工程过程，系统庞大、专业复杂，跨行业、跨单位的协同模式，跨学科、多专业的交叉融合，这些均给装备研制的质量保证带来挑战。装备研制过程也是一个技术创新过程，技术成熟度低，技术风险度高，设计、装调和试验过程往往以“故障—分析—纠正”的反复为主要特征，技术状态更改几乎伴随整个研制过程，而研制任务的设计负责制又导致质量检验、质量技术人员不便介入，因此，相对于“检验把关”的定型批产质量控制来讲，研制阶段体现“设计源头控制”的质量保证工作对于国防军工科研院所来讲一直是一个薄弱环节。新一代装备的研制以高科技、高质量和高可靠性为特点，研制周期短，协作与配套关系复杂，按照国外先进的产品保证模式探索、研究并构建符合武器装备研制特点、符合国防军工项目管理要求的质量保证模式便显得尤为重要。

现代质量管理在很大程度上，是通过质量管理体系的运作来实现的，建立质量管理体系并使之有效运行是质量管理的主要任务。按照 GJB 9001 标准的定义：质量保证“作为质量管理的一部分，致力于提供质量要求会得到满足的信任”，由此，质量保证的核心是“提供信任”。企业的质量保证是在质量管理体系中实施的活动，也就是说，质量保证依赖于质量管理体系的建立和运行。质量管理体系包含了所有影响质量的因素（包括技术、管理和人员等方面）并对此都采取了有效的控制措施，因而具有减少、消除，特别是预防不合格的机制，即具有持续稳定地满足规定质量要求的能力，亦即具备了质量保证的能力。项目产品质量和管理质量的实现是众多过程的综合反映，为了对各个过程系统地实施控制，确保项目预定质量目标的实现，就需要在建立和运行质量管理体系的基础上，运用项目管理的方法，对项目运行的质量保证工作进行系统策划，提出项目的质量保证要求，制定项目质量保证大纲，以此建立满足项目要求的质量保证工作体系。

装备研制质量管理是基于项目运作基础上的质量管理工作，较之于常规的质量管理模式而言，项目质量管理具有明显不同的特征。表4-4给出了项目质量管理的特点。

表4-4　项目质量管理的特点

管理要素	管理特点
项目特点	项目过程的一次性；项目产品的独特性；项目要求及交付物的渐进性
实现目标	整体目标+分阶段目标；系统目标+各级产品目标
管理对象	涉及两个方面，项目过程、项目产品
运行机制	合同环境；协作体系；协同过程
组织形式	建立项目总质量师系统，协同“两总”系统开展项目质量管理工作
管理模式	A+B模式，基于项目承研单位现有的质量管理体系运行，贯彻项目总体提出的质量要求
控制方式	端部反馈控制+局部反馈控制（输出控制+过程控制）；状态控制+基准控制；统计质量控制+零缺陷要求

由表4-4可以看出，项目的协同研发模式决定了项目质量管理的幅度不能仅限于项目总体单位自身的管理，而且要延伸到所有的参与项目研发的配套单位；项目的分阶段研发模式又决定了项目质量管理不仅要管产品，而且还要管过程。项目质量管理是在验证了前一阶段的工作以后，才会进入下一个阶段。为此，要确定项目阶段的质量目标及验收标准，并在项目实施进程中，比照阶段的质量标准，验证阶段的质量状态，同时要控制项目质量基准的变更。

一个实际情况是，装备研制项目的质量管理迄今尚未形成统一的管理标准，必须结合装备研制特点及项目管理要求，探索基于项目管理要求的装备研制质量管理的有效方法，形成标准模式。

2．工作分解结构

装备研制产品保证意义下的质量保证模式，应在基于GJB 9001质量管理体系标准的基础上，研究并提出基于项目管理体制下的质量管理体系建设思路，探索和建立适应装备跨行业、跨单位研制及协作配套特点，特别是适应复杂装备研制与生产并行、研制带批产交付特征的质量保证模式，以期建立并形成一套完整的、适于型号项目管理和并行工程要求、体现预防为主和过程控制要求的，同时能充分兼容组织级质量管理体系要求的质量保证程序。

装备质量保证工作的策划，应“以提供用户信任”为基本原则，具体质量保证工作项目的选择和开展，一般以 GJB 1406《产品质量保证大纲要求》规定的工作项目为依据。该标准实际对接了 GJB 9001 质量管理体系标准的相关要求，规定了产品质量保证的工作项目和要求，并以产品质量保证大纲的形式予以明确，以此形成产品质量策划的输出文件。表 4-5 中列出了在进行型号/产品质量策划时，一般应予以考虑的主要工作项目，并且覆盖了型号研制从立项论证到方案设计、工程研制、设计定型的迭代过程。这些工作项目应全部体现在产品质量保证大纲及其支持性文件中，落实到型号研制的工作计划中。

表 4-5　质量保证主要工作项目

序号	工作项目	研制阶段					输出形式	责任系统	参加单位
		论证 L	方案 F	初样 C	试样 S	定型 D			
1	型号质量保证组织建设		√	○	○	○	机构/文件	行政	项目办
2	质量保证工作策划（大纲与顶层文件制定）	√	√	○	○	○	文件	质量/设计	工艺
3	质量保证规范编制	√	√	√	√	√	文件	设计	标准化
4	设计开发过程控制	√	√	√	√	√	报告	设计	质量/工艺
5	特性分析与关键/重要特性控制		√	√	○	○	文件	设计	质量/工艺
6	新技术、新器材、新工艺控制		√	√	√	○	文件	设计	质量/工艺
7	通用质量特性设计控制	√	√	√	√	○	文件	设计	质量/工艺
8	元器件优选目录编制/选用控制		√	√	○	○	手册	质量	设计/物资
9	软件工程化与过程控制		√	√	√	○	文件	质量	设计
10	工艺规划及工艺总方案设计控制		○	√	√	○	文件	工艺	质量/设计
11	设计工艺性/可生产性审查		○	√	√	√	报告	工艺	质量/设计
12	工艺设计控制/评审		○	√	√	√	报告	工艺	设计/质量
13	试制/生产过程控制		○	√	√	√	报告	工艺	设计/质量
14	首件鉴定		○	√	√	√	报告	工艺	设计/质量

续表

序号	工作项目	研制阶段					输出形式	责任系统	参加单位
		论证 L	方案 F	初样 C	试样 S	定型 D			
15	产品质量评审		○	√	√	√	报告	质量	设计/工艺
16	试验过程控制			√	√	√	报告	质量	设计/工艺
17	软件测试/验收			○	√	√	报告	设计/质量	
18	型号标准化管理		√	√	√	√	文件	设计	标准化
19	型号计量保证与计量管理		√	√	√	√	文件	质量	设计/计量
20	设计质量/技术状态复查		○	√	√	√	报告	设计	质量/工艺
21	FRACAS 运行与质量问题归零管理		√	√	√	√	报告	设计	质量/工艺
22	供方/分承制方质量监督管理		√	√	√	√	报告	质量	设计/工艺
23	研制过程质量监督与审核	√	√	√	√	√	报告	质量	设计/工艺
24	质量信息管理	√	√	√	√	√	报告	质量	设计/工艺

注："√"表示应开展的工作；"○"表示视需要开展的工作。

简称："行政"表示型号行政指挥系统；"设计"表示型号设计师系统；"工艺"表示型号工艺师系统；"质量"表示型号质量师系统。

3．实施要点

（1）项目质量管理体系设计：国内装备研制质量保证的一个现实问题是，企业组织按照 GJB 9001C—2017 建立的质量管理体系，往往不能支撑跨单位研制的装备项目，为此，企业（特别是承担装备研制的总体单位）要在对现有组织及质量管理体系客观分析的基础上，依据型号的项目管理要求，研究现有企业质量管理体系与装备项目质量管理的矩阵关系，探索覆盖装备研制全过程的、适应于项目管理要求的质量管理模式，形成跨行业、跨单位的质量管理体系或质量保证运行模式，包括质量保证要求和相关标准，同时依托质量管理体系的运行基础，配置项目质量保证所需的资源以保证其有效运行。

（2）设计质量控制：从装备研制产品保证的角度，设计保证是产品保证的核心内容，为此，要按照"源头控制、预防为主"的原则，紧紧围绕设计源头开展设计质量的控制，具体按照产品设计开发所要求的各项工作，以产品设计开发要素为对象，控制设计开发输入、设计开发输出、设计开发更改、设计开发评审、设计开发验证、设计开发确认等活动，重点突出对设计开发策划（包括工艺策划）的质量控制，突出对元器件、原材料的设计选用控制，对设计的组织接口与技术接口的控制等，以此确保设计质量。表 4-6 给出了设计过程应予以关注的质量控制要求。

表 4-6 设计开发过程质量控制要点

设计开发过程	标准要求	质量控制点/要求
设计开发策划	确定设计和开发的阶段（分阶段）；确定每个阶段的评审、验证和确认活动（确定检查方式）；确定设计和开发的职责和权限	设计开发计划；资源配置；职责与接口；外包过程；评审验证与确认安排
设计开发输入	功能和性能要求；适用的法律、法规要求；适用时，以前类似设计提供的信息；设计和开发所必需的其他要求	设计输入清单；通用质量特性要求；充分性、适宜性、有效性；通过评审
设计开发输出	满足输入要求的信息；提供采购、生产和服务的适当信息；产品接收准则；对产品的安全和正常使用所必需的产品特性	满足输入要求；文件完备性（设计、采购、生产、服务）；可验证
设计开发验证	评价设计和开发输出是否满足输入的要求	验证方法选择（复核复算、同类比较、虚拟试验、仿真）；验证结果的有效性；可追溯性
设计开发确认	评价设计和开发的产品是否满足使用要求	鉴定产品清单；鉴定试验大纲；鉴定试验报告；成套技术资料准备
设计开发更改	纠正设计错误（如计算有误、选材不当）；评审、验证、确认所要求的更改	更改建议、更改审批、更改落实
新产品试制	工艺评审、试制前准备状态检查、首件鉴定、产品质量评审	5M1E 清单；鉴定/评审报告
试验过程	试验策划、大纲编制、试验准备状态检查、试验实施、试验报告等	试验“三化”管理、FRACAS

（3）技术风险控制：研制工作中，对各级产品均应通过故障模式影响及危害度分析（FMECA）、设计裕度量化分析、仿真分析、危险分析等技术方法，进行充分的技术风险分析，以期识别薄弱环节，并采取设计改进措施。应根据装备任务要求，开展全寿命周期的任务剖面分析，分解任务模式，确定产品的任务工况、使用载荷、环境条件等，作为产品环境适应性设计的依据。应结合产品的功能性能设计，同步开展可靠性、维修性、测试性、安全性、保障性和环境适应性等通用质量特性设计，并将其转化为产品的实际能力。应强化特性分析与控制，各级产品均应开展特性分析，识别产品关键特性、重要特性、关键件、重要件和关键工序，并制定全过程的控制措施；对产品的关键、重要特性必须进行裕度设计和裕度量化分析，关键件、重要件原则上不允许有Ⅰ、Ⅱ类单点故障，对无法消除的Ⅰ、Ⅱ类单点故障应有充分的设计保证措施，并经审查和试验验证。

（4）并行工程质量控制：跟进装备建设“边研制、边生产、边交付”的快速发展与应急订货需求，研究基于并行工程、适应装备研制与生产并行、研制带交付的质量管理模式和运行机制，形成适用、有效、规范、有序的常态运作的质量保证程序，探讨适应于产品设计、工艺开发、生产制造、物资供应及质量管理一体化的产品综合开发团队（IPT）的运作模式，在建立型号团队责任体系、分解各方质量责任的前提下，明确设计作为产品质量的第一责任主体，形成以设计为主导、各方专业协同、优势互补的工作机制，并行开展各相关工作。

（5）型号专项审核和督查：依据项目管理的要求，以及型号研制的进展情况，适时安排型号的监督检查和专项审核，适时组织设计质量复查、产品技术状态审核，特别是针对型号研制的关键项目、关键特性和重要特性、关键过程和特殊过程开展专项审核。型号质量监督与审核应坚持“以问题为导向”的原则，发现研制工作存在的薄弱环节和风险隐患，采取改进措施，进行纠正和预防，促使型号研制的各项技术与管理活动规范有序进行，型号研制质量与产品实物质量得到有效保证。

4.2.6　产品保证管理

1．需求分析

产品保证是跨学科、跨职能的技术与管理领域，涉及面广，系统庞大，技术复杂，建立专业协同、运行有效的工作机制和管理模式至关重要，为此，需要对产品保证的各项技术与管理工作实施有效的管理，即产品保证管理。

产品保证管理是运用管理手段，建立一个强有力的、权威的管理系统，对产品保证各工作项目进行计划、组织、指挥、协调、控制和检查监督，以确保实施产品保证的工作目标，做到产品保证管理活动项目、内容、程序和要求明确，产品保证活动充分、有效，产品保证过程严格、规范。

如前所述，“产品保证是一系列有计划、有组织的系统化、规范化的技术和管理工作的集合，其目的是支持设计和管理决策，降低研制风险，保证交付的产品安全、可靠地完成规定任务，并取得最佳的费用效益，增强竞争能力”。作为装备研制的支持过程，产品保证应适应装备研制的实际需求，在明确装备产品保证工作目标的前提下，制定产品保证工作的统一标准、统一要求、统一的工作程序和方法，以有效地履行职责、协调资源、协同运作、保障实效，切实起到对装备研制过程提供有效的技术保障和权威的监督管理作用。

2．工作分解结构

产品保证管理的主要工作是：建立产品保证的工作目标，设置产品保证的组织机构，明确各层各级产品保证的职责与权限，配置产品保证的专业资源，制定产品保证的工作程序，加强产品保证的运行管理，贯彻全过程的风险管理原则，控制关键项目和改进要素，适时评价产品保证的工作效果，以求持续改进和提升产品保证的能力和水平，保障产品保证目标的实现。表 4-7 给出了产品保证管理的主要工作内容及工作输出。

表 4-7　产品保证管理的主要工作内容及输出

序号	策划项目	主要内容	主要输出
1	产品保证工作策划	建立产品保证工作目标体系，规定产品保证的工作原则，明确产品保证工作总要求；进行产品保证工作结构分解，确立产品保证的工作项目和要求	产品保证大纲、计划；产品保证各专业工程大纲
2	产品保证机构与职责	建立产品保证组织机构、产品保证工作系统，明确各级各类相关人员的职责、权限、相互关系和内部沟通的方法	产品保证工作系统组织体系；各层、各级产品保证工作责任制；产品保证专业工作组：结构与原材料专业组、电子工程与元器件专业组、软件工程专业组；产品保证专家队伍
3	产品保证规范与标准化管理	按照军用标准化要求，建立产品保证规范体系树，组织编制产品保证各类技术与管理规范，明确产品保证的文件和记录要求	型号标准体系表；产品保证规范谱系；产品保证规范（包括设计准则、作业指南、优选目录、验收要求、评估方法、管理程序等）
4	技术风险分析与控制	明确技术风险识别与评估、分析与控制的原则、实施程序和工作要求	风险管理计划；风险源清单；风险控制措施与保障链风险分析与评估报告
5	关键项目管理	规定关键项目的管理原则，关键项目识别、确定及控制措施，实施效果验证等	关键项目清单；关键项目过程控制措施和检查确认表
6	技术状态管理	明确规定技术状态标识、控制、记实和审核的方法和要求	技术状态管理计划；技术状态项目清单；技术状态文件清单；技术状态审核报告等
7	设计过程质量控制	明确设计过程的评审、验证与确认要求、工作程序和方法，规定从项目审批到样品完成的过程控制要求	设计开发控制程序，技术评审项目与清单；设计验证与确认方法
8	检验与试验控制	明确产品检验、试验（特别是重要试验）的控制要求，建立工作流程	检验规程、试验大纲；试验过程控制程序；检验、试验结果评价准则；检验、试验数据包
9	资源管理	系统识别和明确产品保证各类资源（包括设备设施、财务、人员、信息）的需求，配置和协调相关资源	需求分析报告；产品保证队伍岗位说明书；产品保证专业实验室建设项目规划；产品保证信息管理及数据包要求
10	外包控制	明确在产品实现过程中，对所有外包过程的控制要求。包括对外包产品、外包供方的质量控制，建立外包供方质量责任制，实施外包产品质量问题赔偿和责任追究制度	建立外包过程的流程和控制文件，合格供方目录，外包控制要求，技术协议，质量保证协议；规定采购所需要的文件
11	审核&报告、纠正&预防措施	依据产品保证相关制度文件，对产品保证过程及相关活动进行独立审核，做出符合性判断和报告，实施纠正预防措施，进行跟踪闭环	产品保证输出文件的规范性、有效性审核；产品保证工作有效性审核报告；纠正预防措施实施计划及跟踪确认表

续表

序号	策划项目	主要内容	主要输出
12	产品数据包管理、信息管理	依据技术状态项，识别和明确为证实产品保证符合规定要求所需要的信息，建立产品保证数据包；规定产品保证信息的收集、分析、处理、反馈、贮存和报告等要求，以及产品保证数据包规范要求	产品保证数据包清单；产品保证信息系统、专业数据库；产品保证数据包管理要求（包括审查和验收要求）

3．实施要点

（1）系统开展产品保证的工作策划。应与产品实现的策划同步开展产品保证策划工作，首先应确定产品保证的工作目标、工作原则和工作流程，从技术与管理两个维度进行产品保证工作的 WBS 分解，识别和确定产品保证所需开展的工作项目（技术与管理活动）、工作要求和控制要求，解决“做什么、怎么做、怎么管”的问题，据此制定产品保证大纲。其次，应建立产品保证工作体系（包括目标体系、责任体系、制度体系、评价体系），形成以目标为牵引、以责任为基础、以制度为保证、以评价和奖惩为激励的工作机制，为产品保证大纲的实施、为装备研制目标及产品保证目标的实现提供保证。

（2）建立产品保证规范体系和规范标准。在系统分析型号研制产品保证需求的基础上，进行产品保证规范体系的设计，并以规范体系为依据，在贯彻相关军工法规标准、借鉴同类型号和产品成熟技术、吸纳产品保证各专业领域技术储备的基础上，组织编制相应的产品保证规范文件，包括各类设计准则、规范指南、优选目录、材料手册等，特别是针对装备的研制特点及要求，从产品构成和专业技术两个维度，从正向设计和故障预防两个角度，制定设计准则，规定设计要求，汇总形成设计手册，以此指导和规范具体的产品设计工作，以降低设计风险，提高设计的成熟度。

（3）紧紧围绕技术状态主线开展工作。如前所述，型号研制工作是围绕各级产品的技术状态实现来展开的。因此，产品保证工作应以实现规定的技术状态为主线，从通用质量特性设计保证、工艺保证、器材保证、软件保证、质量保证等方面采取相应的技术与管理措施，应用评审、检测、审核、验证、鉴定等技术与管理手段，实施产品技术状态的控制、审核、验证等工作。将器材选用、零件标准化、软件配置、工艺状态、测量系统构型等纳入技术状态控制范畴，以此保证产品技术状态的有效控制与实现。

（4）基于风险思维突出关键项目管理。要加强研制过程的技术风险分析，明确关键项目的确定原则，根据特性分析、FMECA、危险分析、风险分析的结果，合理确定关键项目，形成关键项目清单，特别要对影响任务成功的关键项目（如故障严酷度为Ⅰ、Ⅱ类的单点失效、风险分析中风险等级确定为“高”

的风险项目；未经飞行试验考核的新设备、新程序；难以在地面进行试验验证的项目）进行系统识别和确定，采取有针对性的控制措施和应急保障方案。控制措施要细化到相关技术文件中，要落实到相关设计、工艺、过程控制、检验、测试、试验、安装、使用等各个环节中，并且要做好过程记录，形成可检查的过程记录，如测试数据、照片和视频等。

（5）突出分承制方产品保证管理。装备研制的产品保证工作一般属于跨行业、跨单位的异地协同工作模式，因此，以统一标准、协同运行为目标的分供方的管理与控制至关重要。应依据装备配套产品的研制要求，择优选择供方，对供方实施考察与评价工作，建立合格供方名录，实施供方目录管理；其次是分承制方合同管理，可通过合同附件形式，明确对配套研制产品的技术要求和质量保证要求，对配套研制产品建立工作说明（SOW），根据产品特性规定从设计、采购、制造、装配、试验到交付全过程的产品保证要求，并向分供方进行准确的传递，应通过产品检验试验、状态审核、评审确认等方式，对分供产品实施质量检查与确认，通过设计跟产、下厂监制、质量跟踪、现场审核等，对分供方产品保证能力进行监督、审核与评价。

（6）规范产品保证信息管理。建立产品保证信息管理和报告制度，规定信息传递方式、报送机制等，开发产品保证信息管理系统，规范信息收集、处理、贮存、传递和应用等工作流程，确保信息规范、及时、准确、完整和可追溯，实现信息的闭环管理。特别要加强各级产品采购与外包合同中的质量信息管理，应明确提出质量信息的传递要求，包括产品执行标准与技术条件变更、二次配套变更、关键重要特性检验、禁限用工艺控制，超差处理、质量问题归零、用户检验验收等方面的信息。要加强故障信息管理，建立故障信息的快报制度，建立和运行 FRACAS，对故障信息实施“一本账”管理。要建立产品保证数据包管理制度，将产品设计开发、生产试制、试验验证、交付使用等过程的各类文件、数据等信息集成到一起，作为产品交付或提供备查的依据。产品数据包的每一项内容均应有唯一性标识，并保持可追溯性。

4.3 研制各阶段的产品保证工作

4.3.1 装备研制程序及各阶段研制主要工作

依据常规武器装备研制程序[①]，以及 GJB 9001 标准关于产品实现过程的界

① 常规武器装备研制程序及研制阶段划分已有更新，本书仍采用原来的研制程序及研制阶段表述。附录 B 给出了装备研制阶段划分更新前后的对应关系图，可供读者参考使用。

定，武器装备研制一般遵循图 4-5 所示的武器装备研制工作流程。

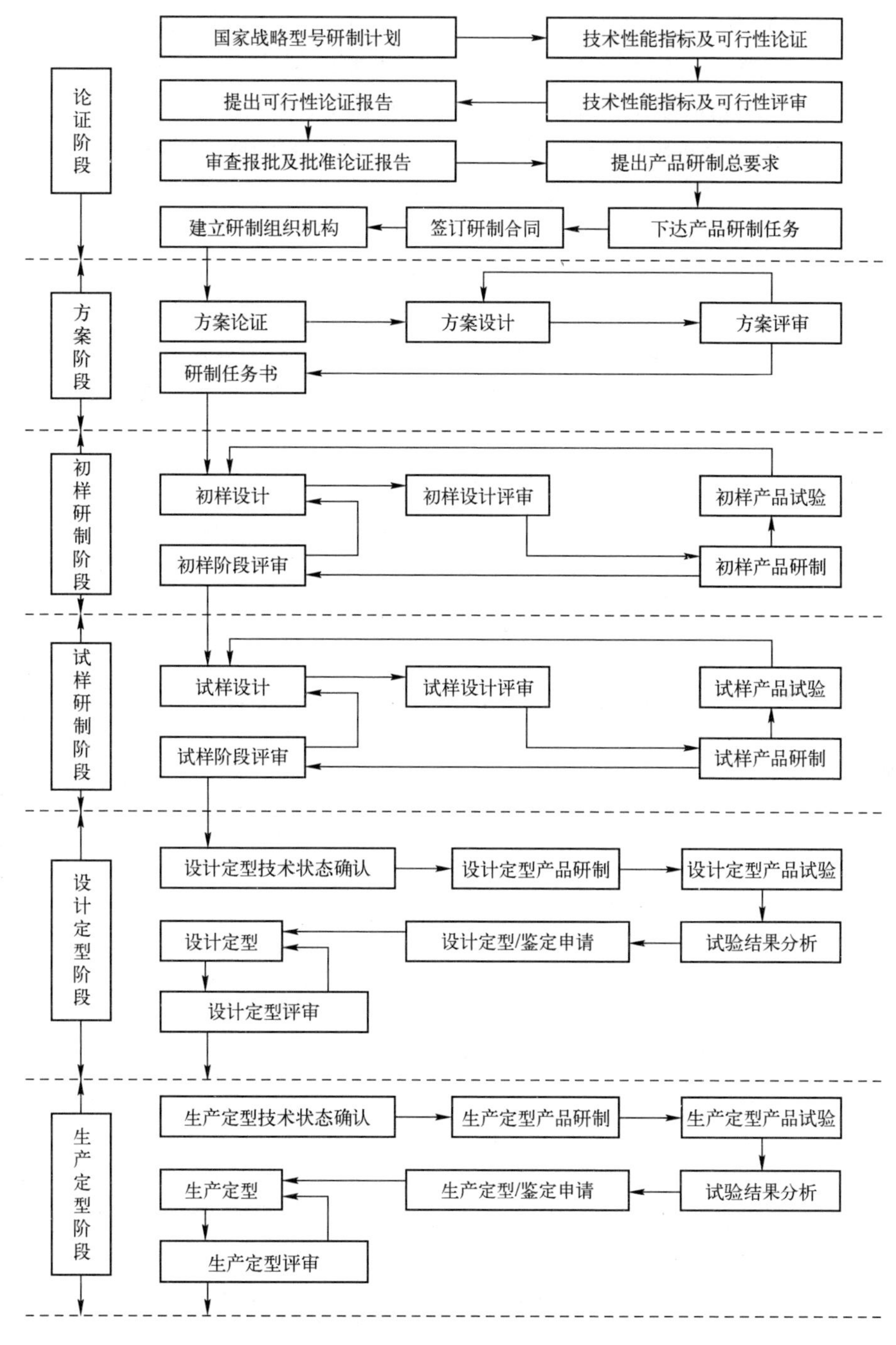

图 4-5　武器装备研制工作流程

《常规武器装备研制程序》将武器装备研制过程分解为4个阶段，分别为论证阶段、方案阶段、工程研制阶段、定型阶段，其中，工程研制阶段又可细分为初样阶段、试样阶段，定型阶段又可细分为设计定型阶段、生产定型阶段。研制各阶段的主要工作应在确定型号研制总体目标、明确型号研制及管理要求的前提下，依据《常规武器装备研制程序》的规定进行。作为工作原则，研制程序分解应在贯彻“全系统、全特性、全过程”质量管理原则的前提下，达到以下要求：

（1）全系统规划：覆盖从整机到元器件；

（2）全特性设计：覆盖专用特性与通用特性要求；

（3）全过程控制：覆盖从论证到生产定型各研制阶段。

确定研制各阶段的具体工作项目时，可采用工作结构分解方法，从以下维度进行分解，即按所确定的各研制阶段，依次确定主要目标、主要工作、主要硬件、主要软件、转阶段评审（审查）要求及完成标志。表4-8以某型装备为例，给出了各研制阶段的主要工作内容。

表4-8 常规武器装备研制各阶段主要工作内容

项目	论证阶段（L）	方案阶段（F）	工程研制阶段（G）		设计定型阶段（D）
			初样阶段（C）	试样阶段（S）	
主要目标	初步确定战术技术指标；总体技术方案及初步的研制经费、研制周期和保障条件	形成《研制任务书》和分系统技术要求；分系统初步技术规范	确认分系统技术规范，形成部组件要求	确认部组件技术规范，形成初步的产品规范	确认产品规范、工艺规范和材料规范，形成小批量生产能力
主要工作	技术、经济可行性论证	方案论证 方案设计 原理性样机设计、试制与试验	分系统方案设计；分系统样机设计出图；确定工艺总方案；试制加工、组装、调试；计量、测试、试验设备研制；配套工程建设；新技术、新器材鉴定；关键部组件和含关键技术部组件鉴定；内场试验、外场试验	技术条件、验收条件、组装与调试细则制定；资料审查、图纸晒蓝；工艺规范、工艺说明书编制；加工设备、工艺装备、测试及试验设备配备；试制加工、组装、调试；首件鉴定；鉴定性试验	试制加工、组装、调试；设计定型试验；设计定型文件编制、整理
主要软件	研制总要求、研制工作说明书、技术规格书、研制合同	方案论证报告 设计方案 研制任务书	分系统研制任务书；分系统设计方案；明细表、配套表、清单；全套白图；新技术、新器材、关键部、组件及含关键技术 部组件鉴定文件；工艺总方案；阶段试验大纲、试验报告	技术条件、验收条件、组装与调试细则；全套蓝图；工艺规程、工艺说明书、首件鉴定文件；技术说明书、使用维护说明书 鉴定试验大纲、试验报告；设计更改文件、故障报告；设计定型试验申请报告	按GJB 1362执行

续表

项目	论证阶段（L）	方案阶段（F）	工程研制阶段（G）		设计定型阶段（D）
			初样阶段（C）	试样阶段（S）	
主要硬件		原理样机	初样机	试样机	设计定型样机
转阶段评审要求	内部可行性论证评审 使用方和上级主管部门系统要求评审	使用方和上级主管部门方案设计评审	上级主管部门初样设计评审	内部试样设计评审 使用方和上级主管部门工程研制评审	内部设计定型评审 武器装备定型委员会设计定型评审与审查
完成标志	关键技术解决途径和系统要求切实可行	关键技术已经突破 系统方案切实可行	关键技术已经解决主要指标满足要求	关键技术已经解决 指标能够满足要求 设计定型试验图样、技术文件齐全	设计定型试验成功 定型资料满足要求

4.3.2 研制各阶段产品保证工作要求

如前所述，产品保证涵盖了专业工程的各专业技术领域，而专业工程是指那些支持设计过程的共性技术专业，用于保证武器装备在作战与使用环境中的适应性，保证武器装备综合效能的实现。产品保证除包括通用质量特性（可靠性、维修性、测试性、保障性、安全性、环境适应性等）所覆盖的工程专业领域以外，还包括标准化、计量、元器件、软件工程、材料、工艺等共性技术的支撑，两者的结合形成产品保证所覆盖的专业集合。产品保证就是要结合武器装备的具体研制要求，综合策划和运筹这些工程领域的各相关技术与管理过程，并将其纳入研制过程，纳入设计主渠道，通过它们对装备研制过程所产生的适时、有效的影响，保证装备的研制质量与产品质量。

产品保证工作应伴随型号研制阶段、与型号各级产品研制工作同步进行，故应依据型号研制要求，按照常规武器装备研制阶段的划分，对产品保证各专业领域应开展的相关技术与管理工作进行协调的策划和安排，并应准确反映在相关产品保证（或各专业工程）大纲/计划及相关管理规定中，同时应该纳入型号的研制计划，以确保得到及时的贯彻与实施。

1．论证阶段（L）

依据型号战术技术指标的论证要求以及型号研制要求，进行产品保证的总体策划和顶层设计工作；与型号专用质量特性的论证分析一起，进行型号可靠性、维修性、测试性、安全性、保障性以及环境适应性等通用质量特性的设计分析和可行性论证，提出定性、定量的指标要求；进行产品保证组织体系的策划，建立型号产品保证组织方案，包括产品保证的组织架构、工作职责、与型号其他组织体系的管理关系、工作接口等。

2．方案阶段（F）

依据装备研制及各级产品实现的要求，系统进行产品保证的需求分析，在对产品保证各专业技术领域进行需求分解的基础上，拟定型号研制产品保证的工作目标、工作原则和工作依据，建立产品保证的文件体系，组织文件的编制和发布工作。依据型号研制计划制定产品保证工作计划，并结合型号研制工作，有针对性地开展产品保证活动，做到同步策划、同步开展、同步检查、同步考核。

在方案阶段初期，应完成产品保证文件体系的策划，启动顶层文件的编制工作。顶层文件一般包括型号产品保证大纲、产品保证各专业工程大纲/计划等。首先，依据型号战术技术指标要求、设计方案、产品设计与验证要求等，确定产品保证的工作项目、工作内容和工作要求，编制及发布型号产品保证大纲，作为统领型号研制产品保证工作的纲领性文件。其次，结合产品保证各专业工程特点及管理要求，特别是相关国防军工法规、条例和标准要求，组织编制各专业工程大纲/计划，分别形成通用质量特性（包括可靠性、维修性、测试性、保障性、安全性、环境适应性等）、标准化、计量、元器件、软件工程化、材料机械零件与工艺保证等大纲/计划，以此规范各专业领域的产品保证工作。

3．工程研制阶段（G）

按照产品保证大纲、产品保证各专业工程大纲/计划规定的工作项目和要求，依计划有序展开产品保证的各项技术与管理工作；并依据产品保证的顶层文件要求，组织开展产品保证规范的编制和发布工作，包括通用质量特性设计准则、产品设计规范、材料选用指南、元器件优选目录、软件工程化实施指南等，以此统一产品保证的技术与管理要求；紧密跟踪装备研制过程，围绕研制需求，同步开展产品保证各专业技术领域的设计、分析、计算、试验和评估等工作，包括设计验证活动的复核复算工作；组织产品保证管理的各项监督检查工作，如设计准则符合性审查、技术状态审核、关键项目审查、可靠性专项评审、新研元器件详细规范、元器件选用专项审查、软件需求审查、软件测试与验证、故障归零审查等，以此确认和改进产品保证工作的实施成效。

4．设计定型阶段（D）

依据装备设计定型要求和工作程序，按照型号产品保证大纲、各专业工程大纲/计划规定的工作项目和要求，开展产品保证各项技术与管理工作；依据型号研制总要求或研制任务书规定的战技指标要求，通用质量特性定性、定量要求，进行设计定型阶段的各项评审、验证与确认工作；组织型号各级产品的技术状态审查、验证和确认活动，确认型号研制实现了规定的战技指标；按照相关标准要求，组织设计定型成套技术资料的编写和审查工作，包括设计图样、产品规范、工艺文件、器材配套表等；各类设计定型文件和技术报告的编写，应准确反映产品的设计状态。组织通用质量特性评估工作并形成专题评估报告，组织通用质量特性鉴定试验（如可靠性鉴定试验），软件定型测评，材料、元器件、成辅件使用专项审查等工作，形成可靠性鉴定试验报告、软件定型测评报告，冻结设计 BOM 及各类物料清单，确认合格供方名录等。必要时组织工艺鉴定工作，以此确认产品的工艺状态，确认真正形成小批生产的能力。

作为示例，本书附录 A 给出了某型装备研制规定的全寿命周期通用质量特性保证工作要求，包括全寿命周期各阶段的主要工作项目、工作要求及控制要求。装备研制工作中，产品保证各相关专业部门均可以此为例，结合装备研制、生产及使用要求，会同型号设计师系统一起，系统策划、分解研制各阶段所需开展的产品保证活动，提出相关的工作项目、工作要求和控制要求。产品保证策划的内容应落实到各专业的产品保证大纲中。

第5章

装备研制产品保证的系统策略

“凡事预则立，不预则废”。装备研制的产品保证工作重在策划，包括产品保证体系的策划、产品保证机构的设置、产品保证大纲的制定、产品保证的工作结构分解等，这一切都反映在产品保证模式的顶层设计中。为此，在装备研制的产品实现策划工作中，应针对装备研制实际需求、基于项目管理要求，遵循系统管理原则，尽早组织产品保证的顶层设计工作，确立产品保证的指导思想、组织原则、运行模式和工作策略等。

5.1 产品保证的顶层设计

5.1.1 指导思想

针对现代武器装备的研制需求，以及型号研制面临的实际现状，按照产品保证的工作内涵，装备型号研制阶段产品保证的指导思想可以这样界定，即以装备型号需求为牵引，以技术进步为动力，紧密结合型号研制要求，以研制全过程的技术状态管理为核心，强化型号设计工程和专业工程的综合，突出“三件”（电子元器件、计算机软件、机械结构件）的质量控制，用规范的型号标准体系、有效的通用质量特性设计方法、先进的质量控制程序、精确的测试验证手段，对装备型号研制过程实施全特性、全过程的技术支持和管理监督，系统管理，整体运作，促进型号设计与管理工作达到最优。

上述指导思想的形成基于以下三方面的考虑：

（1）对影响设计质量的基本属性（如可靠性、维修性、安全性、环境适应性、可生产性等），明确设计要求；

（2）对构成设计质量的基本单元（如元器件、软件、材料与机械结构件等），控制设计选用；

（3）对决定设计质量的基本过程（如方案设计、验证设计、技术状态更改等），规范设计行为。

该指导思想体现了在装备型号的研制工作中，产品保证要以装备型号的研制需求为牵引，以各级产品技术状态的实现为目标，综合集成可靠性、维修性、测试性、安全性、保障性及环境适应性等通用质量特性技术，以及电子元器件、软件、材料、结构与工艺等共性技术领域的资源，按照系统工程的要求和方法实施运行与管理，确保向装备型号的研制过程提供有效的技术支持和管理监督。

5.1.2　系统模型

依据上述确立的装备型号研制产品保证的指导思想，可以提炼形成产品保证在立足“需求牵引”基础上，应遵循的四项基本准则如下：

（1）围绕一条主线：技术状态管理；

（2）强化两个综合：设计工程与专业工程的综合；

（3）突出三件控制：电子元器件、计算机软件、机械结构件；

（4）实现四位一体：质量、计量、标准化、通用质量特性。

据此，可以建立装备型号研制产品保证的系统模型如图 5-1 所示。

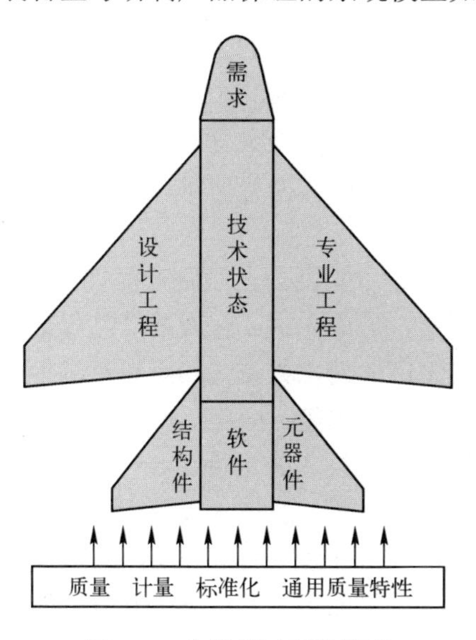

图 5-1　产品保证系统模型

图 5-1 所示的产品保证系统模型揭示出，在装备研制的产品保证工作中，

技术状态是产品保证的工作主线，产品保证的各项工作必须围绕产品技术状态的实现来展开，围绕这条主线进行PDCA，做好相应的策划、安排、实施和检查等工作；设计工程（决定产品的专用质量特性）与专业工程（决定产品的通用质量特性）是产品保证的两大“主翼”，即传统工程专业和专业工程综合必须融合，集成为一体，协调运行、同步发展；电子元器件、计算机软件、机械结构件是构成各级产品功能、性能的基本单元，因而成为产品保证的基础，决定了装备整体的本质质量；质量、计量、标准化、通用质量特性四者从其内在属性而言，均属于装备型号研制的共性技术领域，同时又兼有技术、管理的双重职能，据此，可以构建“四位一体”的、支撑型号研制的共性技术与管理平台。

5.1.3 实施原则

（1）系统性：以系统工程为纽带，建立“以质量为中心、以标准为依据、以计量为手段、以通用质量特性为重点”的装备研制产品保证体系，系统识别装备研制对产品保证各学科领域的技术需求，统筹规划和安排产品保证各相关领域的技术与管理活动，统一产品保证的工作要求和运行模式，专业互补，技术协调，形成覆盖研制全线的、体系化的产品保证能力。

（2）适用性：以型号需求为牵引，以实现规定的装备技术状态为主线，按照适用、有效的原则，确定产品保证的工作目标，根据装备的研制进程，合理规划研制各阶段的产品保证工作项目，以产品保证各专业领域的规范、指南、准则等形式，为型号研制提供各类产品保证规范，以质量控制、检验评测、试验验证、评审审核等方式，实现对型号研制、试制、试验全过程的共性技术支持与管理保障。

（3）先进性：以技术进步为动力，跟踪产品保证各相关领域的前沿技术，引领产品保证的技术发展，形成先进、有效的产品保证技术方法、工具手段和信息平台等，一方面将先进的技术方法（如系统可靠性设计仿真、大规模集成器件应用、嵌入式系统设计技术等）应用于产品设计过程，另一方面也提升产品保证自身的技术发展，确保技术先进性。

（4）继承性：以提高型号研制的技术成熟度为原则，系统总结产品保证各专业学科的知识与成果，充分借鉴同类型号在产品保证各相关领域形成的技术和方法，最大限度地继承经验证有效的成熟的设计、验证技术、管理要求和程序等，以求降低研制风险，实现TQCS的最佳增值。

（5）技术与管理并重：以管理推进技术进步，以技术进步提升管理效能，在建立产品保证工作目标、规划产品保证工作项目的基础上，从技术与管理两个维度进行产品保证的工作结构分解，系统识别产品保证各专业领域的技术过程与技术管理过程，明确技术要求和管理原则，突出产品保证的专业使能作用，强调产品保证管理的权威性，在管理模式和技术手段方面同步施策，研究并形成先进、适用、高效的工程方法体系和运行模式。

5.1.4　工作路径

（1）在管理体系上，按照系统工程的思路，建立并形成专业配套、管理协调的产品保证工作体系，将产品保证工作作为型号研制不可缺少的组成部分纳入型号研制开发体系，真正实现同步策划、同步实施、同步检查和验证。

（2）在工程技术上，围绕型号研制的产品保证需求，以产品质量特性的形成技术与验证技术为主线，组织各相关技术领域的工程应用技术研究与开发，主要有通用质量特性设计分析和验证技术、质量工程技术、元器件检测分析技术、精密机械测试技术、软件测评技术、材料检测分析技术、工艺设计开发和验证技术等，特别是加强通用质量特性和专用质量特性的融合技术研究与应用，创建一体化的协同设计流程和工作平台，切实从产品设计保证角度提供条件与方法，解决“两张皮”问题，逐步实现产品设计从性能设计到效能设计、质量设计的过渡。

（3）在运行模式上，按照项目管理的要求，运行“以实现项目需求为目标、以产品技术状态管理为核心、以过程控制为手段”的产品保证体系，技术上推进专业工程与设计工程的综合，对研制过程提供专业的共性技术支持和保障；管理上运行技术监督的管理职能，对研制过程实施权威的技术监督和控制，全面改进和提升型号研制的产品保证能力和水平。

（4）在保证手段上，通过型号研保条件建设和生产线技术改造项目的实施，加强产品保证的手段建设，建立规模适宜、专业配套、功能先进、操作方便的产品保证基础实验室，配置质量控制、计量校准、检验测试、理化分析、环境试验、软件评测等工具软件和运行平台，为装备研制及产品保证提供有效的技术保障，同时支持相关技术领域的基础研究和试验验证工作。

（5）在队伍建设上，创建产品保证的专业队伍，建立覆盖型号研制全线的产品保证工作系统，或以“四位一体”的型号质量师系统为依托，开展产品保证的相关工作，建立通用质量特性、软件、元器件、材料与工艺技术专业组，建立产品保证主任设计师、主任质量师岗位制度，形成产品保证专业梯队和专业技术骨干队伍，推进产品保证技术的研究和应用。

5.2 产品保证的系统策略

5.2.1 产品保证主线：技术状态管理

装备研制从概念研究到设计定型的全过程，实际就是技术状态反复迭代、不断成熟、达到预定的基线要求的过程，这里的基线要求是装备的订货方通过装备研制总要求或研制合同或技术协议书等形式下达的装备或产品技术指标要求。因此，产品技术状态的实现贯穿装备研制的全寿命周期，应该成为装备研制全过程中所有技术与管理活动的主线，自然也成为产品保证工作的主线。产品保证的各项技术与管理活动应该围绕技术状态主线展开，产品保证的根本目标就是确保规定的技术状态在所定义的各个产品层次上得以有效实现。

GJB 3206 中规定了技术状态管理的总则，是在进行装备研制技术状态管理策划时必须明确和需要解决的主要问题，也是对整个产品实现过程实施技术状态管理的基本原则，见表 5-1。

表 5-1 技术状态管理总则

实施要点	工 作 内 容
建立制度	建立适应产品寿命周期过程的技术状态管理制度，并随产品寿命周期阶段的递进逐步改进和完善
明确责任	明确技术状态管理的责任主体，对每一个产品寿命周期阶段的每一项技术状态管理活动均规定主体、明确责任
建立组织	建立技术状态管理组织，必要时，设立技术状态管理委员会，按赋予的职责与权限开展技术状态管理与决策
制订计划	编制技术状态管理计划，规定每个参与者的责任、权限和工作内容，并按产品寿命周期阶段的演进进行必要修订
外包控制	明确外包过程及其控制要求，规定分承制方或供应商在技术状态管理中的责任，并对其落实情况进行监督管理
提供依据	制订产品寿命周期数据采集计划与管理要求，定期备份数据，确保数据的可用性和可追溯性，为技术状态管理的实施提供依据
监督管理	建立技术状态管理监督体系，并与质量管理体系监督协调一致，保持对全部技术状态管理活动的监督，从而确保技术状态管理活动符合要求

装备研制项目的技术状态管理具有系统性、层次性、阶段性。具体表现在：

（1）从项目目标而言，任何工程项目的研制与实现，实际是在确定产品技术状态基线的前提下，在从概念研究、方案设计、工程研制，直至设计定型的全过程中，通过各种工程技术与管理方法，使产品所实现的技术状态反复迭代，不断成熟，最终达到预定的基线要求。因此，确保产品技术状态的实现就成为项目研制的各项技术与管理活动的主线，自然也成为产品实现过程中所有产品保证活动的目标。

（2）从项目组成而言，对于复杂产品，技术状态的实现是按层次分开的，换句话说，首先要确定产品的系统要求，其次是分系统要求，然后是部组件要求，最后是元器件、成件、原材料要求，由此可以确定技术状态项目，即确定技术状态管理的对象。技术状态管理要深入到项目所定义的各个产品层次，确保任何一个研制产品均能实现规定的技术状态。

（3）从项目过程而言，技术状态的实现是一个按阶段逐步迭代、不断逼近基线要求的过程，产品研制过程就是按阶段逐步把用户要求转化为产品要求，转换为技术要求，转换为设计图样和技术文件，最终转换为实物产品。产品的技术状态是在设计中形成、在试制与生产中建立、在使用与维护中保持的，因此，技术状态管理贯穿于产品研制、生产、使用全过程。

按照 GJB 1405《装备质量管理术语》的定义，技术状态是指“技术文件中规定的、并在产品中达到的功能特性和物理特性”，技术状态管理（configuration management）是指“对技术状态项进行的技术状态标识、技术状态控制、技术状态记实、技术状态审核的技术的和管理的活动”。技术状态管理流程如图 5-2 所示。

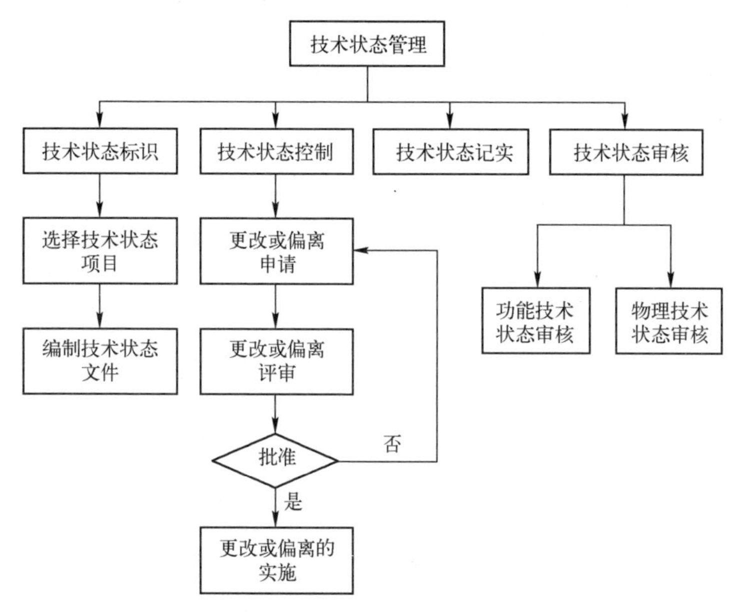

图 5-2　技术状态管理流程

国防装备的研制一般均为跨行业、跨单位的复杂工程项目，系统庞大，技术复杂，技术状态管理极为重要，某种程度甚至成为决定项目成败的关键所在。为此，要在项目全寿命周期内，通过实施技术状态管理，使项目系统及各级产品的技术状态得到有效控制；要通过制订技术状态管理制度，成立技术状态管理组织，制订技术状态管理计划，明确技术状态管理项目，建立技术状态标识方法，严格控制技术状态更改，定期组织技术状态审核活动，采取切实可行的措施，严格技术状态管理，严防技术状态失控，确保技术状态标识清晰，技术状态控制有效，技术状态记实准确，技术状态审核规范。

装备研制的产品保证工作中，技术状态管理成功的标志是：

（1）技术状态标识清楚：按照装备研制项目需求进行了有效的工作结构分解，选择确定了所有的技术状态项目以及描述该项目的技术状态文件，对技术状态项目和技术状态文件均进行了明确的定义与标识，建立了技术状态基线，所形成的描述产品技术状态基线的文件（如产品规范、设计图样、采购清单等）协调、统一、完整、正确，严格执行设计、生产文件的审签、颁发和归档制度，各阶段研制、试制、控制、检验和验收的依据充分唯一。

（2）技术状态控制有效：按照装备项目研制阶段、研制程序确定了技术状态基线（包括功能基线、分配基线和产品基线）并对其变更实施了有效控制；所有的技术状态更改均做到了“论证充分、试验验证、各方认可、审批完备、落实到位”，所有的更改状态均有效落实到相关文件中，并通过文件落实到相关产品中，做到文文相符、文实相符，更改及落实过程可追溯。

（3）技术状态记实准确：建立了装备信息管理系统和产品数据库管理系统（PDM），建立了成套技术资料管理制度和技术文件管理系统，制订了技术状态记实的报告制度与统计报表制度等，实现了对技术状态记实及相关活动的信息化管理和数据包管理。建立了装备技术状态记实的追踪索引，研制过程形成的所有技术文件、数据记录、更改信息、实物质量状态等均可追溯，并有安全技防措施。

（4）技术状态审核规范：建立了严格的装备研制的技术状态评审、审查和审核制度，针对装备研制确定的每一个技术状态项目，均根据研制节点安排，定期、分级组织了技术状态的清查、复查、审核和确认活动，并有明确的结论，装备各级产品设计定型/鉴定前安排的技术状态审核活动依据明确，程序严谨，过程规范，结论正确，得到用户认可。

5.2.2 产品保证路径：设计工程和专业工程综合

武器装备技术先进、结构复杂，功能性能要求高，作战使用综合性强，使用环境复杂、恶劣，其特有的高精度、大机动、快速度等作战使用特点，以及复杂的气候、动力、电磁等作战使用环境，决定了研制工作必须以装备综合效能为目标，统筹考虑装备的作战使命、任务剖面和环境剖面要求，综合运用各种工程技术与管理方法，并且加强管理，加强监督，以确保规定的所有质量特性要求的实现。

从整体而言，装备的质量特性表现为技术先进性和性能稳定性。装备技术先进性一般指专用特性的先进程度，用专用质量特性的技术指标来度量，靠一系列专用特性的设计、试验技术去实现。装备技术先进性具有活跃性、创新性和变革性的特点，是装备质量建设发展的根本要求。装备的性能稳定性是指装备在规定的技术状态和预期可变的使用条件下，持续保持规定功能的能力。性能稳定性用特性的波动范围、发挥功能的极限条件进行度量，靠一系列通用质量特性的设计、试验技术去实现。两者结合，决定了装备的综合效能。

装备设计分为传统专业设计和工程专业设计，本书将其分别称之为设计工程和专业工程。设计工程主要解决装备的功能、性能、结构等问题，实现装备的专用质量特性；专业工程主要解决装备的可靠性、安全性、环境适应性等问题，实现装备的通用质量特性。从装备效能的角度来讲，装备产品是设计工程和专业工程的综合效应，其中，设计工程决定了装备的技术能力（包括产品的功能、性能、结构等），即技术先进性；专业工程决定了装备技术能力的可靠实现和有效运行，即性能稳定性，两者综合即决定了装备的作战适用性，亦即装备的综合效能。只有借助设计过程与专业工程的综合，才能同时实现装备的技术先进性和性能稳定性，才能研制出满足装备作战适用性要求的、使用方能够接受的产品。两者缺一不可！由此看来，成功的项目管理，应该实现设计工程与专业工程的综合，因为产品保证涵盖了专业工程的所有技术领域，从这个角度而言，产品保证是实施专业工程综合，继而实现与设计工程综合的有效途径。反之亦然。图 5-3 给出了装备研制系统工程中的专业综合过程。

装备综合效能的基础是装备的实物质量，其决定性因素取决于装备的制造过程，因此，代表制造技术水平的工艺设计成为装备实物质量的基础。产品保证覆盖了工艺保证的要求，故此，本书对传统的专业工程领域进行了扩充，将工艺技术领域纳入专业工程范畴，将“设计的可生产性”纳入通用质量特性范畴，与可靠性、维修性、测试性、安全性、保障性、环境适应性等集成为一体，共同作为对设计的约束条件。从产品保证的策划而言，首先，将工艺技术综合到专业工程领域，再将专业工程技术综合到设计技术中，以此实现“两个综合”。

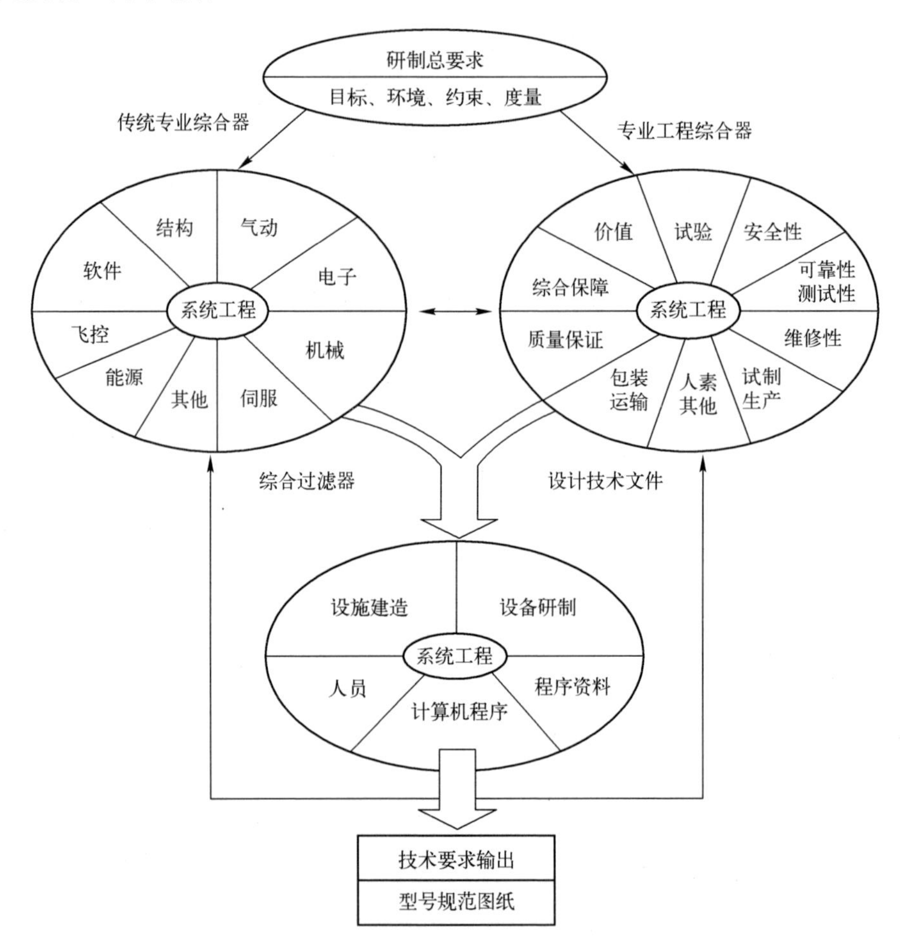

图 5-3　系统工程框架中的工程综合

产品保证对设计过程的支撑作用体现为在各专业工程中形成，并向设计提供的一系列设计准则、使用指南、优选手册、规范标准等，以及由此形成的一套设计、分析、试验和评价方法（或程序），诸如可靠性等通用质量特性设计准则、可生产性设计要求、元器件优选目录、材料限用手册、软件测试与验证规范等，实际构成一个知识工程和专家系统。产品保证对型号研制的要求，往往又以各类“专业工程大纲”的形式给出。按照系统工程的理论，专业工程要靠系统工程过程的综合才能注入设计工程并对其施加影响。唯有这样，才能保证产品的综合效能。为此，在产品保证的工程实践中，应及时、恰当地将专业工程与设计工程结合起来，确保专业工程对设计过程的要求得到及时传递和响应。

专业工程与设计工程的结合，还可以较好地解决设计工程化的问题，而设计工程与专业工程的同步进行，恰恰又体现了并行工程的管理思想，从而为实施型号研制的并行工程提供了途径。产品保证、专业工程综合、设计工程化、并行工程，其最终目标都是统一到在追求装备效能的前提下，以进度、质量、成本、服务（即 TQCS）的最佳组合，实现项目预定的需求。面临复杂装备工程普遍具有的时间紧、任务重的形势，以及研制与生产并行交叉、研制带交付的特点，实现专业工程和设计工程的综合更加显示出其必要性和迫切性。

5.2.3　产品保证基础：电子元器件、计算机软件、机械机构件质量控制

从组成产品技术状态的角度而言，电子元器件、计算机软件、机械机构件是构成产品功能状态、物理状态的基本单元，由此也成为决定产品功能、性能、质量与可靠性水平的关键因素。其中，计算机软件犹如产品的“大脑”，电子元器件犹如产品的“细胞”，机械机构件犹如产品的“骨架”，其对产品的重要性不言而喻。

武器装备研制的一个重要特征是：越来越多地采用电子技术、信息技术来实现产品的战术、技术性能和作战效能。以软件在装备研制中的应用为例，20 世纪 50 年代研制的 F-4 战斗机的机载软件为 2000 行源代码，执行的功能占全机功能的 8%；而 2005 年服役的 F-22 战斗机的机载软件达 196 万行源代码，执行的功能占全机功能的 80%；F-35 战斗机的机载软件长达 600 万行源代码。软件的可靠性已成为影响装备战备完好性和任务成功性的首要问题。

对于大多数军工科研院所而言，装备研制所面临的实际情况是：国产元器件、原材料、零部件的质量与可靠性风险不容低估，进口元器件（特别是微处理器件、接口器件、可编程器件等）供应受制于人，市场风险始终存在；软件工程是一个正在开发的技术与管理领域，软件研制能力（成熟度）相对较弱；机械结构的可靠性设计与分析工作相对电子产品起步较晚。这些决定了装备研制质量的基础单元、基础工作比较薄弱。为此，在狠抓装备研制质量的同时，必须按照风险管理和关键项目控制的原则，突出“三件”的设计控制和产品质量保证。具体做法是：

（1）从元器件保证的角度：通过编制元器件优选目录、设计准则、选用指南等，对设计工程提供技术支持，具体工作从狠抓元器件“四个清单”（选用清单，新研清单，关键件、重要件清单，破坏性物理分析（DPA）清单）的形成过程入手，统一元器件的质量等级要求，规范元器件的设计选用，控制元器

件的更改代用过程等。与此同时，按照元器件“统一选用、统一采购、统一监制验收、统一筛选复验、统一失效分析”的原则，强化元器件使用全过程的质量控制，特别是新研元器件的质量控制，重点突出元器件的检测筛选、失效分析和 DPA 工作，严格装机使用的质量要求、检验标准和验收程序，确保元器件的使用质量与可靠性。

（2）从软件保证的角度：按照软件工程的思路，组织软件产品在整个生存周期的各项技术与管理工作，具体工作从明确职责、强化培训、规范软件开发过程、增加软件开发的透明度入手，在全面推进需求分析、设计评审、文档编制、配置管理、测试验证等项工作的基础上，强化软件的“需求分析、配置管理、测试验证”三个环节的工作，开展软件的独立测试和第三方测试工作，开展嵌入式软件测试技术的研究和测试平台的开发，对软件开发过程提供测试与验证手段。

（3）从机械结构件保证的角度：在规范机械结构设计要求的基础上，以材料的性能分析和工艺试验为依据，突出结构的动力分析与静力试验，规范机械结构的可靠性设计、分析与试验工作，着重开展机械故障模式与影响分析、机械应力分析、环境适应性设计、可靠性试验、故障诊断、寿命预测等应用研究，形成适用有效的规范指南等。强化基础件、通用件、标准件及原材料等基础数据库建设，支撑相关的设计分析，规范机械结构件的设计选用工作。

5.2.4 产品保证组织：产品保证工作系统的建立

任何工作的有效展开，首要的是建立组织机构，配置专职人员，明确工作职责。建立产品保证工作系统，是落实装备产品保证各项工作的组织保证。国内装备研制组织体系的设置一般均采用“两总”形式，即型号行政指挥系统和型号技术指挥系统。此外，依据相关国防军工管理条例的要求，应在型号行政指挥系统下面设立型号质量师系统，或依托研制单位的质量管理部门，以开展型号研制过程的质量监督与管理工作；还应在型号设计师系统下面设立型号标准化、计量、可靠性等工作系统，以开展型号研制过程的标准化、计量、可靠性等技术管理工作。从企业的组织职能而言，一般上述各项业务领域均设有对口的业务归口管理部门，除了不可避免地会产生型号管理与行政管理之间的矛盾之外，更多地，还极易造成各业务部门各自为阵的状况，往往导致“政令不一、政出多门”，使型号研制工作和研制单位忙于应付，无所适从，从而降低了工作质量与效率。

分析产品保证所涵盖的工程技术领域，质量、计量、标准化、可靠性均属于支持装备产品实现过程的支持过程，均具有技术与管理的双重属性，因而属于技术监督体系的范畴。从技术角度而言，质量、计量、标准化、可靠性均属于支持研制过程的共性技术，属于专业工程的范畴。从管理角度而言，质量、计量、标准化、可靠性均具有工程管理的属性，均要实施对型号研制过程的监督、控制和支援。因而，以上四者属于工程技术与管理领域的“同类项”，完全有必要也有可能将其整合到一起，形成共性的技术与管理的“群体效应”，以实现“组织利益的最大化”。为此，项目组织结构的设置亦应以此为原则，按照“优化业务流程、提高运行效率”的要求整合管理关系，理顺工作渠道，以求提高组织的运行效率与效益。上述指导思想可以作为建立产品保证工作系统的基本原则。

鉴于国内装备研制已经普遍接受型号质量师系统的组织形式，故按照“以质量为中心、以标准为依据、以计量为手段”的技术监督方针，以及“型号研制的质量管理以可靠性为重点”的要求，在拓展型号研制质量管理内涵的前提之下，对型号质量师系统职能进行拓展，赋予其质量、计量、标准化、可靠性的专业支持与监督管理职能，以此构建产品保证工作系统，履行产品保证的工作职能，对型号研制实施“四位一体”的综合管理与技术保障。图 5-4 给出了按照质量、计量、标准化、可靠性“四位一体”形式构建的型号质量师系统组织架构。

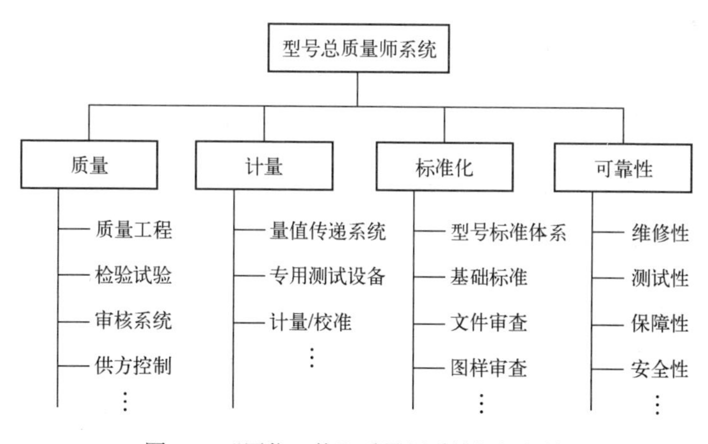

图 5-4　“四位一体”质量师系统组织架构

更进一步地，按照产品保证的思路，组建覆盖各专业工程领域（如可靠性、维修性、保障性等）和各共性技术领域（如元器件、软件工程、材料与工艺等）的产品保证组织，同时依托型号研制的协作、配套及组织管理关系，建立覆盖型号研制各单位的产品保证工作系统（或体系），实现真正意义上的产品保证领域的技术综合与管理综合，形成合力，协调运行，既有助于强化系统管理又便于实现技术集成，对于优化资源配置、提高运行效率等均具有十分重要的现实意义。

5.3 产品保证体系设置

工程系统工程的有效管理方法就是体系管理，即采用体系化的思路对工程过程实施管理。产品保证作为工程系统工程的子系统，同样存在体系化的管理需求。为此，需要立足于项目管理的需求，进行产品保证体系的构建与设计，以满足装备研制及产品保证工作的实际需求。

5.3.1 设置原则

基于项目管理制下的产品保证组织体系的设置，一般应遵循以下原则进行：

（1）目标性原则。产品保证组织体系设计的根本目的是产生组织功能，从而保证项目管理总目标的实现。由此，应依据目标管理的要求，对项目预定的总目标进行分解，确定项目实现中的产品保证目标，据此按照组织利益（包括效率）的最大化原则，建立产品保证的组织体系并确定其相应的组织功能。

（2）系统性原则。由于产品保证覆盖众多的技术领域，且从管理上属于一个开放式的系统，从管理目标、工作原则、信息沟通形式等方面是完全一致的。因此应以系统综合为原则，形成相互联系、相互融通的有机整体，使产品保证机构本身成为技术全面、专业配套的组织系统。

（3）协同性原则。产品保证既同属于共性技术的专业领域，又分属于不同的业务管理职能部门，为此，在项目运作过程中，既要形成合理的职能分工、权限划分和业务流程，又要统一到产品保证的总体目标上，以求协调、和谐地开展工作。

（4）优化原则。产品保证各专业的结合并形成体系，本身注定是一个技术资源和管理关系的优化过程，为此，一方面要在管理层次的设置上合理确定管理幅度，减少管理环节以求提高工作效率；另一方面要实现资源的合理配置，确保资源的优化组合和有效利用。

5.3.2 构成要素

依据 ISO 9000 质量管理体系标准，任何一个工作体系的运行，均离不开组织机构/职责、过程、程序和资源这四个要素，型号产品保证体系的建立和运行也遵循这样一个基本规律。其中，组织机构的设置是体系运行的基础，在依据项目运行要求，对组织机构进行设置以后，合理地配置工作岗位，规定岗位职责，就构成了项目运行的基本条件；过程定义（或规定）了项目运行所需开展的各项技术与管理活动；程序则规定了各项技术与管理活动的工作秩序；资源的提供则是机构运行、职责落实、过程展开、程序执行等各项工作的基本保证。

型号的产品保证体系是在型号总体单位的牵头组织下，依据型号各研制、配套单位现有的产品保证资源发展形成的。鉴于目前各军工企业和科研院所均已按照 ISO 9000 标准的要求建立了质量管理体系，为此，型号产品保证体系的建立和运行应该依托各单位现有的质量管理体系的基础进行。各研制及配套单位应该按照型号的项目管理要求，对本单位质量体系的组织结构、过程、程序和资源配置实施改进和完善，必要时拓展质量体系的内涵，整合质量体系资源，在此基础上，逐步形成适应型号研制要求的产品保证组织体系。具体有：

（1）在组织机构的设置上，将现分散于各部门的产品保证专业和职能集中统一，形成专业齐全配套的产品保证组织机构，从行政建制上对型号研制的产品保证工作给予保障。

（2）在过程的定义上，依据型号研制对产品保证提出的共性要求，进行产品保证各专业技术领域的工作结构分解，据此确定和选择产品保证的工作项目，定义产品保证的工作过程及其组织接口关系。特别地，要正确界定产品保证与型号研制过程之间的技术接口，使两者既形成合理的专业分工又达到及时的专业融合。

（3）在工作程序的建立上，按照现有质量体系文件进行补充，形成产品保证的文件体系，特别是要结合研制生产并行、研制带交付的实际工作状态，进行合理的流程设计，突出对“产品实现”过程的保证要求，突出各专业工程大纲的工作项目要求。需要指出的是，过程定义中所明确的产品保证项目一定要反映到“产品实现过程的策划”之中，以确保将其纳入型号研制计划，作为指令性的工作予以安排和检查考核。

（4）在资源的配置上，要依据既定的工作项目和流程，进行合理的资源配置，确保产品保证的运行在人员、设施、设备、经费等方面得到保证。特别地，要加强产品保证的手段建设，建立产品保证实验室，使之保持先进水平并能适应产品检验测试、试验验证等方面的要求，适应产品保证技术领域的发展趋势。

5.3.3　体系设计

依据项目系统工程模型的分解，产品保证作为项目管理的一个子系统，对型号研制过程起着至关重要的作用，实际属于共性技术支持与技术监督的一个分支系统。据此可进行产品保证的体系设计。

1. 组织机构

产品保证组织的建立，是开展型号研制及产品保证工作的首要条件。为此，应适应装备研制的组织体系设置要求，建立与之相适应的产品保证组织体系，确定型号产品保证工作运行所需要的组织模式和分层架构，以此形成满足型号产品保证各专业要求、覆盖产品实现过程的各层、各级责任体系和工作接口关系，为产品保证各项活动的有效运行，为产品保证目标的实现提供组织保证。

装备研制一般均为跨行业、跨单位的协同过程，产品保证既要覆盖研制各参研单位，从系统总体，到分系统、到单机设备等，又要覆盖研制产品，从装备系统到产品各组成层次，同时产品保证又要覆盖各专业技术领域，以上成为产品保证组织体系的设置原则。作为不失一般性的考虑，建立产品保证组织的基本原则是：

（1）适应装备研制及组织管理要求；

（2）与装备研制其他组织体系的协调运行；

（3）融入产品保证各专业技术领域；

（4）覆盖装备研制的各层次产品。

产品保证组织是型号工程技术队伍的重要组成部分，产品保证实际是构建一个共性的技术与管理平台。为适应复杂工程项目的研制及管理要求，我国航天系统借鉴国外先进的产品保证模式，建立型号产品保证工作系统，解决了型号产品保证工作的组织落实问题，为国防军工产品保证组织建设提供了良好的工程范例。作为示例，图 5-5 给出了航天系统产品保证的组织机构。

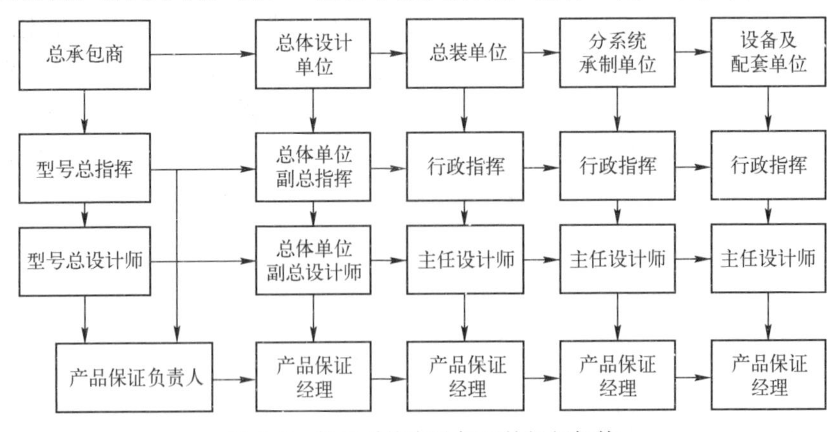

图 5-5　航天系统产品保证的组织机构

随着装备跨越式发展需求的牵引，国防科技工业科研院所的产业规模日渐扩大，科研生产任务急剧增加，多项目研制生产并举、多项目运行管理已成常态，项目群的管理日渐显示其重要性。多项目研制带来的直接矛盾表现为资源的冲突，尤其表现为对技术资源的竞争。产品保证作为服务于多项目研制的技术资源，几乎覆盖了装备研制的所有共性技术领域，从而显得更为重要而迫切，因此，有必要也有可能通过适当的组织方式，整合产品保证资源，建成能同时满足多项目运行的共性技术与管理平台，以求缓解多项目运行对产品保证需求的矛盾，同时又能打通型号之间的技术壁垒，实现资源共享，技术互补，为项目群的研制工作提供技术支撑。图 5-6 给出了一个较为理想的企业级的产品保证组织机构。

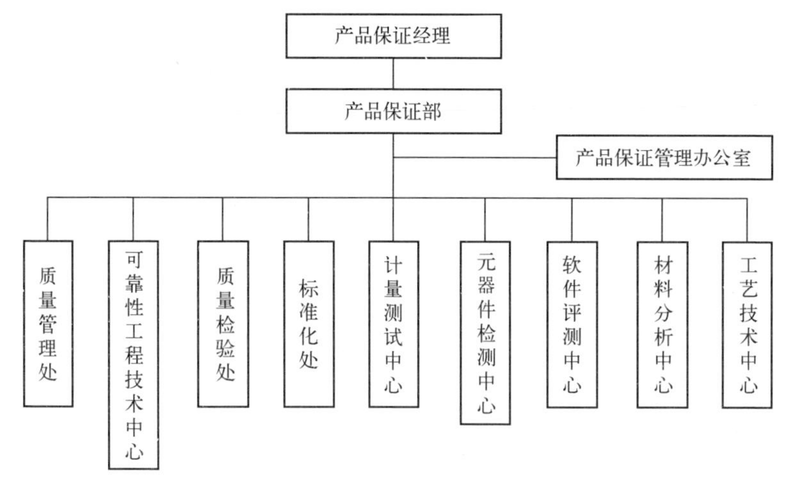

图 5-6　企业级的产品保证组织机构

2．职能分解

保证装备战术技术要求在所定义的产品层次上均能有效实现，是产品保证的终极目标，是装备研制单位及研制全线各层、各级的共同的责任和义务。为此，应对装备研制的产品保证职能进行有效分解，建立型号研制各层、各级、各岗位的产品保证责任制，以此形成覆盖型号研制全线的、自上而下的产品保证责任体系，确保产品保证的各项工作得到有效落实。

产品保证职能的分解一般要落实到三个层面：①型号组织体系，即根据装备研制要求组建的型号“两总”系统，包括型号行政指挥系统、型号设计师系统、工艺师系统、质量师系统以及产品保证工作系统等；②研制单位，特别是总体单位与研制工作相关的业务部门，如科技研发部、质量管理部、人力资源部、财务部等；③产品保证各相关专业技术机构，如可靠性工程技术中心、软件评测中心、元器件检测中心、检验与试验中心等。以上三者构成一个复杂的产品保证工作群体，应准确界定各方职能，建立责任矩阵，明确工作接口，厘清管理关系，以形成职能互补、专业互通、管理协调、运行高效的工作模式。

装备研制产品保证职能的分配，与型号组织体系及企业内部业务部门的设置密切相关，且服从于项目管理的要求，两者构成矩阵式的管理关系。作为示例，按照图 3-3 构建的项目系统工程模型，可从项目管理、工程研制、产品保证三个维度，对型号“两总”系统、型号产品保证组织、有关业务部门的相关职能进行分配。表 5-2 以某型装备研制为例，给出了一种职能分配结果。

表 5-2　型号组织体系职能分配表

型号工作项目		型号组织体系														
		型号行政总指挥	型号总设计师	型号总工艺师	型号总质量师	型号设计师系统	型号工艺师系统	型号质量师系统	生产部门	物资部门	计划部门	财务部门	人事部门	设备部门	技改部门	型号办公室
项目管理	项目界定	★	△	△	△	○	○	○	○	○	△	○	○	○	△	★
	计划管理	★	△	△	△	○	○	○	○	○	△	○	○	○	△	★
	人力资源管理	★	△	△	△	○	○	○	△	○	○	○	★	○	○	△
	质量管理	△	△	△	★	○	○	★	△	△	○	○	○	○	○	△
	经费管理	★	△	△	△	○	○	○	△	△	△	△	○	△	△	★
	技术改造	△	△	★	△	○	○	○	△	○	○	△	○	△	★	△
	信息管理	★	△	△	△	△	△	△	△	△	△	△	△	△	△	★
	采购管理	★	○	○	○	○	○	○	△	★	○	△	○	○	○	△
	风险管理	★	△	△	△	△	△	△	△	△	△	△	△	△	△	★
	综合管理	★	△	△	△	○	○	○	○	○	○	○	○	○	○	★
工程研制	设计开发策划	△	★	△	△	★	△	△	△	△	△	△	○	○	△	△
	产品要求确定	△	★	△	△	★	△	△	○	○	○	○	○	○	○	△
	产品设计	△	★	△	△	★	△	△	○	○	○	○	○	○	○	○
	工艺设计	△	△	★	△	△	★	△	○	○	○	○	○	○	○	○
	产品试制	△	△	★	△	△	△	○	★	○	○	○	○	○	○	○
	试验验证	△	★	○	△	★	△	○	○	○	○	○	○	○	○	△
	设计定型	△	★	○	△	△	△	○	○	○	○	○	○	○	○	★
产品保证	可靠性保证	○	★	△	△	★	△	○	○	○	○	○	○	○	○	○
	维修性保证	○	★	△	△	★	△	○	○	○	○	○	○	○	○	○
	安全性保证	○	★	△	△	★	△	○	○	○	○	○	○	○	○	○
	软件保证	○	★	△	△	★	○	○	○	○	○	○	○	△	○	○
	元器件保证	○	△	△	★	△	○	★	○	△	○	○	○	○	○	○
	材料与机械零件保证	○	△	△	★	△	△	★	○	△	○	○	○	○	○	○
	工艺保证	○	△	★	△	△	★	△	○	△	○	○	○	○	○	○
	质量保证	△	△	△	★	△	△	★	○	△	○	○	○	△	△	△
	产品保证管理	△	△	△	★	△	△	★	○	○	○	○	○	○	○	△

注：“★”表示负责；“△”表示配合；“○”表示参与。

需要指出的是，职能分解是一个自顶向下的过程。重要的是，首先，应确定型号总指挥、型号总设计师的工作职责，并由此建立和形成覆盖各层、各级的责任体系；其次，责任体系的建立应贯彻目标牵引的原则，即由职能分配所建立的责任体系应覆盖产品保证的目标体系。为此，在建立产品保证目标体系的基础上，可由目标确定项目，由项目选择过程，由过程界定职责，由职责落实部门或岗位，最终在完成对产品保证目标展开的同时，完成对产品保证职能的展开，据此确认与产品保证活动相关的责任领导、责任部门、协助部门和参与部门。

在进行组织职能分解、确定岗位职责和权限时，必须保证在充分授权的前提下，形成责、权、利的统一体，尤其是对产品保证职能与职责的授权，以确保其能够有效履行所分配的工作职能。另外，要充分考虑到职能之间的组织接口和管理关系，使之界面清晰、责任明确、过程通畅、管理协调，从而避免不必要的推诿扯皮。

3．过程界定

鉴于产品保证体系是在质量管理体系基础上建立的，其性质可以界定为项目管理体制下的广义质量保证体系。所以，产品保证过程应与质量管理体系过程融为一体，通过质量管理体系过程渗透到产品实现的全过程中。或者说，在质量管理体系规定的产品实现流程中，融入产品保证的要求，并且统一到型号项目管理的要求之下。型号产品保证过程的确定必须考虑到这一实际情况。

产品保证过程的确定也是一个从大到小、从粗到细的分解过程。首先，按照参考文献[10]所定义的范围，产品保证过程可分解为可靠性保证、维修性保证、安全性保证、元器件保证、软件保证、材料、机械零件与工艺保证等八大过程。进一步地，以上八大过程又可从技术与管理两个维度对其进行工作结构分解，确定子过程和过程活动，如此继续，其对应的工作项目及其主要工作内容已在第 4 章中给予叙述。以产品质量保证活动为例，典型的工作项目（活动）有：

（1）评审：为确定被评审对象是否达到规定要求，通过第二方或第三方所进行的复核、审查或评价活动。例如设计评审、转阶段评审、大型试验进场前评审、质量体系管理评审等。

（2）审核：对相关活动是否符合规定要求进行独立检查、做出符合性评价并形成文件的过程。例如产品质量审核、技术状态审核等。审核又分内部审核、外部审核，外部审核又分第二方审核、第三方审核。

（3）验证：通过提供客观证据证明规定的要求已得到满足的认定过程。验证可以通过多种方法实现，以设计验证为例，一般采用分析计算、仿真、试验的方法进行。

（4）鉴定：证实产品或过程能满足规定要求并给出结论的过程。例如产品设计鉴定、工艺鉴定、首件鉴定等。

（5）检验：通过观察和判断，适当时结合测量、试验所进行的符合性评价过程。以产品检验为例，检验又可分为进货检验、工序检验和最终产品检验等。

（6）校准：在规定条件下，为确定监视与测量装置（包括测量仪器仪表、实物量具、专用测试设备系统等）所示量值与对应的测量标准所复现量值之间关系的作业过程。

（7）质量问题归零：对已发生的质量问题，从技术、管理两个维度分析产生的原因、机理，并采取预防措施或纠正措施以避免问题重复发生的活动。质量问题归零一般分为技术归零、管理归零。

应予密切关注的是，在对产品保证过程进行工作结构分解时，一定要贯彻需求牵引的原则，以“保持过程运行的独立功能”为原则，适度掌握过程分解的颗粒度，避免因过程界面造成的工作障碍，减少过程运行可能产生的效率损失。应在准确识别产品保证需求的基础上，明确产品保证工作项目，进行产品保证项目的过程分解，建立产品保证的运行过程，界定过程属性，规定过程的输入、输出形态，规定过程的运行管理要求，前者表现为过程的实体产品，后者表现为过程信息。进一步地，过程结果是通过过程作业产生的，为此，对每一个过程要分解作业活动，规定作业项目、作业要求及控制要求。解决做什么、怎么做、怎么管的问题，以此保证产品保证要求层层落实，直到实际作业岗位。

4．文件体系

型号的产品保证工作应该依据相关的文件规定执行，只有这样，产品保证工作才能规范有序地进行。鉴于产品保证活动本身所具有的内在联系，相应的产品保证文件也应形成体系，以满足不同领域、不同层次、不同阶段状态下的工作要求。按照通常的文件体系要求，产品保证的文件体系一般包括图 5-7 所示的三个层次，其中：

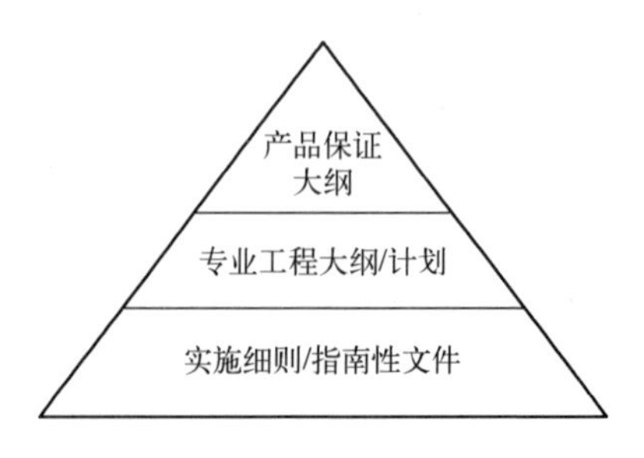

图 5-7　产品保证的文件体系

（1）产品保证大纲。产品保证大纲是产品保证的纲领性文件，是对产品保证工作的总体描述，是产品保证策略的体现，也是实施控制和管理的依据。如前所述，产品保证大纲应对产品保证的方针与目标进行规定，对产品保证的相关人员和部门的职责、权限和相互关系进行界定，对产品保证的工作项目和要求进行规定。

（2）专业工程大纲/计划。专业工程大纲/计划的编制一方面应体现研制工作说明中提出的各专业工程要求；另一方面应依据产品保证大纲提出的管理原则和要求，对相关技术领域的产品保证工作提出规定。

（3）实施细则/指南性文件。实施细则/指南性文件泛指产品保证各专业工程领域中提出的技术规范和管理要求，这方面的文件恰恰反映了产品保证相关技术领域中积累的知识和经验，对设计过程提供的技术支持等。

产品保证文件是开展产品保证活动的依据，文件的编制过程实际就是对产品保证体系进行总体策划和详细设计的过程，因此必须予以充分重视，按照既定的项目管理要求和产品保证原则进行编制。应该注意的是：

（1）产品保证的规范性。产品保证是规范性很强的工作，很多技术与管理工作均需要以贯彻相关法律、法规、标准为原则。为此，在进行产品保证顶层文件的策划和编制工作时，要系统识别和梳理产品保证各专业技术领域需要执行的相关法规标准，形成采标目录，建立规范体系树。有些产品保证顶层文件可直接采用或引用相关文件标准。

（2）产品保证的专业性。产品保证是为各产品层次提供的专业技术活动，为此，应针对产品特点、产品实现及对各相关专业技术领域的需求进行分解，提出文件要求。一般可从专业维度、产品维度、过程维度，对产品保证工作进行三维结构分解，据此建立产品保证的文件体系。

（3）产品保证的实操性。产品保证过程对文件要求有很强的指导性和操作性，需要结合产品设计、制造、检验特点，细化相关工作要求，明确相关作业要求、控制要求和记录要求（包括数据包要求），编制有针对性的作业文件和记录模板，以此规范和指导实际工作，并保持工作的可追溯性。以设计为例，经常需要制定的作业层面的技术与管理文件有：①结构、电气设计规范/设计手册；②新技术、新器材、新工艺应用管理规定；③金属、非金属材料选用指南；④标准件选用范围，标准件建模规定，新型标准件研制管理规定；⑤电子元器件优选目录；⑥三维建模规范；⑦软件编码规范；⑧设计评审管理规定；⑨设计质量复查要求。

应规定的记录要求包括：①技术协调/通知单；②设计更改单；③元器件超目录审批记录；④可靠性设计准则符合性检查表；⑤技术状态审核报告；⑥不合格品审理单；⑦ FRACAS 报告表、分析与纠正措施表。

5．资源配置

任何产品保证活动的实施，都需建立在一定的资源配置的基础之上。产品保证体系运行所需的资源包括人力资源、基础设施与设备、财务资源、监视与测量资源、信息资源等。各类资源对产品保证体系的运行及其工作效果的重要性不言而喻。这里需要明确的是：

（1）产品保证属于经验型的技术与管理领域，人力资源的配备和有效利用应充分兼顾到这一特点。举例而言，产品保证中的质量工程师的配备，必须考虑指派具有丰富实践经验和工程背景且具有一定组织协调能力的专业人员担任，非一般新毕业的大学生所能胜任；产品保证各相关专业技术领域的主任质量师（如软件工程、元器件、材料工艺等）均需由相应的专业人员担任；另外，应充分考虑和利用国内同行专家的作用，必要时建立型号的专业咨询委员会，聘请资深型专家担任专业顾问，以此形成“内外结合、博采众长”的产品保证专业技术队伍和专家群体。

（2）信息作为一项重要的资源日渐显示出它的应用价值，对于产品保证而言，国防军工相关条例、标准和规定，专业工程各技术领域形成的技术规范、设计准则等，以及同类型号的知识和经验均是宝贵的信息资源，应予充分借鉴和利用。要建立装备研制过程的信息管理制度，规范信息的收集、贮存、分析、处理及传递等工作流程，打通信息共享渠道，确保信息资源得到充分共享和利用。

（3）通过型号技术改造项目的拉动，在现有质量保证实验室监视与测量资源的基础上统筹规划、协调发展，进一步改进和提高实验室技术实力和管理能力，建成规模适宜、专业配套、功能先进、操作方便的产品保证实验室。实验室技术能力应该包括检验测试、计量校准、理化分析、可靠性与环境试验、元器件检测、软件评测等；实验室条件建设应该按照“先进性、适用性、经济性、溯源性”的原则，朝着系统、综合、动态、自动化的方向过渡；实验室管理模式应与国际标准接轨，努力创造条件，通过实验室认可。

5.4 产品保证大纲：工作项目和要求

产品保证大纲是指导和规范型号研制全过程产品保证工作的纲领性文件，用以规定型号研制中的产品保证工作的基本原则、工作项目和工作要求。产品保证大纲的编制与形成过程，实际体现了对产品保证工作的顶层策划和组织设计过程。在进行产品保证策划、确定产品保证工作项目和工作要求时，应该充分考虑以下原则：

（1）目标管理原则：产品保证工作的展开必须围绕既定的项目目标展开，因此，应针对特定的项目目标，制定切实可行的产品保证目标，并且在相应的专业领域和管理层次上展开。应该注意的是，所制定的目标应该反映项目管理的要求，同时具有一定的挑战性，并且是可测量的。

（2）系统策划原则：产品保证体系是由组织机构与职责、过程、程序和资源这“四要素”构成的有机整体，因此，应在项目目标的指引下，进行系统地策划，准确界定产品保证工作对上述“四要素”的需求，合理分配资源，确保产品保证在系统管理和运行上的最优效果。

（3）风险控制原则：产品保证项目的确定和措施的选择应该贯彻“风险控制”的原则，在对型号研制过程组织“风险分析”的前提下，识别并确认对研制工作有关键、重要影响的产品保证项目或过程，以求采用成熟的技术和保证措施，力求降低研制风险。相关的风险分析要求和管理措施应在大纲中给予明确。

（4）经济有效原则：每一项产品保证活动的展开都意味着经费的投入，因此必须考虑在有限经费约束的条件下，按费用效益的原则合理选择或合并工作项目，优化工作程序。对规定项目的裁减应予慎重，在缺乏经验、选择项目比较困难的前提下，应依据“最少、有效”的原则，确定产品保证最低可接收限度的工作项目要求。

（5）权力制衡原则：在机构的设置、职能的分配、职责权限的赋予及其相互关系等方面，都应考虑应用权利制衡的原则，以求建立起有效的监督与约束机制，保证研制工作的规范有序，特别地，要确保产品保证工作系统及相关人员能够独立自主地开展工作，相关的监督、管理与控制职能得到有效的执行。

依据上述原则，产品保证大纲应该针对特定的项目和要求，在规定产品保证工作目标、工作原则的前提下，准确界定产品保证的工作项目、工作内容和工作要求等，提出为实现规定目标所需的资源。产品保证工作项目和工作内容的确定，应该遵从所确定的产品保证的基本原则，围绕产品的技术状态管理主线展开，突出专业工程与设计工程的综合要求，突出对“电子元器件、计算机软件、机械结构件”的控制要求，突出“四位一体”的组织体系要求。

【示例】某型装备研制质量保证大纲编制

某型装备研制工作在开展型号质量策划、编制型号质量保证大纲时，借鉴了产品保证的工作模式，在贯彻装备使用方上级机关要求、国防军工质量管理相关法规标准要求的基础上，融入了产品保证的工作内容和要求。具体采用“A+B”的管理模式，其中 A 项基于质量管理体系标准规定的管理要素，系统提出了型号质量管理的相关要求，B 项结合型号研制特点和战技指标实现需求，基于风险控制，补充了产品保证各相关工作要求，形成了指导型号研制质量保证及产品保证的纲领性文件。考虑到当初普遍认可的型号质量保证的提法，该大纲仍以型号质量保证大纲冠名，工作分解结构（WBS）如表 5-3 所列，其主要特点是：

表 5-3　某型装备研制质量保证大纲工作分解结构（WBS）

一级	二级	三级
质量保证大纲	质量方针与目标	质量方针 质量目标
	质量工作原则	
	组织结构与职责	型号行政指挥系统 型号设计师系统 型号工艺师系统 型号质量师系统（含型号标准化、可靠性、计量工作系统） 型号材料与工艺专业技术组 型号电子元器件、成件专业技术组 计算机软件专业技术组 型号技术状态管理委员会（CCB） 型号故障审查委员会（FRB） 型号不合格品审理委员会（MRB） 型号项目管理办公室
	工作大纲要求	质量保证大纲 标准化大纲 计量保证大纲 可靠性维修性测试性大纲 综合保障大纲 环境工程大纲 电磁兼容性大纲 元器件大纲 新研元器件质量与可靠性管理规定 软件工程化大纲 软件质量与可靠性管理规定 工艺总方案 工艺标准化综合要求
	工作要求	需求分析 方案设计与优化 特性分析 可靠性、维修性、测试性设计控制

续表

一级	二级	三级
质量保证大纲	工作要求	安全性设计控制 综合保障与保障资源设计控制 新技术、新器材、新工艺、新设备选择与使用控制 关键项目识别与控制 工艺设计控制 电子元器件选用控制 标准通用零部件选用要求 软件工程化设计控制要求 采购与外包控制 技术资料控制 试制过程控制 试验过程控制 技术状态管理 检验控制 不合格品控制 FRACAS 与质量问题归零 计量控制 质量与可靠性信息管理 培训 质量监督与审核

（1）工作目标：规定了型号研制的质量方针和质量目标。具体为：坚持“质量第一、预防为主”的研制方针，对研制全过程实施有效的质量控制与产品保证，确保实现研制任务书规定的战术技术指标，确保型号研制任务一次成功。

（2）组织体系设置：贯彻型号“两总”系统建设要求，建立型号行政指挥系统、型号技术指挥系统，其中技术指挥系统包括型号设计师系统、型号工艺师系统、型号质量师系统。在型号设计师系统下，设置型号可靠性、计量、标准化工作系统，并与质量师系统形成“四位一体”的组织体系，对型号研制过程提供产品保证的专业技术支持。

（3）质量职责分配：按照质量策划、质量形成、质量验证的要求，分别提出并明确了型号行政指挥系统、设计师系统、工艺师系统、质量师系统的质量职责，特别强调了型号总指挥、型号总师的质量职责。具体为：

✧ 型号总指挥对型号研制质量全面负责，通过对型号行政指挥系统、设计师系统、工艺师系统和质量师系统的集中统一领导，从计划决策、指挥协调、组织管理和资源配备等方面保证本大纲的有效实施。

✧ 型号总设计师对型号设计质量负责，通过对型号设计师系统的有效组织，使大纲规定的各项要求，以及相应的质量标准和设计、试验规范，在型号研制的各个阶段得到有效贯彻执行。

✧ 型号总工艺师对工艺设计质量负责，通过对型号工艺师系统的有效组织，使大纲规定的各项要求，以及相应的质量标准和工艺规范，在型号工艺设计开发过程中得到有效贯彻执行。

✧ 型号总质量师对型号质量策划及研制过程质量保证工作的有效性负责，通过对本大纲执行情况的检查，通过组织相应的技术管理与质量保证工作，对型号研制全过程实施质量监督、控制和支援。

（4）顶层文件编制：作为对本大纲的支持性文件，提出了编制标准化、计量、可靠性、维修性、测试性、安全性、环境适应性、综合保障等专业工程大纲，以及元器件、软件、材料与工艺等质量与可靠性管理规定等文件的要求，形成了覆盖产品保证各专业技术领域的顶层文件体系。

（5）工作项目界定：在规定相关工作项目的前提下，按照质量管理体系过程及相关工作要素，确定了型号各阶段的质量保证活动及要求。以设计控制为例，拓展了元器件、软件、可靠性、维修性、综合保障、技术状态管理等专业要求，体现了产品保证要求在型号研制及质量管理中的具体应用。大纲还提出了针对产品保证活动，编制相关设计准则、选用手册、实施指南等规范类文件的要求，以此作为开展产品保证活动的依据性文件。

5.5 产品保证关键项目控制

产品保证活动伴随型号的整个研制过程，涉及的专业技术领域众多，技术与管理并重，方法与手段各异，把握关键因素、关键项目的管理至关重要。按照基于“风险管理”的思维，以及质量管理的“二八原则”，在实际的产品保证活动中，可根据研制进程、管理需要，从技术成熟度、影响权重等方面考虑，选择关键项目并实施重点控制。确定关键控制项目的原则是：

（1）决定设计输入的项目：如通用质量特性定性、定量要求，元器件设计选用，软件需求规格说明等；

（2）验证设计输出的项目：如产品可靠性仿真试验，新研元器件应用验证，软件测试验收，产品质量评审等；

（3）影响过程质量的项目：如关键、重要特性识别，软件配置管理，工序质量控制等；

（4）证明设计符合性的项目：如产品技术状态审核，设计工艺性审查，可靠性设计准则符合性审查，元器件选用符合性检查等。

某型号工程在实施产品保证活动中确定的关键控制项目如表 5-4 所列。

表5-4 产品保证关键项目一览表

产品保证管理	通用质量特性保证	元器件保证	软件保证	材料机械零件与工艺保证	质量保证
产品保证大纲 产品保证规范体系 技术状态管理 评审验证与确认 审核和报告 纠正预防措施 供方控制 FRACAS	通用质量特性大纲与计划 设计准则 符合性检查 建模预计分配 FME(C)A FTA 关键项目控制 ESS 可靠性研制试验 设计评估 鉴定试验	元器件大纲 优选目录选用控制原则 选用清单 新研清单 关键/重要清单 DPA清单 失效分析	软件工程化大纲 需求分析 软件FMEA 文档控制 评审与审查 配置管理 软件测试 软件验收 SFRACAS	工艺总方案 工艺设计准则 材料手册 设计工艺性审查 工艺装备设计 理化分析 工艺评审 工艺验证试验 关键过程控制 特殊过程控制	质量保证大纲 文件资料控制 设计质量控制 试制控制 试验控制 采购控制 供方评价 产品检验试验 计量保证 不合格品控制 过程审核 质量复查 产品质量评审 故障归零

5.6 产品保证实施要点

装备研制产品保证工作的实施要点是：以实现型号研制总要求、保证产品质量为目标，以项目管理为平台，以质量管理体系为依托，通过建立型号产品保证组织体系，统一型号研制的技术与管理要求，配备检验检测、分析评估、试验验证、软件评测、计量校准等设备和手段，指派通用质量特性、元器件、软件、材料机械零件与工艺、质量工程技术等方面的专家等形式，对装备研制过程、产品实现过程，特别是对设计过程提供专业的技术支持和权威的监督管理，从而为型号研制、项目管理及风险决策等提供依据。表5-5以表格形式，对产品保证工作的实施要点进行了总结。

表5-5 某型装备产品保证实施要点

实施要点	工作内容
建立体系	以型号质量师系统的组织形式为依托，建立质量、计量、标准化、可靠性“四位一体”产品保证组织体系
统一标准	制定质量保证大纲、标准化大纲等，统一型号研制及管理的各项工作要求和标准
配备手段	建立元器件检测、软件测试、材料理化分析、可靠性与环境试验、测试校准等产品保证实验室，配置检验、计量、测试分析等手段
指派专家	成立技术咨询委员会、元器件、软件、材料与工艺专业技术组，任命各专业主任设计师、主任质量师，建立产品保证专家队伍
实施支援	制定各类设计准则、指南、规范、标准等，对型号研制过程提供专业技术支援，开展各类评审、验证、审核等活动
提供依据	通过产品保证的各项技术与管理活动（如评审、审核、质量复查、FRACAS等），为型号研制决策提供依据

第 6 章

装备研制产品保证组织体系设置

项目组织体系是项目运作的基础条件，没有组织体系，项目运行与实施就无法保证。项目组织体系的设置，应根据项目运行的实际需要，考虑项目管理的具体要求进行。一般而言，项目规模越大、业务关系越复杂，项目组织体系的设置也越复杂，要求也越高。武器装备的研制一般均为跨行业、跨单位的大型、复杂工程研制项目，装备研制队伍建设、装备组织体系设置是装备研制的组织保证，也是装备研制系统工程管理的基础，直接影响到装备研制项目运行的质量、效率和效益，决定了装备研制的成功与否。

产品保证组织体系是装备研制队伍的组成部分。其组织体系设置应纳入装备组织体系策划、运行和管理范畴。依据系统工程的管理要求，项目组织体系的设置应以实现“组织利益的最大化”为原则，其目标是对既定的工程项目达到设计最优和管理最优。产品保证组织体系的设置也遵从这一组织原则：一方面服从及服务于项目管理的要求；另一方面根据自身专业领域跨度较大、系统运行复杂的特点，合理设置组织结构，规定业务流程，以努力追求系统整体优化和工程技术综合的最佳效果。

6.1 相关法规标准对型号组织体系的设置要求

我国国防装备研制组织体系的设置可以追溯到钱学森提出的系统工程管理。按照系统工程的管理要求，任何工程项目的研制目标是要达到“两个最优”，即工程设计最优和工程管理最优。项目组织体系必须适应这两个最优，围绕工程设计与工程管理展开相关工作，从而达到系统整体最优的目标。装备型号“两总”系统即为适应工程项目最优设计和最优管理所设置的组织形式，通过建立型号行政指挥系统和型号技术指挥系统，实施“双责制”，分别对装备研制的管理过程和技术过程实施有效的指挥、协调和控制，最终通过项目综合管理实现装备研制的整体目标。“两总”系统已被实践证明是一种成功有效的组织体系模式。

装备型号“两总”组织形式首先在航天系统得到践行，其后陆续被国防军工行业所接受。1984 年，国务院、中央军委发布了《武器装备研制设计师系统和行政指挥系统工作条例》及《关于武器装备研制设计师系统和行政指挥系统工作条例实施中若干问题的规定》，明确在国家立项的重大型号研制工作中，建立型号技术指挥系统和行政指挥系统的规定要求。同时，也明确了按型号特点设立型号总质量师或质量保证组织型号负责人相关规定。《条例》还明确规定了型号各系统的相关职责、任务、权限及工作原则和工作关系。

为在装备型号研制工作中，进一步规范和加强型号标准化、计量、可靠性等领域的技术与管理工作，原国防科工委还陆续制定和发布了相关的法令文件或条例，提出了在型号设计师系统内，设置型号标准化、计量、可靠性工作系统的要求，在型号总设计师的领导下开展工作，以确保型号研制工作能准确、有效地贯彻执行相关工作要求。在《武器装备研制生产标准化工作规定》中，提出了建立型号标准化工作系统的要求；在《国防科工委关于加强武器装备研制阶段可靠性工作的若干意见》中，提出了建立可靠性工作系统的要求，在《国防计量监督管理条例》中，则明确提出了设置型号计量师系统的要求。

型号“两总”系统及相关型号组织体系的设置，在其后发布的国防军工一系列法规文件中得到进一步的明确规定，特别是针对跨行业、跨单位的武器装备研制工作，明确指出：型号行政指挥系统、设计师系统和质量师系统负责落实研制立项、研制总要求和研制生产合同中的质量要求。其中，行政指挥系统负责型号质量工作的组织、计划、协调和资源保证，行政总指挥是型号质量的直接责任人，对本型号质量负责。型号设计师系统对产品的设计、试验质量负责。型号可靠性工作系统，负责制定、实施型号可靠性、维修性、保障性、测试性、安全性大纲和工作计划。型号质量师系统在行政指挥系统的领导下，开展型号质量工作的策划，负责制定型号质量保证大纲，在实施过程中进行监督并提供技术支持。

综合上述国防军工相关法规条例要求，型号研制组织体系的设置架构应如图 6-1 所示。

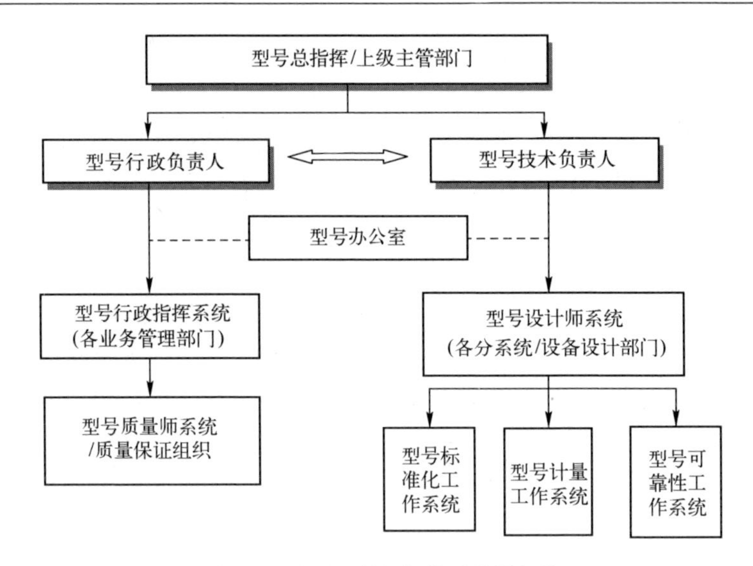

图 6-1　型号研制组织体系设置架构

6.2　装备型号组织体系设置现状

目前，各军工集团在装备研制型号中，一般均遵循上述介绍的型号组织体系架构建立型号“两总”系统，任命型号行政总指挥和型号总设计师，建立型号的行政指挥线和技术指挥线，明确两线的各方责任，以此实施装备型号研制工作的“双责制”。与此同时，任命型号总质量师，建立型号质量师系统或相应的质量保证组织，并明确其相应的型号质量工作职责；型号标准化、计量、可靠性工作系统的设置则在某些型号中得到贯彻，但也有相当型号没有单独设立以上组织体系，而将标准化、可靠性工作职能化解到设计师系统，将计量工作职能合并到质量师系统内。

型号组织体系策划一般由型号总体单位牵头组织，根据型号研制及配套的实际情况，提出型号行政指挥系统和技术指挥系统的组建方案，型号行政总指挥、型号总设计师等人选，报请上级机关审查批准。一般型号行政总指挥、型号总设计师、型号总质量师等相关负责人由上级机关装备主管部门行文任命，装备型号研制总体单位则发文任命其他各层、各级的“两总”系统人员，如型号副总指挥、副总设计师、各级产品主任设计师等。

根据质量管理体系要求，装备承制单位还应建立相应的质量保证机构，以适应型号研制要求，一般包括型号技术状态管理委员会（CCB）、故障审查委员会（FRB）、不合格品审理委员会（MRB）。另外，根据型号实际需要，视情建立型号软件、元器件、原材料等专业组，或指定技术支持机构。至此，形成一个覆盖装备型号总体、分系统、单机设备、部组件等各级产品研制配套单位，覆盖型号研制、生产到质量保证，覆盖型号工程技术到研制项目管理的结构完整、业务齐全、专业配套、分工明确的型号组织体系。

6.2.1 型号行政指挥系统

装备型号行政指挥系统是研制工作中的行政组织者和指挥者。一般按照项目管理的要求，将涉及型号研制管理的相关组织层次与业务职能集成为一体，形成型号的行政管理线，负责型号研制工作中各相关业务的管理和保障等工作，在策划、组织、协调和资源提供等方面，对型号研制工作予以保证。

装备型号研制工作，首先要任命型号行政总指挥，对其承担的型号研制工作、研制目标（包括质量目标）的实现全面负责，各级行政指挥通常由参研单位的行政负责人或指定的行政主管担任，对本单位产品的研制工作及研制质量全面负责。另外，为加强大型复杂型号的经济管理与调度控制，通常还在型号行政总指挥之下设立总调度长、总会计师，要从型号研制的计划管理和经济运行方面实施管理与控制。

装备型号行政指挥系统应覆盖项目管理要素所涉及的各相关业务部门，一般由装备各级产品研制单位的科研、生产、计划、技改、财务、物资、质量以及综合管理等业务部门组成，自上而下形成金字塔形的系统组织管理体系架构，如图 6-2 所示。

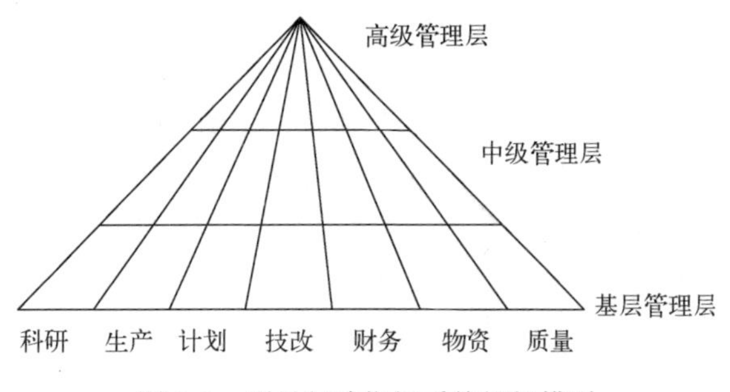

图 6-2　型号行政指挥系统组织模型

型号行政指挥系统的主要职责是：

（1）确定研制任务的组织分工，对研制工作实施全面策划、组织管理、协调控制和评价；

（2）制订发布型号研制计划，包括支撑和保障型号研制工作的其他各类工作计划（如财务、人力资源等），并组织实施；

（3）组织型号研制协作配套体系，监督检查和评价各参研单位工作；

（4）按照型号工程管理渠道，提供实施过程中的人、财、物等保障条件；

（5）制订和实施型号研制保障及技术改造计划，保障项目实施；

（6）组织研制经费论证，对研制经费进行分解和控制；

（7）对型号工程及研制过程进行日常调度、指挥，协调进度安排；

（8）保障型号设计师系统技术决策的贯彻落实。

值得提出的是，型号行政指挥系统的建立应该贯彻“职能归口、层次管理”的原则，以求在管理过程中职责分明，界面清晰，技术与管理接口关系明确，特别是要处理好与各级组织运行之间的关系。型号行政指挥系统可依托型号研制总体单位、各级参研单位现有的职能型组织形式建立，同时在各职能型业务流程中突出型号的需求牵引原则，形成以型号为主导的“强矩阵式”管理模式。

6.2.2 型号设计师系统

型号设计师系统是装备研制技术工作的主体，承担着装备系统、分系统、部组件、单机设备等各级产品的设计开发，包括产品技术要求的论证、技术方案设计、工程样机设计、验证等工作。型号设计师系统应全面负责型号研制的各项技术工作，是实现产品设计质量的第一责任者。

对于装备研制项目，型号总体单位即为型号总设计师单位，型号设计师系统一般由型号总体单位牵头组织，由上级部门任命型号总设计师，作为型号技术负责人，负责型号系统级的技术抓总工作。根据装备系统的复杂程度及研制要求，可另设型号副总设计师若干，专项负责系统级的设计、试验、验证、保障等工作，关键重要的分系统研制工作也应设立型号副总设计师，以此形成以型号总设计师为核心的型号总师团队，系统策划和组织型号研制各方面的技术工作。应根据装备研制配套层次关系及产品的重要程度，建立型号设计师系统，设置型号总设计师、副总设计师、主任设计师、主管设计师等岗位，自上而下形成金字塔形的组织架构，如图 6-3 所示。

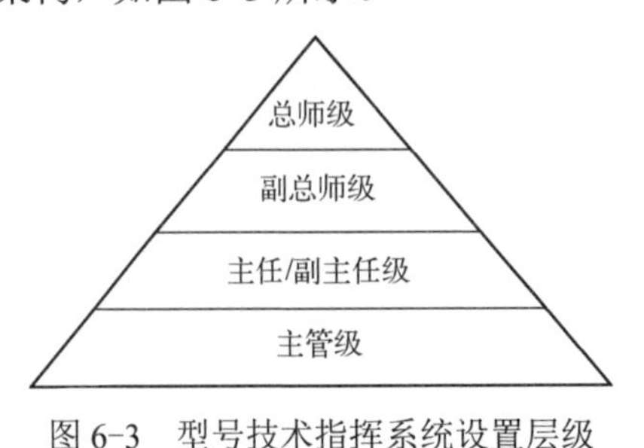

图 6-3 型号技术指挥系统设置层级

一般设置原则是：在型号总体即系统级研制单位设总设计师一名、副总设计师若干，在分系统级研制单位设副总设计师，在单机/设备级研制单位设主任/副主任设计师，在关键重要配套研制单位设主管设计师。

型号设计师系统的主要工作职责是：

（1）建立严格的技术责任制和有效的工作制度，组织实施型号研制过程中的技术工作。

（2）配合用户完成型号立项论证，进行技术经济可行性分析，提出型号总体技术方案和验证方案，形成型号功能基线。

（3）开展型号总体方案设计，提出型号系统、分系统设计的要求和主要性能指标，并组织总体方案的可行性验证。

（4）制定系统、分系统、部组件及单机设备等研制产品的技术要求，研制任务书、技术方案和设计规范。

（5）按设计方案和设计规范要求，开展各级产品的设计分析与验证工作；进行设计分析，确定关键特性、重要特性，组织完成分系统关键技术攻关。

（6）进行系统工作流程、信息流程以及内外接口设计；协调解决各分系统之间可能出现的矛盾。

（7）按照系统总体目标优化的原则，对涉及总体与分系统、分系统之间的技术接口进行技术协调，权衡和取舍。

（8）开展通用质量特性等专业工程方面相关的设计工作。

（9）建立技术评审制度，对研制过程中的重要问题组织讨论，在充分技术民主的基础上，适时做出正确决策。

（10）制订研制全过程的试验与评价方案、研制质量保障方案、综合技术保障方案等，确保型号研制质量；提出本分系统研制、试验技术保障措施的建议。

（11）制定研制各阶段系统、分系统的试验计划和试验大纲，对型号各级产品进行全面考核，以确认其达到研制任务书的要求。

（12）负责研制过程质量问题的技术归零工作。

（13）进行系统总体性能及作战效能预测评估。

6.2.3 型号工艺师系统

型号工艺师系统是型号产品制造技术的主体，从事型号制造技术的研究、产品制造工艺的设计开发，以此实现将设计图样和技术资料转换为产品实物样机的目标。型号工艺师系统在型号项目行政总指挥和总设计师领导下开展工作，主要负责总体工艺性论证、工艺总方案设计、工艺规程、工艺说明书的编写和审批，工艺性审查和工艺会签、现场工艺问题处理、工艺评审和工艺技术攻关等工作。型号工艺师系统一般由型号主制单位牵头组织，根据型号研制配套层次关系及产品的重要程度确定组织架构，各级工艺师的设置应与产品设计师同步进行，同级设置。

应建立型号相应的工作机制，以保证型号设计师系统、型号工艺师系统的协同运行。型号各级设计师是产品设计的主体，是确定产品技术状态的主体，决定了产品设计的技术要求和实现状态，各级工艺师负责同级产品的制造技术研究与开发，以此确定产品技术状态的实现方法。特别重要的是，型号技术系统在产品设计和工艺设计过程中，要严格执行型号各项质量管理要求，履行型号产品保证规定的工作职责。

型号工艺师系统的主要职责是：

（1）负责型号工艺的顶层策划，制订型号工艺总方案、工艺标准化综合要求等；

（2）参加产品研制方案论证，组织产品研制各阶段的工艺性分析和生产性评价；

（3）负责产品设计图样的工艺性审查，向设计反馈研制生产过程的技术问题；

（4）建立型号工艺文件体系，组织工艺规程的编制和评审；

（5）与产品研发阶段同步开展工艺制造技术研究和关键工艺技术攻关；

（6）负责型号工艺关键项目管理，确定关键过程和特殊过程，并提出相应的控制措施和确认程序；

（7）根据生产需求论证生产线建设规划，提出生产工艺布局、拟定生产线技改方案；

（8）确定工艺装备需求与配置方案，组织专用工艺装备需求论证和研制，负责工艺装备配置管理；

（9）提出生产设备需求和建设方案，负责生产线通用设备论证、专用设备研制要求确定等；

（10）参与各类设计评审和产品验收活动，参加产品重大质量问题分析归零，对工艺技术薄弱环节提出改进措施。

6.2.4 型号质量师系统

型号质量师系统是指为完成特定型号研制任务，由型号总体单位牵头，联合型号分系统、单机设备承制单位，以及关键重要的配套单位建立的跨行业、跨单位的型号质量管理工作系统。

型号质量师系统建设源于 1989 年颁发的《航空航天部质量管理规定》。当时，应航空装备研制的实际需要，为更好地协助设计师系统搞好质量保证工作，原航空航天部在总结几个型号试行总质量师系统经验的基础上，正式提出“大型工程、复杂产品研制可设立型号总质量师系统，在型号行政总指挥的统一领导下，开展质量控制、监督工作，协助设计师系统完成型号研制质量保证工作和可靠性工作，并协调厂、所级质量管理工作”。

随着装备研制质量管理的不断深入，型号质量师系统的组织形式逐步得到军工行业的认可和普及，并在相关的国防军工质量管理法令文件中得到肯定，要求在装备研制工作中“建立健全型号研制的质量保证组织系统”，“凡实行型号质量师制度的行业，要充分发挥各级质量师的作用；未实行型号质量师制度的行业，必须明确型号各级质量管理与监督负责人”。这说明型号研制除建立型号设计师系统、行政指挥系统外，还要建立型号研制的质量保证组织系统，相关文件对型号质量保证组织系统的职责做了规定：“在相应的行政指挥领导下，开展质量与可靠性管理工作，监督有关的质量与可靠性法规、标准的贯彻执行，参与型号技术状态控制和各项评审工作，搞好对外协外购件以及元器件的质量控制，组织型号试验前质量问题归零工作并及时向两总汇报，有权越级反映问题，并提供质量与可靠性保证的技术支援”。

型号质量师系统设置遵循与型号设计师系统同步设置、同级设置、同单位设置的原则，一般由型号总质量师、副总质量师、主任质量师和主管质量师等组成。具体设置层级和人选可按型号研制任务或型号系列进行，可由各级承制单位的质量负责人、质量部门负责人或质量专业人员兼任，亦可独立设置。作为常规，一般均在型号研制总体单位设立型号质量师系统办公室，负责型号质量师系统的日常工作。

型号质量师系统是型号研制队伍的重要组成部分，应在型号行政指挥系统的领导下，协同设计师系统开展型号研制质量工作，负责型号质量保证的策划、组织、实施和有关质量法规、标准贯彻执行的监督检查。型号质量师系统应与型号设计师系统密切协同，共同做好型号研制质量和可靠性工作。

型号质量师系统的主要工作职责是：

（1）在型号行政指挥系统领导下，负责贯彻执行国家、上级机关和用户对型号的质量管理要求，对型号研制过程实施统一质量管理；

（2）负责为型号设计师系统提供质量管理保障和支持，与型号设计师系统和其他系统紧密协作，按期完成研制任务；

（3）协助型号行政指挥系统开展型号质量管理工作，接受上级和用户监督检查，制订型号质量工作计划，定期向行政指挥系统汇报质量工作完成情况；

（4）负责指导、策划和实施型号研制全过程的质量管理工作，按研制程序贯彻国标、国家军用标准和行业标准，对型号提供支持和质量把关；

（5）负责根据型号阶段工作进展和需要，分阶段、有针对性、有重点组织开展型号研制质量工作，采用 PDCA 循环方式，运用适宜的方法、理念和工具做好薄弱环节和日常工作闭环管理；

（6）负责对型号研制生产全过程及产品质量管理工作进行控制和监督管理，保证研制工作符合规定程序，研制产品符合规定要求；

（7）负责定期进行质量信息、数据汇总和分析，为行政指挥系统和设计师系统决策提供依据；

（8）负责及时协调、解决研制中有关质量管理方面的问题，确保型号研制工作顺利进行；

（9）组织实施型号系统内质量考核，向行政指挥系统提出质量奖惩建议。

6.2.5 型号专项工作系统

按照相关国防法规条例要求，型号研制工作应在设计师系统下面设置型号标准化、可靠性、计量工作系统，其目的是便于落实设计师系统的标准化、可靠性、计量工作职能，在型号研制工作中贯彻与标准化、可靠性、计量相关的工作要求。

型号可靠性工作系统的职责是：贯彻相关法规、标准和文件要求，主持制定型号可靠性大纲、分解可靠性工作项目，负责型号可靠性工作的策划、组织、协调和评价，按研制阶段制订可靠性工作计划并组织实施，协助进行型号可靠性指标要求的论证，并对型号研制全过程的可靠性工作提供技术支持和保障。

型号标准化工作系统的职责是：贯彻相关法规、标准和文件要求，策划研制全线的标准化工作，制定型号标准化大纲等顶层管理文件并组织实施。组织建设型号标准体系，包括研制全线适用的图样文件及工程更改管理制度；推进新标准、新标准件的研究开发和应用决策；协调处理研制中的标准化问题。

型号计量工作系统的职责是：贯彻相关法规、标准和文件要求，主持制定型号计量保证大纲，策划和实施适于型号研制的计量管理制度，建立型号量值传递系统，负责型号研制中的计量校准和量值溯源工作，组织型号计量保证技术的研究和应用。

6.2.6 型号产品保证工作系统

中国航天为适应复杂工程项目的研制及管理要求，借鉴国外先进的产品保证模式，建立型号产品保证工作系统，解决了型号产品保证工作的组织落实问题，为国防军工产品保证组织建设提供了良好的工程范例。图 6-4 给出了某航天项目设置的产品保证组织架构。

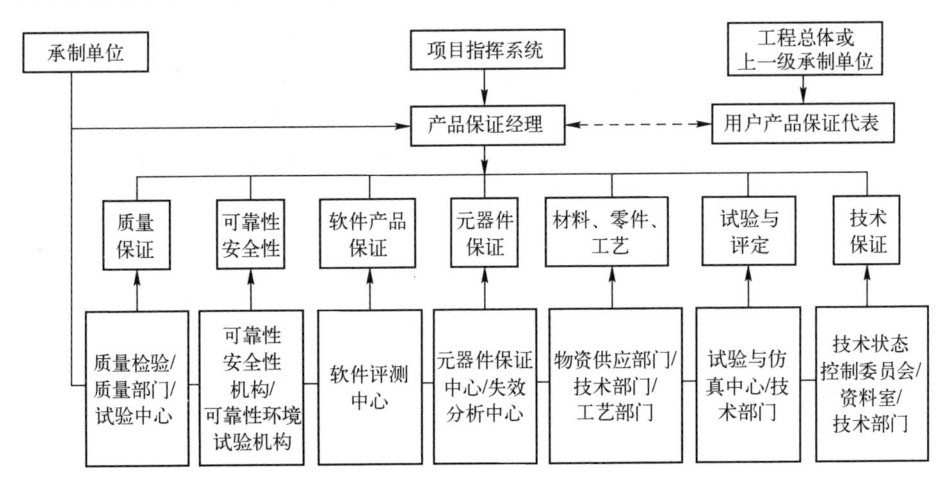

图 6-4　某航天项目设置的产品保证组织架构

型号产品保证工作系统的具体设置是：在项目总体单位、分系统研制单位及单机设备配套单位任命型号产品保证负责人（或产品保证经理），在各级产品研制单位相应专业任命产品保证专业工程师，同时规定各研制单位、各相关职能部门和专业机构的产品保证工作职能，由此建立了覆盖型号全线、从上到下、相互衔接的产品保证工作系统，形成了职能互补、专业协同的矩阵式的产品保证工作机制。

产品保证工作系统在组织职责上接受行政指挥系统的领导，在工作关系上接受各级设计师系统的指导，配合设计师系统开展产品保证工作。各级产品保证负责人在型号负责人的直接领导下，对型号产品保证工作具有监督、控制和支持职责，并向所在单位的产品保证部门反馈信息。

产品保证工作系统的主要职责是：

（1）负责型号研制产品保证工作的策划，制定型号产品保证大纲及各专业产品保证大纲、计划和要求；

（2）组织制定产品保证专业规范；

（3）负责组织产品保证相关专业工作的开展，确保本专业有关的产品保证大纲、计划内容和产品保证要求得到落实；

（4）确定及提出型号产品保证任务所需的各项资源；

（5）组织型号及各级产品的产品保证活动，贯彻落实相关产品保证制度、规范及相关工作要求；

（6）参加型号技术评审，对型号研制活动提供产品保证专业技术指导和把关；

（7）与顾客协调产品保证任务，按要求向顾客报告产品保证活动状态；

（8）组织产品保证审核、评审、检查监督等活动，对供方的产品保证活动实施检查、监督和指导；

（9）负责组织各级产品数据包的策划和管理；

（10）组织开展产品保证工作总结，对产品保证大纲执行情况进行审核，对型号研制各阶段的产品保证工作进行评价。

6.2.7 共性技术专业支持机构

型号研制涉及众多的基础技术及共性技术领域，诸如可靠性、维修性、测试性、安全性、保障性、环境适应性等通用质量特性，以及元器件、软件、标准件、材料与工艺等。有必要组织各技术领域的专家队伍或指定专业技术机构，以此形成型号研制的综合工作团队，为型号研制工作提供基础保障和共性技术支撑。

产品保证可有效地集成各项共性技术资源，以使其发挥最大的资源利用率，型号总体单位应根据型号研制特点和工作要求，对涉及“四新”技术（包括新技术、新器件、新材料、新工艺，也包括软件工程技术）的相关需求进行系统识别，做出总体谋划，建立专家队伍或明确专业支持机构，组织制定元器件大纲、软件工程化大纲、材料选用手册、元器件优选目录等顶层文件，对研制全线的相关工作进行策划和规范；需要时，这些专业支持机构可升级为专项工作系统。

6.2.8 型号办公室

为便于型号的日常事务管理和协调调度，设立型号办公室，作为型号行政指挥系统和型号技术指挥系统的日常办事机构，按照项目管理要求开展工作，在型号总指挥、总设计师的领导下，对型号研制的计划、技术、经费进行全过程管理，负责型号项目实施、控制和总结等日常管理工作，其主要职责是：

（1）组织型号研制策划，制订型号研制计划，负责计划实施过程的检查、协调与考核等工作，特别是组织跨单位的各项技术与管理工作的协调；

（2）负责型号研制合同的洽谈、签署和落实，按合同节点检查执行情况；

（3）负责型号资源配置和研制经费管理，协调和满足研制各相关方资源需求，提供经费保障；

（4）配合型号设计师系统开展技术状态管理工作；

（5）归口型号研制利益相关方的协调和信息沟通工作，定期通报或向用户汇报型号研制进展情况；

（6）组织型号技术审查、评审、工作会议等工作，协调型号定型、技术鉴定、产品交付、外场试验等工作。

6.3　装备型号组织体系的改进设置

6.3.1　装备研制对组织体系的需求分析

随着国家对军事装备顶层管理策略的调整，以及国防科技工业产业结构的战略转型与调整，日渐暴露出原有型号研制组织体系设置的不相适应，有必要深入研究和采用更为有效、更为高效的装备型号的组织体系、管理机制和运行模式，以期更好地适应装备研制、生产及发展的需要。装备型号组织体系的设置应该考虑以下要求：

（1）按照装备建设全系统、全寿命的管理思路，用户已将对装备研制的关注点从装备设计定型转移到装备的全寿命周期过程，特别是关注装备设计定型以后的设计转产和交付使用，关注装备使用的系统效能。

（2）国防军工体制的改革，使部分军工科研院所已具备研制与生产一体化的能力和优势，原由设计转产带来的设计主体及责任主体的转移已不适用，代之而起的应是设计的“终身负责制”，相应的组织保证应予落实。

（3）装备研制与生产并行、研制带交付的特殊状态，使原有设计与生产串行、设计与质量分线运作的状态难以适应这一要求，必须在贯彻装备型号项目管理原则的前提下，按照并行工程的思路组织装备型号研制组织体系（或团队），以求加速研制进程，保证研制质量。

6.3.2　基于项目管理的组织体系设置模型

按照本书第 3 章所提出的项目系统工程模型（图 3-3），可以构建基于装备型号项目管理要求的且覆盖项目管理、工程研制和产品保证职能的型号组织体系模型。其出于以下基本考虑：

（1）为适应型号研制的项目管理要求，应该进一步落实型号行政指挥系统的职责，特别是落实型号抓总单位的职责，为此，应统一型号的项目管理龙头，建立项目负责人“首责制”，统领型号研制的各项技术与管理工作，真正形成以型号行政总指挥为项目负责人的运行机制，对型号研制的技术与管理工作全面负责。

（2）为适应型号研制与生产并行交叉、研制带交付的实际状态，加速型号工程化的设计与开发，应与型号设计师系统同步设立型号工艺师系统，与型号设计技术同步开展制造技术研究，与产品设计开发同步开展工艺设计开发，支撑设计师系统开展型号的工程化工作。事实上，GJB 9001 质量管理体系标准已将设计与开发要求融为一体，包括产品设计开发和过程设计开发。作为产品二次设计的工艺过程应有组织保证，应该设立相应的工作系统，即型号工艺师系统，明确规定其责任、权利和义务。

（3）为强化型号的“设计源头”控制，实施型号研制、生产全过程的产品保证职能，应与型号设计师系统同步设立型号质量师系统，并且拓展其职能范围，使其从单纯的质量管理向综合的产品保证转移，按照“系统预防”和“早期控制”的原则，对型号的研制、生产过程提供共性的技术支持和监督管理，以求降低研制风险，保证产品质量。

（4）为实施装备型号的并行工程管理，必须从型号研制各层次产品入手，推进并行工程运行，一般以型号研制所确定的技术状态项为对象，建立覆盖产品设计、工艺、制造、质量检验以及相应产品保证职能专业于一体的综合开发团队，按照并行工程的作业模式协调运行，同时突出以设计为中心的管理要求，以求加速研制过程中的专业融通，加速研制进程。

据此，可构建如图 6-5 所示的型号组织体系框架。

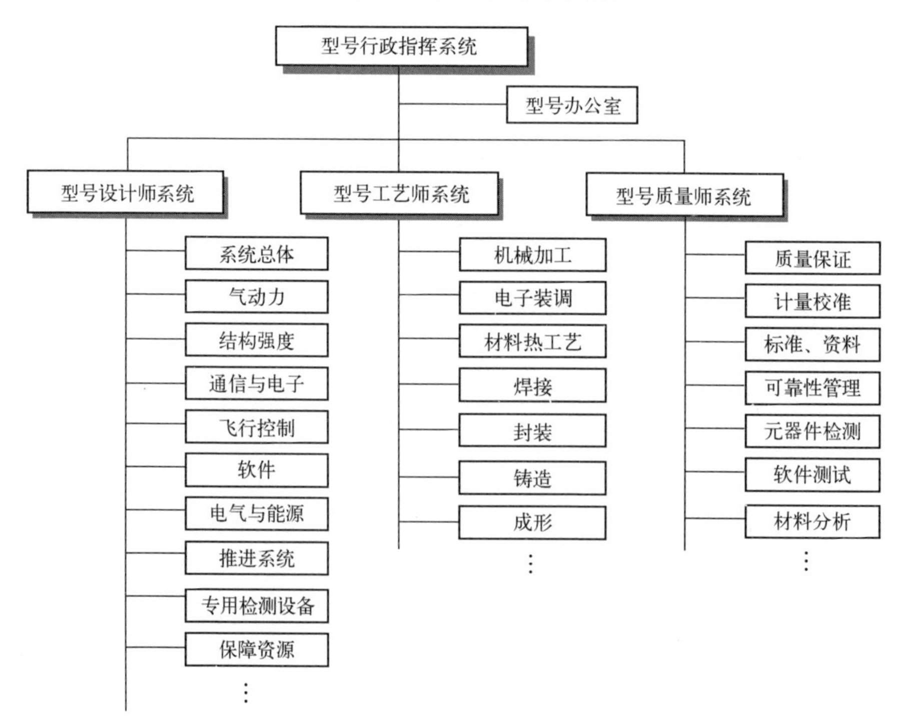

图 6-5　型号研制组织体系及专业设置示例

装备研制型号组织体系中，型号行政指挥系统、型号设计师系统、工艺师系统、质量师系统的职能分工如表 6-1 所列。其中，项目设计开发包括产品设计开发和过程设计开发，分别对应设计师系统、工艺师系统的主要职能，项目专业工程支持涵盖了产品保证的各相关技术领域，统一于型号质量师系统的专业工程技术支持职能。

表 6-1　型号组织体系及其职能对应关系

系统工程要素	组织体系	主要职能
项目管理	型号行政指挥系统	项目计划、进度、质量、经费、资源管理等
工程研制	型号设计师系统 型号工艺师系统	项目设计开发、试制、试验等
产品保证	型号质量师系统	项目专业工程支持、技术监督与控制等

6.3.3 “四位一体”型号质量师系统设置

按照国防军工质量法规条例的相关规定和要求，装备型号研制的组织体系建设应在型号设计师系统下面设置型号的标准化、可靠性、计量等工作系统，其目的是便于落实设计师系统的标准化、可靠性、计量工作职能，在装备设计工程中贯彻相关的工作要求。但事实情况并非如此，专业工程涉及众多的学科领域和技术发展前沿，由于知识和经历所限，设计师系统欲在深入研究产品功能、性能和结构实现的同时，深入研究和准确掌握与产品设计相关的材料、元器件、可靠性、安全性、工艺等共性技术领域的专业技术往往显得力不从心。恰当的型号研制分工应该充分调动和利用产品保证各专业工程现有的资源（知识和人员），集产品保证各类专业技术人员于一体，形成型号研制的综合工作团队，各尽其能、各尽所长，这正是产品保证的指导思想，是产品保证对型号研制过程的技术支撑作用所在。

型号研制中的质量、计量、标准化、可靠性等专业领域，一方面同属于支持设计工程的共性技术；另一方面又同属于型号研制的技术监督范畴，有必要也有可能通过适当的组织形式将其整合，形成共性的技术与管理能力。这一特点决定了产品保证体系设置的指导思想、组织原则和职能定位。

依据国防科研院所现有管理体系及型号研制的组织管理现状，一个较为现实可行的产品保证组织体系的设置方案是：依托现普遍认可的型号质量师系统的组织形式，并对其职能进行扩充，使其具备质量、计量、标准化、可靠性的相关技术与管理的双重职能，在此基础上建立型号的产品保证工作系统，对型号研制工作提供专业的技术支持和权威的监督管理，履行监督、管理、控制和支援的职能。图6-6给出了“四位一体”型号质量师系统的组织模型。

- 总质量师
  - 副总质量师
    - 办公室
    - 质量
      - 质量策划
      - 设计控制
      - 转承制控制
      - 试制控制
      - 试验控制
      - 技术状态审核
      - FRACAS
      - MRB
      - 产品质量评审
      - 质量信息
      - 质量评定
      - ⋮
    - 计量
      - 大纲/计划策划
      - 计量配置审查
      - 量值传递系统
      - 型号校准链
      - 非标设备校准
      - 计量器具检定
      - 计量标准维护
      - ⋮
    - 标准化
      - 型号标准体系
      - 基础/通用规范
      - 优选目录/手册
      - 材料标准化
      - 工艺标准化
      - 元器件标准化
      - 设计规范审查
      - 工艺规范审查
      - 试验规范审查
      - ⋮
    - 可靠性
      - 大纲/计划策划
      - 设计准则
      - 使用指南
      - 技术支持
      - 监督/管理
      - 评审/审核
      - 可靠性培训
      - 试验/验证
      - ⋮

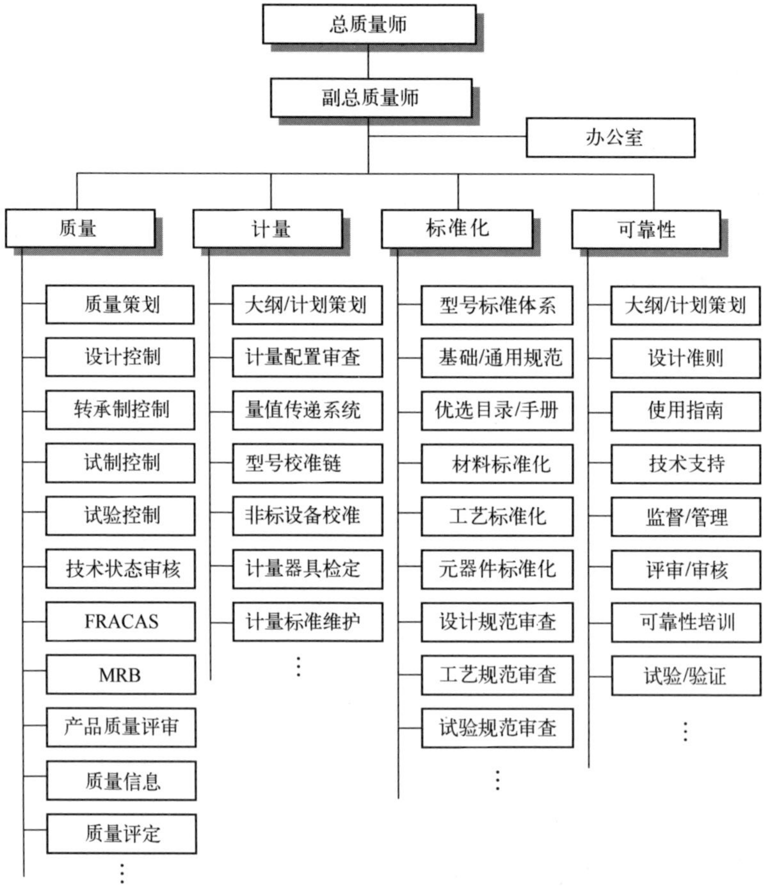

图6-6 “四位一体”型号质量师系统的组织模型

“四位一体”型号质量师系统的组织形式，集成了型号研制中的产品保证的有关功能，其构想的基本出发点是：从工程角度定位型号质量师系统的职能，从工程角度加强型号研制的质量管理，使其与产品保证的目标兼容，提高质量管理的技术含量和效果，最终达到从工程角度实现型号质量师系统与设计师系统的融合，解决长期存在的“两张皮”问题。

6.3.4 “四位一体”型号质量师系统运行特点

“四位一体”型号质量师系统的运行，遵从系统工程的原则，即整体性、协调性、相关性和目标性，通过对型号研制质量、计量、标准化、可靠性的统一要求和统一管理，实现了组织的整体性、任务的相关性、工作的协调性和目标的一致性。“四位一体”型号质量师系统实际履行了产品保证工作系统的相关职能，对型号研制工作具有质量监督管理和共性技术支持的双重职能。“四位一体”型号质量师系统的运行特点是：

（1）将支撑型号设计的共性技术整合归一化，统一型号的共性技术资源，实现了资源的优化配置和组合，统一了管理要求和管理口径。这种设置方式尤其适应于多型号研制并举的运行状态，是解决资源冲突的有效途径。

（2）提供设计支持，规范设计过程，使设计过程成为一项规范性的活动。现代设计往往是各项专业技术的综合，是一项复杂的综合技术应用过程。共性技术领域应参与设计过程，并对设计人员提供技术支持，对设计过程给予专业补充，以实现型号研制中的专业互补。

（3）促进设计与质量的融合，避免“两张皮”。型号研制的实际情况表明，尽管成立了型号质量师系统，但质量与设计的“管理”与“被管理”的矛盾始终存在。质量师系统由于对型号研制过程介入困难，缺乏了解，除了浮于面上的监督管理以外，更多的作用往往停留在检验监督式的“事后把关”，而真正的“过程控制”必须和工程研制过程结合起来才能见效。共性技术支持正是通过对型号工程的专业互补，给型号质量师系统中的质量工程师（或产品保证工程师）提供了一个切入点，使之有机会向型号过程渗透并对其施加影响。

（4）强化了型号研制的管理职能，型号质量师系统从监督管理的角度，更有利于将自己提出的质量监督要求、专业工程要求及产品保证要求等，适时借助管理手段，采取相应的管理措施注入型号设计过程，或对设计过程施加影响，从而有效履行技术支持和监督管理的双重职能。

6.4　型号质量师系统设置实例

某装备型号属于跨行业、跨单位的重点研制项目，系统构成庞大，技术风险高，协作配套关系复杂，为有效抵御研制风险，按期保证任务完成，有必要按照产品保证的工作思路，组织覆盖型号总体及关键、重要参研单位的型号产品保证组织体系，将产品保证的各相关要求及时贯彻到各级产品研制工作中。考虑到装备研制相关法规条例要求，以及国内普遍认同的型号质量师系统组织形式，装备研制总体单位进行了有效的质量策划，对型号质量师系统的职能进行了拓展，使其履行型号产品保证的工作职能。根据型号研制及其配套要求，组织并建立了由型号总体单位牵头的型号总质量师系统，成员单位覆盖了型号关键、重要配套成品和设备组件等研制单位。

6.4.1　型号质量师系统组织架构

该装备型号的质量师系统组织架构及岗位设置如图 6-7 所示，具有以下几个特点：

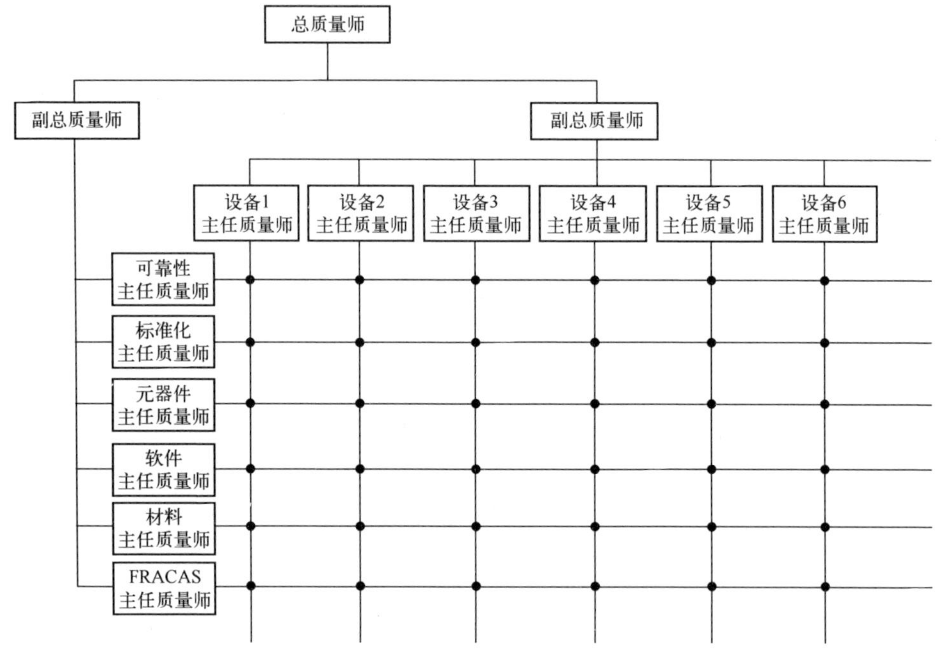

图 6-7　矩阵式型号质量师系统组织模型

（1）组织架构形式采用“四位一体”的模式，其职能覆盖了质量、计量、标准化、可靠性方面的监督与管理职能，形成了“四位一体”的技术监督体系。

（2）组织管理层次按总质量师、副总质量师、主任质量师、主管质量师四级进行设置，分别对应型号的系统、分系统、组件、分组件；从其配套关系来讲，又分别对应型号的总体单位，成品单位，组件级配套单位，关键、重要元器件配套单位。

（3）型号岗位设置对接型号产品（组件级以上产品）和产品保证专业，分别设置了型号产品主任质量师和产品保证专业（可靠性、维修性、元器件、软件、电磁兼容等）主任质量师，两者形成矩阵式的组织管理体系。

型号质量师系统实际构成了一个具有质量监督管理与产品保证双重职能的工作体系，专业覆盖了产品保证所要求的可靠性、维修性、保障性、工艺、材料、元器件、软件、电磁兼容、环境试验等专业工程领域，在产品保证各专业领域中任命的主任质量师，承担对型号提供技术支持和监督管理的双重职责，其角色类似于本专业的产品保证技术负责人。

6.4.2　型号质量师系统人力资源配备

型号质量师系统岗位的设置和人力资源的配备，直接影响到质量师系统的实际工作效果。

为从技术与管理角度强化型号质量管理工作的有效性，在研制总体单位内部，型号质量师系统岗位的设置采取专/兼职结合的形式进行，任命了型号各分系统和各专业技术领域的质量技术负责人、主任质量师、专/兼职副主任质量师、主管质量师等。具体做法是：从各产品设计室抽调实践经验丰富、责任心强的技术人员，在质量保证部门组建专职质量工程师队伍，覆盖型号研制的各个分系统；在设计部门组建兼职质量工程师队伍，分布在型号研制的各个主要环节（分系统、组件、分组件）；任命设计部门负责人为本研制项目的质量技术负责人（相当于项目负责人）。三者构成覆盖型号各分系统、各组件研制工作的质量责任体系（图 6-8），统一于型号行政指挥系统和技术指挥系统的领导之下。

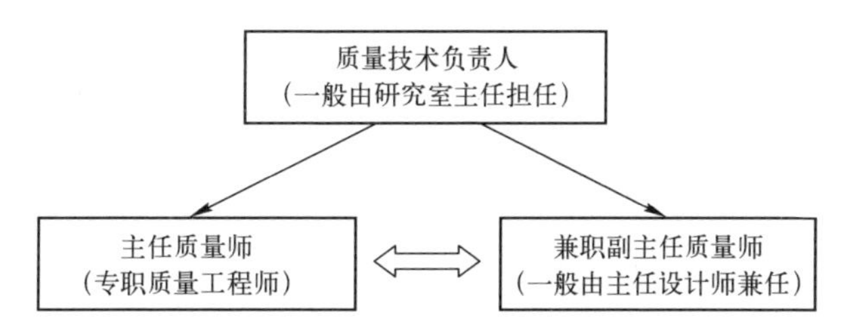

图 6-8　按产品 WBS 组建的质量工作体系

实践证明，这种专/兼职结合形式的型号质量师系统队伍及其运作方式，具有责任明确、职责协调、工作同步、目标一致等特点，形成了型号研制与质量控制相互制约、型号技术与专业工程技术相互支撑的工作体系，既落实了设计师系统的质量职责，使其在设计工作中自觉地执行质量程序和规范，又将质量监控职能带到现场，有效地发挥了质量师系统与设计师系统对型号研制质量的双向控制作用。

6.4.3　质量工程师的角色转移

依据型号质量保证大纲要求制定的《型号质量师系统工作制度》明确规定：型号研制工作中实行型号设计师系统的技术状态负责制，型号质量师系统协助设计师系统开展技术状态管理工作，两师系统密切配合，确保研制过程中技术状态在各产品层次上有效实现。

随着型号研制阶段的递进、研制工作的深入和产品技术状态的成熟，质量工程师的职责及其作用也在随研制阶段适度调整，其主要工作仍是围绕产品的技术状态管理主线进行。就质量工程师所承担的工作职责和工作方式来讲，其对产品技术状态管理的作用在逐步深入，从 F 阶段、C 阶段的“跟学”到 S 阶段、D 阶段的“协管”，到 P 阶段的“接续”，总的趋势是逐步取代设计师系统职责，接手技术状态管理的相关工作，协调、处理或审理与产品技术状态有关的技术问题。表 6-2 列出了质量工程师在型号研制各阶段职责与作用的变化情况。

表 6-2　质量工程师的角色转移

研制阶段	任务	技术状态管理职责	特点
F 阶段、C 阶段	跟学	学习相关的产品知识,了解产品技术状态的形成过程，掌握产品的功能,性能与结构组成，参与并跟踪产品技术状态的处理过程	跟随产品设计师，参与产品技术状态管理、技术问题处理
S 阶段、D 阶段	协管	按照相关文件和程序的规定，进行技术状态的管理工作，协助设计师系统处理相关技术问题，审查和会签相关的处理意见	在产品设计师指导下，进行产品技术状态管理、技术问题处理
P 阶段	接续	接续产品技术状态的处理过程，负责生产过程中产品技术状态的协调、审理等	全面、独立进行产品技术状态管理、技术问题处理

上述质量工程师在研制各阶段角色的调整，一方面依据产品质量保证的实际要求提出；另一方面也是依据质量工程师实际的人力资源配置情况提出的。较之于型号研制阶段单纯的质量管理工作而言，其优点在于：

（1）质量工程师对研制过程的“前伸后延”，在型号的设计与生产之中起到了搭接与沟通的作用，有利于促进设计与质量的融合、促进型号工程化的进展、促进专业工程与设计工程的综合。

（2）实现了产品技术状态的顺利交接，质量工程师自始至终参与型号研制的全过程，当型号研制转入定型，技术状态即相对冻结，质量工程师对产品的熟悉程度、对技术的掌握程度，使其具有相应的能力胜任定型及转产后的产品技术状态的审理工作。

（3）保证了对后续型号研制工作的连续，当型号转型进入 D 阶段以后，质量工程师作为一支技术队伍已经形成，并且负责设计转产后的技术工作。原设计师系统无须跟产，可以整建制地转移到后续型号研究和研制工作中。

6.5 “五位一体”综合开发团队

项目团队是项目运作的基础，特别是对于大型复杂的工程研制项目，涉及众多专业、众多职能之间的配合和协作，不同专业、不同职能、不同特长的队员汇集在一起，组成团队，从共同的目标出发，从不同的角度互补，从而形成项目的综合开发团队，为项目目标的实现各尽其责。实践证明其是一种有效、高效的组织形式，可以显著提高项目的组织绩效。

6.5.1 “五位一体”综合开发团队组织

针对复杂装备工程任务的特点，特别是针对研制与生产并行交叉、研制带批产交付的特殊状态，必须实行并行工程的产品开发方法。有效的产品开发小组是开展并行工程的根本保证，不同部门、不同专业的人员为达到共同的目标聚集一起，通过采用并行的工作方式，直接集成产品实现的各个方面，以缩短产品开发周期。

按照产品工作分解结构（WBS）所定义的产品各个层次，从其物理构成来说，均离不开产品的设计、工艺、生产、物资供应和质量保证过程。由此，型号研制工作的组织，一般可按照产品研制状态所确定的层次，即系统级、分系统级、组件级和分组件级，构建设计、工艺、生产、物资供应和质量保证“五位一体”的综合开发团队，其构成模型及其作用关系如图 6-9 所示。

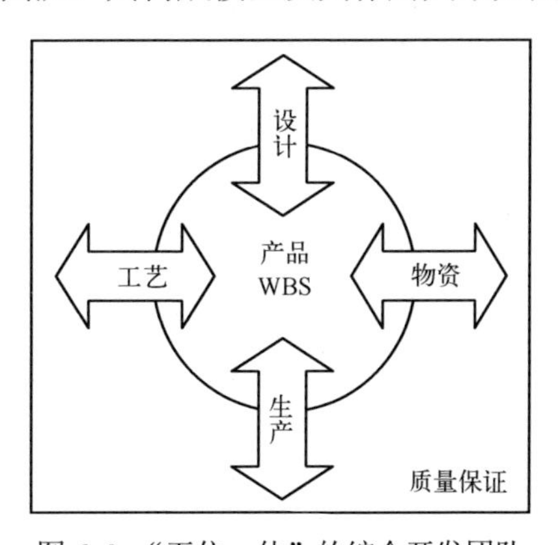

图 6-9 “五位一体”的综合开发团队

在“五位一体”的综合研制开发团队中，团队组织由其相应产品层次的设计人员牵头，其作用类似于项目负责人。工艺、生产、物资、质量保证人员在贯彻设计意图的前提下履行各自的工作职能，构成对设计过程的补充和支持。其中：

系统、分系统级的综合研制开发团队属于决策层，其功能类似于产品的技术状态管理委员会，即CCB组织，分别由型号的副总设计师、副总工艺师、副总质量师组成，其作用主要是确定型号研制的系统、分系统及配套产品的研制要求，包括设计方案，产品设计、试验与工艺规范，检验试验与质量保证要求等。另外，决策层还承担协调研制过程中的技术与管理接口，处理型号研制中的重大技术、质量问题等职责。

组件、分组件级的综合研制开发团队属于操作层，其作用主要是在符合并行工程设计原则的前提下，开展产品的各项实际工作，具体负责产品设计状态的实现，包括设计与开发、生产制造、过程控制、检验试验、新材料、新技术应用、关键技术攻关等。

综合开发团队的设置和成员的选择应根据产品特点合理配置，以形成符合项目开发实际需要的层次结构，从而使得项目的运作简便易行、过程协调、管理高效。作为原则，一般以型号所确定的技术状态项目为研制对象，聚集设计、工艺、生产、物资、质量等相关人员，建立和运行综合设计开发团队。

6.5.2 综合开发团队中的产品保证职能

值得提出的是，综合开发团队是一种以产品为中心、以设计为主体的组织形式。其中，产品保证职能隐含在各层次的综合开发团队之中。首先，设计应在贯彻相关产品保证要求的前提之下，按照规定的产品保证程序和方法开展设计工作，如贯彻可靠性、维修性和安全性设计准则，按照软件工程化要求进行软件研发，按照元器件优选目录开展设计选用工作等，从而真正做到通过可靠的设计方法，实现既定的产品要求，保证产品质量。工艺、生产、物资、质量保证人员则分别从各个专业层面，形成对设计过程的补充，提供相关专业的产品保证技术支持，如材料、机械零件与工艺保证、产品检验与试验、检验与测量设备校准、技术状态控制、产品质量评审等。

图6-9还揭示了这样一个并行工程过程。一方面，设计、工艺、生产、物资同时依据产品WBS提出的要求开展工作，形成产品的物理构成，缺一不可；另一方面，设计、工艺、生产、物资向质量保证过程渗透，分别体现了设计保证、工艺保证、生产保证、物资保证等。质量保证人员（如质量工程师、质检人员等）在这个团队组织中，一方面对设计提供质量保证的专业技术支持，组织产品的检验、交付等；另一方面还履行产品保证管理的职能，如对产品保证大纲的贯彻实施情况进行检查，组织设计评审、参与试验验证、负责FRACAS运行管理、质量问题归零管理等。

第7章

装备研制产品保证规范体系设计

装备型号研制工作中，在完成型号产品保证工作顶层策划、确定产品保证总体思路、制定产品保证顶层技术与管理文件/大纲的前提下，为使产品保证策划的各项工作有效实施，切实做到对型号研制全过程实施具体有效的技术支持与监督控制，还需要结合型号研制的具体要求和产品特点，识别型号研制及产品保证所要求的各项技术与管理活动，进行系统有效的产品保证规范体系设计，在此基础上，确定产品保证的规范性文件清单，组织编制相关的产品保证规范、指南或标准等，以为型号研制的具体工作提供依据，为型号产品保证的具体实施提供指南。

装备型号研制产品保证规范体系建设应该贯彻军用标准化的各项要求，纳入型号标准化工作范畴。

7.1 军用标准化与型号规范体系建设

7.1.1 军用标准化总体要求

军用标准化是国防现代化建设中的重要技术政策，是发展国防科技和武器装备的综合性技术基础工作，也是从事国防科技和武器装备质量管理的依据。装备型号研制的标准化工作是面向装备研制全寿命期开展的标准化策划、组织与实施活动。

装备型号研制的标准化工作目标是：以装备型号研制需求为牵引，以实现装备研制总要求为目标，以装备研制项目管理为基础，以尽量利用成熟技术、降低研制风险为原则，根据装备研制的实际需求和型号产品特点，运用系统工程方法，从技术与管理角度，建立型号研制的标准规范体系和标准化管理体系，对装备型号研制工作提出系统、完整的标准和规范要求，并通过型号标准化工作，进行有效的组织管理与技术协调，以确保装备型号研制工作规范有序，过程受控，特别是保证设计人员能尽量采用成熟技术，提高设计起点，减少设计风险，以此提高研制工作的技术成熟度，确保研制成功。

7.1.2 军用标准化主要工作

装备研制的标准化工作，一般以贯彻落实军用标准化法规要求为原则，立足装备型号研制的实际需求和产品特点，在分析研制工作对标准规范需求的基础上，以建立型号标准规范体系，建立型号的标准化工作要求和产品标准化要求，贯彻型号通用化、系列化、组合化（三化）设计原则，规范型号标准件/材料/元器件选用，实施设计图样和技术文件的有效性控制等为工作重点，主要包括以下五方面工作内容：

（1）进行型号标准化策划，制定型号标准化大纲，建立型号标准化工作目标，按照策划所明确的研制各阶段标准化工作任务，分析产品研制各专业的标准化工作需求，构建型号标准规范体系。型号标准规范体系一般包括：型号研制工作需要贯彻实施的现有标准目录、型号研制需要编制的产品专用规范，必要时也可包括型号研制管理工作所采用的相关法规文件、型号系统工程和项目管理文件（如质量保证大纲、标准化大纲、图样文件制度）等。

（2）根据产品研制特点，策划对各类技术文件，特别是产品技术状态文件的管理要求，以及对其实施更改的管理控制方式。应建立完整的技术文件管理制度和技术状态管理制度，明确对各类设计图样、技术文件、软件文档的管理要求，包括文件编制、编号、审批、归档、发放、传递和作废等管理规定，以及文件更改的实施流程和审批手续。对三维建模的数字化研发模式，应深入分析研发环境，制订配套的建模规范，编制数模编码规则和管理要求，特别是更改控制要求。

（3）规范和控制标准件的选择与使用。型号产品选用的标准件一般包括紧固件、密封件、传动件、元器件、金属材料、非金属材料、辅助材料等。应以满足产品功能、性能要求为原则，依据型号研制、产品设计状态及工艺实现要求，策划制订《标准件选用范围》《新型标准件研制管理规定》等文件，明确标准件货架产品选用、新标准件研制的管理要求，并在其后的研制工作中严格贯彻落实。

（4）应根据系统的总体技术特点和研制要求，统筹策划，开展型号产品的通用化、系列化、组合化研制工作。系统、分系统产品研制应尽量采用满足要求且技术成熟的现有产品，并充分考虑“三化”要求；配套产品设计应贯彻相关产品系列型谱规定的结构尺寸、性能参数等标准要求；还应重点开展零部件等结构要素的通用化、系列化设计，遵循软件、硬件接口的设计标准，开展规范化的设计工作。

（5）装备研制总体单位除通过型号标准化工作系统开展工作以外，应在与参研单位的合同、技术协议和工作说明中明确标准化工作要求，作为参研单位的工作输入。可在合同、技术协议和工作说明中规定应贯彻的法律、法规、标准、规范和管理规定，提出标准化工作要求、工作项目和应提交的文件，明确产品规范等文件的会签要求，由总体单位标准化部门组织审查，确认产品规范等是否引用和贯彻了标准体系的相关要求。

7.1.3　型号标准规范体系建设

装备研制标准化的一项重要工作是型号标准规范体系建设，其主要的工作是根据装备研制要求，进行标准的选用与标准的研究，型号标准体系由型号所选用的通用标准，加上根据型号研制特殊要求研究形成的专用标准规范构成。

装备研制中的标准选用，应基于我国现行的工业标准体系，以国家军用标准为主体，将国家和军队明令贯彻的标准纳入型号标准体系表或采标目录。型号标准体系表或采标目录一般包括型号研制中必须贯彻执行的各级标准（如国家标准、国家军用标准、行业标准和企业标准等）。型号标准体系的框架结构、层次与界面划分应与技术体系协调一致。可采用比型号要求更高的标准（含企标等），但应进行标准选用分析，并积极引进国外先进标准和国内缺项标准，以提高型号研制技术与质量水平。另外需要注意的是，型号研制各层次、各环节在标准选用上应保持协调、统一。发布的型号标准体系表或标准选用范围应落实在图样和技术文件中，作为直接指导设计、生产、试验或验收的依据。

装备研制中的标准研究，体现为根据装备研制特点专门组织编制的新标准或专用规范。一般应以装备研制总要求/技术协议书为依据，在分析通用标准缺项的基础上，分解型号产品设计及其验证要求，建立型号专用标准规范体系，确定型号研制需要新编或补充编制的标准规范。装备承研单位的标准化职能机构应会同各相关专业，根据型号研制总体技术要求/技术协议书要求，分析现有标准规范的适用性，确定缺项标准，提出具体的专用规范编制项目清单，并规定规范编写要求。对新编的专用标准规范，应在收集国内外相关标准或资料的基础上进行专题研究，提出解决方案并落实到标准规范的技术内容中。标准化部门应参与并指导型号专用规范的编制工作，按照标准化的管理要求，组织专用标准规范的编制立项、内容校核、形式审查、评审、报批、发布等工作。

型号专用标准规范体系应基于产品分解结构（PBS），形成产品规范树。一般包括产品设计规范、工艺规范、试验规范，经常称之为“三大规范”。其中，设计规范规定产品设计过程中应遵循的技术准则、方法和基本要求等；工艺规范规定了产品试制与生产过程中应遵循的制造技术要求、制造程序和方法等；试验规范规定了产品试验工作中应遵循的技术要求、程序和方法等。

装备研制中，一般应以所确定的技术状态项目为对象，编制描述该技术状态项目所要求的研制规范、产品规范、工艺规范、材料规范等，并遵循 GJB 6387《武器装备研制项目专用规范编写规定》的编制要求。涉及软件的技术状态项目（即软件配置项），还应在贯彻 GJB 2786《军用软件开发通用要求》、GJB 439《军用软件质量保证通用要求》及 GJB 438《军用软件开发文档通用要求》等标准的基础上，研究型号软件规范及相应软件文档的编制要求，制定覆盖软件全生命周期、用于规范软件计划、需求、设计、编码、测试、鉴定/定型、配置管理、质量保证等工作要求的管理规定，以及软件各阶段工作产品及相应文档的编制、审查、评审及入库归档要求等，形成软件研制标准规范体系。

7.1.4 产品保证规范体系建设

GB/T 20000.1—2002 将标准定义为："为在一定范围内获得最佳秩序，经协商一致制定并由公认机构批准，共同使用的和重复使用的一种规范性文件。"其中"规范性文件"的定义是："为各种活动或其结果提供规则、导则或规定特性的文件"。规范性文件又可分为技术规范和管理规范。其中，技术规范是对设计、施工、制造、试验等技术事项所做的统一规定，管理规范是约定俗成或明文规定的行为准则。

装备型号的研制工作，是在一定规范约束之下的一系列工程技术与管理活动，必须依据国防军工法规条例与标准，针对型号的研制特点及实际需求，系统策划和考虑型号研制各相关领域和相关方的规定要求和约束条件，制定型号规范体系，组织编制相应的型号规范，以此指导和控制型号研制各方面的技术与管理工作，确保研制有依据，控制有标准。为此，应在确定型号研制总体思路的基础上，按照"全系统、全特性、全过程"的产品保证要求，对型号研制的产品保证工作进行全面策划，确定产品保证的顶层目标、原则及要求，以及各相关支撑领域的工作项目、工作内容和要求等，据此构建型号产品保证的文件体系，组织编制相关的产品保证规范指南等，按照规定的程序发布实施。

装备型号产品保证规范体系的建立一般分三步进行。首先，依据型号产品保证策划的结果制定产品保证规范，形成型号的产品保证规范体系，该体系应与型号产品保证的工作分解结构相对应。其次，组织编制型号产品保证大纲，确定型号产品保证的目标、原则、工作项目和要求，以此作为统领型号产品保证工作的纲领性文件，特别地，在型号产品保证大纲中，要在识别与型号研制产品保证相关工作的基础上，明确提出各相关技术与管理领域支撑文件的编制要求。最后，以型号产品保证大纲确定的原则为依据，组织相关支撑文件的编制，应覆盖产品保证的各相关领域，包括质量、计量、标准化、可靠性、软件、电子元器件等方面的文件或规定，并以此构成型号顶层的产品保证文件体系，用以指导和规范型号研制的各项技术与管理工作。

需要指出的是，型号顶层产品保证文件体系的确定和文件的编制，应在贯彻相关军工法规文件体系和相应国家军用标准要求的基础上，按照“体现工程研制与管理特点、借鉴其他型号成熟经验”的原则要求进行，以确保其适用有效，风险可控，并且保持文件体系的配套完整和内容的协调一致。

某型号工程组织编制的顶层规范文件体系主要包括：

（1）质量保证大纲；

（2）标准化大纲；

（3）可靠性、维修性大纲；

（4）安全性大纲；

（5）电磁兼容性大纲；

（6）环境工程大纲；

（7）综合保障大纲；

（8）计量保证大纲；

（9）元器件大纲；

（10）电子元器件质量与可靠性管理规定；

（11）计算机软件质量与可靠性管理规定；

（12）计算机软件文档规范；

（13）故障报告、分析和纠正措施系统（FRACAS）管理规定。

7.2　装备型号产品保证规范体系设计

7.2.1　指导思想

构建装备型号产品保证规范体系的指导思想是：贯彻“全系统、全特性、全过程”质量管理要求，应用系统工程的原理和方法，分析型号研制过程的产品保证需求、产品保证工作对规范的需求，对这些需求进行筛选、归纳和优化，并充分借鉴和吸收国内外已有的成果和经验，特别是当前我国各军工行业型号工程开展产品保证工作的经验和教训，以形成一个覆盖型号研制全过程、涉及技术和管理两个层面的产品保证规范体系。

7.2.2　设计原则

型号产品保证规范体系的设计原则是：

（1）系统性：产品保证规范体系应具有系统性，能在贯彻型号产品保证总体思路、顶层文件要求及相关军用法规标准的基础上，为开展“全系统、全特性、全过程”的产品保证技术与管理活动提供依据。

（2）配套性：产品保证规范体系应涵盖产品保证所涉及的各技术领域和业务领域，根据前述产品保证的业务范围，一般应包括产品保证顶层要求、产品保证管理、可靠性、维修性、测试性、安全性、保障性、环境适应性、电子元器件、计算机软件、结构、机械零件、材料与工艺保证等方面，做到完整、配套、齐全。

（3）先进性：产品保证规范体系和规范的技术内容应充分借鉴、吸纳和采用产品保证技术领域的新技术、新方法，以此提升产品保证的技术先进性、适用性和可行性。

（4）继承性：按照型号研制需求，借鉴已有的产品保证各相关专业领域的技术与管理规范，通过补充、修改完善与新编等方式，形成型号产品保证规范的集合。

（5）指导性：形成的技术与管理规范，应能支持型号研制过程中具体工作的开展，覆盖型号项目的绝大部分工作内容。

（6）普适性：形成的技术与管理规范，应能系统地支持型号论证、研制和生产阶段的各相关工作，并兼容现有的技术标准和管理模式，可直接用于支持型号工程工作。

7.2.3 体系模型

按照前述确定的装备“全特性、全系统、全过程”的产品保证工作原则，可构建产品保证规范体系的三维框架结构，如图 7-1 所示。其中包括：

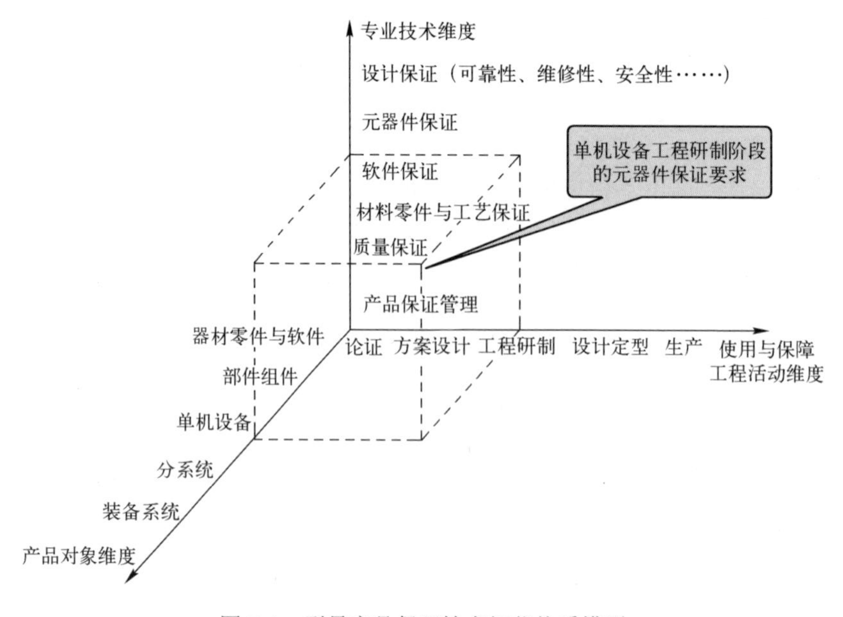

图 7-1　型号产品保证技术规范体系模型

（1）专业技术维度：设计保证（包括可靠性、维修性、测试性、安全性、保障性等通用质量特性）、元器件保证、软件保证、材料机械零件与工艺保证、质量保证以及产品保证管理；

（2）产品对象维度：装备系统、分系统、单机设备、部件组件、器材零件与软件等；

（3）工程活动维度：论证、方案设计、工程研制、设计定型、生产、使用与保障等。

上述工程活动维覆盖了从装备型号论证、方案设计、工程研制、设计定型到使用与保障全寿命周期阶段，本书只讨论与装备型号研制过程相关的产品保证规范体系设计。

装备研制产品保证规范体系的设计，具体应以装备研制需求及产品保证目标为牵引，以确定的产品保证要求为依据，按照专业技术、产品对象、工程活动三维框架结构进行梳理和整合，以此确定相关的产品保证活动，并以此为对象，组织采集或编制相应的产品保证规范，据此开展相关的产品保证技术与管理活动。

从本质而言，产品保证规范属于作业性文件，其可操作性应作为该规范是否实用、有效的主要判据。产品保证规范的设计是基于“过程方法”，而“过程方法”的核心是流程的设计和建立。在采用规范形式描述相应的产品保证活动时，应首先建立产品保证活动流程，确定流程的所有者（即流程执行主体），识别流程要素及相关需求（如流程输入需求、资源需求等），规划流程导向，特别是信息流向，以此提高流程绩效。在完成每一个产品保证活动流程设计的基础上，应充分考虑产品保证活动之间的关联性、相关活动之间的技术接口和管理接口，以及信息的流动和交换，以从整体上保证产品保证活动的协调性、实用性和可操作性。

7.3 产品保证规范体系实施途径

为了构建系统、完整的型号产品保证规范体系，编制合理、可行的产品保证技术与管理规范，以此满足型号研制的产品保证要求：首先，需要进行广泛的背景调研和情报研究工作，收集、分析、归纳、整理国内外相关的文件、标准、规范、指南、报告、文献等，从技术先进性、应用可行性角度进行权衡、比对，取其有效的经验与做法。其次，根据型号研制特点开展需求分析，研判型号产品保证的工作现状、现有规范应用情况与存在问题，结合产品保证技术与管理方面的发展趋势，开展型号产品保证规范体系的研究工作，完成产品保证规范体系的框架设计。最后，在产品保证规范体系框架的指引下，确定产品保证规范的编制清单，按计划组织具体产品保证规范的编制和发布工作。型号产品保证技术规范体系建设实施途径如图 7-2 所示。

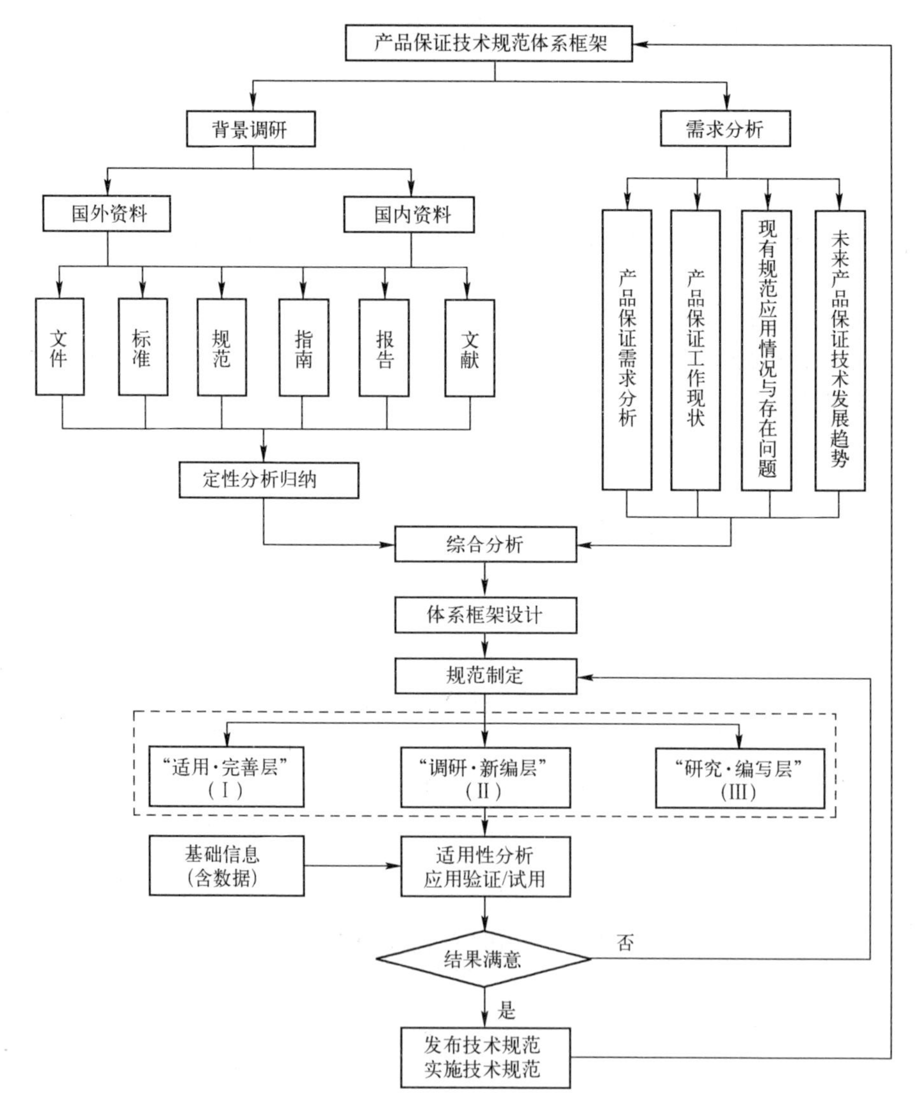

图 7-2　型号产品保证技术规范体系实施途径

按照图 7-2 所示的产品保证规范体系实施途径的要求，可将规范体系中的规范分为三个层次，各规范层次及内涵是：

（1）层次Ⅰ（"适用 • 完善层"）是指该规范项目已有基础，现有资料基本适用，仅做局部修改和补充完善即可满足装备研制要求；

（2）层次Ⅱ（“调研·新编层”）是指该规范项目虽有一定的研究基础，但还没有形成规范，需在调研国内外情况、结合型号工程经验基础上，按照装备研制需求进行重新编制；

（3）层次Ⅲ（“研究·编写层”）是指该规范项目从体系的完整性和型号长远发展需要看是必须的，但已有规范却未纳入或不具备编制条件，需要进一步进行研究或预研成熟后再进行编写。

7.4　产品保证规范编写指南

7.4.1　确定编制原则

产品保证规范编写应遵循以下原则：

（1）满足研制总要求或技术协议要求，且要求条款应可验证。

（2）反映系统工程过程的要求和验证要素，满足研制所需的系统性和完整性要求。

（3）条款简明、准确、无歧义，满足正确性、协调性和可操作性要求。

（4）立足国家工业基础，参考国内外现有标准，积极采纳或剪裁使用先进标准。

（5）内容应先进、适用，体现继承性。

（6）上一级规范是下一级规范的编写依据，下一级规范应对上一级规范的有关条款进行逐级细化、分解。

（7）对规范中的要求条款进行条目化管理，并建立上、下级规范中条目的追溯关系；确保上级规范中所有条目均在下级规范中分解与传递，各层次规范间内容协调；严格进行需求变更管理。

（8）在总结工程实践成功经验的基础上，进行技术提炼。

7.4.2　制订编制模板

产品保证因其涉及领域众多，专业宽泛，对其规范的编制工作应有统一的编写要求，即制定产品保证规范的编制模板，确定产品保证规范的编写结构、编写层次及章节安排等，以保证其行文格式一致，结构统一，要素完整，层次清晰，内容准确，表述规范。规范编制模板应由型号标准化部门编制确定，并经型号总设计师或型号产品保证负责人批准发布。原则上，各专业、各领域形成的产品保证规范应按统一模板进行编制。

1．规范结构设计原则

规范结构就是规范的“骨架”，是规范各组成单元的总体布局和相关内容的具体安排。编写规范，首先要设计结构，处理好整体与局部间、局部与局部间、各要素间的关系；其次明确规范的目标、范围、类型和叙述的逻辑顺序；再次应明确规范正文包括章的数量、各章内容，以及表达形式（如公式、图表或附录）等；最后认真筹划将规范的内容划分为互不重复、相互关联的基本要素，作为编写规范的依据。规范结构设计应遵循以下原则：

（1）规范结构应反映规范对象的本质特征；

（2）规范结构应和所要表达的内容统一；

（3）规范结构必须为规范主题和中心内容的表述服务；

（4）规范结构必须适应文体的特点。

2．规范结构层次划分

规范结构层次系指规范内容的表述深度及其次序，它是根据规范编写的目的对规范对象内在联系和各个侧面的反映。层次着眼于标准内容的划分，各层次要安排得当，同时也要体现规范的严谨性。

层次是受体裁制约的。规范的体裁不同于设计文件、工艺文件、技术报告和教科书等。其最根本的一点是层次要有序、充分和完整地表达规范的主题，并服从于规范的内容。因此，规范的划分应按主题整体综合考虑，使各部分相互联系，又具相对独立性。划分的原则是：符合逻辑结构，内容完整协调，便于制定、修改与使用。

规范结构层次一般依章、条、段、附录等划分，即第一层为章，章下可设条，条下再设条，依此类推，但条不宜超过 5 层。章、条下可视情况设段。规范层次划分及名称如表 7-1 所列。

表 7-1　规范层次划分及名称

名称	对应英文词	编号示例
章	Clause	1
条	Subclause	1.1
条	Subclause	1.1.1
段	Paragraph	（无编号）
附录	Annex	A

3．规范构成要素及其编排

规范的构成要素包括概述要素、一般要素、技术要素和补充要素四类。四要素之间既相对独立又相互关联、补充，从而形成完整的规范内容。其中概述要素是辑要，一般要素和技术要素是主体，而补充要素是对规范内容的“补叙”。

各要素的相关内容及表达方式如表 7-2 所列。

表 7-2　规范典型构成要素及编排示例

要素类型	要素	要素性质	允许的表达方式
概述要素	封面	必备要素	（1）名称； （2）标识规范的其他内容
	目次	可选要素	目次内容
	前言	必备要素	条文、注、脚注
	正文首页	必备要素	文字
一般要素	规范名称	必备要素	名称的文字
	范围	必备要素	条文、图、表、注、脚注
	引用文件	可选要素	引导语、引用文件、脚注
	术语和定义 符号和缩略语	可选要素	术语、英语用小写、定义
技术要素	要求	必备要素	条文、图、表、注、脚注
	规范性附录	可选要素	
补充要素	资料性附录	可选要素	条文、图、表、注、脚注
	参考文献	可选要素	引用文件、脚注
	索引	可选要素	索引的内容

7.4.3　明确评审及审批更改流程

产品保证规范应按技术评审的要求，组织分级、分专业的专题评审。评审工作一般由项目管理部门协同产品保证部门完成，一般由产品保证技术负责人主持，与评审内容相关的部门，特别是设计部门应参加评审。规范的编制部门根据评审意见进行必要修改、完善。评审内容主要包括：

（1）满足研制总要求、技术协议和总体单位的相关要求；

（2）符合相关国家法律、法规、国防军工法规条例和标准要求；

（3）选用和剪裁标准的正确性和合理性；

（4）体现先进性、适用性和可操作性；

（5）编写结构和格式满足规定要求。

产品保证规范应按技术责任制履行审签和更改程序。一般可按照编制、校对、审核、审定、专业会签（按协调要求）、标审、工艺会签（视情）、审批（视情）、批准（按规定）及顾客代表（视情）的顺序。

经批准生效的产品保证规范是型号研制过程开展相关工作的依据。其中，技术规范一经发布，即应纳入技术文件更改的控制范畴，并按型号研制阶段实施控制，必要时组织修订换版，并按规定的程序和要求办理更改及换版手续，原则上应按该规范原有的审批程序进行。

7.4.4 编制注意事项

产品保证规范体系设计与具体规范的编制，是装备型号研制的一项基础性工作，是支撑装备产品设计、制造与试验技术、实施装备产品保证、验证装备设计状态及其符合性的依据性文件。装备研制单位各级人员必须予以高度的重视。产品保证规范编制，一方面要贯彻相关军工法规标准要求，一方面又要满足装备研制要求，体现型号工程特色，为此，要认真研究装备型号的产品保证要求，在准确识别型号特点、研制风险及产品保证相关需求的前提下，以现有的产品保证各相关领域的技术和管理标准规范为基础，通过新编、借用、修订等方式，组织编制型号产品保证的具体文件和规范，突出文件的指导性和实用性，以求全面覆盖型号研制的实际需求，指导、牵引、控制和规范具体的产品保证工作，系统支持型号研制全过程的各项技术与管理工作，控制研制风险。具体应注意：

（1）关注规范内容的先进性和完整性。要充分考虑型号研制及发展需求，以及最新技术水平，编写中应进行需求分析，组织必要的技术经济论证，充分考虑采用经验证有效的新技术、新方法。制定规范不能纯粹考虑解决当前存在的问题，要为将来技术的发展提供框架并留有适当余地，这样才不会影响新技术的应用、发展。但应注意到新技术的可实现性，不要盲目追求。

（2）关注规范文字表述的准确性。全文应协调一致，简明、准确、逻辑性强，避免因表述不准确导致的二义性。规范编写时要做到：层次清楚，相关技术内容前后或各部分之间协调一致；突出主题，词意尽可能简明，不属规范内容不赘加；表达准确，逻辑性强；行文流畅，措辞严谨，用词规范，忌用俗语、方言。总之，应使规范使用者易于理解，在满足规范技术内容的完整和准确表达的前提下，规范的语言和表达形式应尽可能简单、明了、易懂，避免采用深奥的词汇或口语化措辞。

（3）关注规范行文的规范性。应遵循标准化的相关规定，按照技术文件的编写要求和规范模板规定的行文格式，进行规范编制，做到结构、文字表达形式和术语保持一致，章节编排、编号和标题等保持一致；同一内涵的概念，要自始至终使用相同的措辞或术语来表达；凡在国家标准、国家军用标准的术语、符号、代号等已有规定时，规范就应直接引用，以保持含义唯一。

（4）关注规范体系的整体协调性。为保证规范的整体协调，包括内容的协调和文体的协调，首先应保证规范之间、规范内容之间的协调统一，并与型号研制的技术与管理要求、与相关军工法规标准要求相协调；其次，应制定并执行统一的规范模板格式，以保证规范形式一致，文体一致，符合装备型号规定的标准化要求。实践证明，按照产品维、专业维和活动维的三维架构，建立型号产品保证规范体系，明确型号规范体系的标准化要求，突出规范体系的系统性、整体性和协调性，并兼容型号现有的技术标准和管理模式，是一种行之有效的管理方法。

产品保证规范的主体内容，描述的是在进行某项产品保证活动时应开展的工作项目、应实现的工作要求、应遵守的控制要求，从贯彻执行角度，实际作用就是体现为从事该项产品保证活动的工作指令。值得提出的是，MIL-Q-9858A《质量大纲要求》的核心部分是工作指令要求，即以工作指令的正确，保证产品质量。如果工作指令“允许有错，就肯定会出错”。所以，保证产品质量，首先应保证工作指令的质量，由此，产品保证规范本身的质量至关重要。

第 8 章

研制产品技术状态管理

复杂装备型号的研制工作一般均为跨行业、跨单位的系统工程过程，产品实现过程的技术状态管理异常复杂，保证装备研制在所定义的各级产品层次上，均能实现研制总要求（或研制任务书）所规定的战术技术指标要求（即技术状态要求），是装备研制的终极目标，也是装备研制质量管理与产品保证的终极目标。技术状态管理作为工程系统工程中的一种先进有效的管理模式和技术工具，在装备型号研制工作中占有十分重要的地位。

装备型号研制的技术状态管理工作，一般遵循 GJB 3206《技术状态管理》所规定的要求，其核心是围绕装备研制总要求（或研制任务书）所确定的技术状态（即产品的功能特性和物理特性），按照技术状态标识、技术状态控制、技术状态记实、技术状态审核的管理要求，开展装备系统及各级产品的技术状态管理活动，主要包括技术状态基线的确定与分配、产品技术状态的设计分析、工程实现、试验验证与审核鉴定等工作，以确保装备技术状态在所定义的各级产品层次上均能得到准确的定义、实现、验证和确认。

装备研制产品保证中的技术状态管理工作，就是按照装备研制的不同阶段，建立不同特征的技术状态基线，并且围绕技术状态基线的形成过程，开展相应阶段的产品实现过程的各相关技术与管理活动，直至达到研制总要求（或研制任务书）规定的技术状态。一般以实现装备研制总要求（或研制任务书）规定的技术状态为目标，根据型号研制计划的安排，考虑研制进度与成本的约束，以控制风险、保证时效为原则，从宏观到微观、从粗到细、从松到严，按基线、分阶段逐步实施控制，既要控制技术状态的正确形成，又要控制技术状态的合理变更。特别地，各级产品的技术状态基线一经建立，对其所提出的任何更改，无论是订货部门和用户使用单位提出的，还是研制总体单位和配套单位提出的，均须按照规定的程序，履行严格的审批程序，以保证技术状态的更改正确无误和风险可控。

8.1 技术状态管理的目的和作用

技术状态管理是覆盖装备全寿命周期的重要活动，装备的产品实现过程实际就是产品技术状态的实现过程。装备技术状态是依据装备研制总要求、通过装备研制过程确定的，因而，研制技术状态管理是装备研制管理的核心，成为装备研制质量管理及产品保证的主要工作内容，也是质量管理体系定义的重要工作项目之一。通过研制过程对装备各级产品技术状态的标识、控制、记实和审核工作，可以有效控制产品技术状态的形成过程，特别是控制产品技术状态的基线及其更改，以保证产品技术状态的提出、形成、确认符合规定要求，直到完成装备型号设计定型。

技术状态管理对装备研制成功与否具有极其重要的决定意义，其作用主要体现在：

（1）技术状态管理提供了一套系统化的方法体系，是实施装备研制系统工程管理的重要环节，它将工程技术和技术管理集成为一体，综合运用于装备从系统到各级产品的研制过程，覆盖了对产品硬件、软件、流程性材料及服务的管控要求，是保持装备研制有序进行的重要手段。

（2）技术状态管理始终围绕装备研制任务规定的用户要求，以技术状态项目、技术状态文件为两个基本的管理对象，展开技术状态标识、控制、记实与审核的各项技术与管理活动，实现用户所要求的交付物，前者是装备产品实体，后者是描述装备产品的成套技术资料，是装备研制、生产、使用与维护的依据。

（3）技术状态管理贯彻了风险控制的原则，它以产品技术状态实现过程的更改、偏离、超差为重点，规定了严格的控制程序和审批手续，特别是通过对更改的影响分析、有效性验证、风险评估等技术方法，力求降低更改、偏离及超差使用的风险，规避可能存在的设计反复，以此保证装备研制、生产及使用的正常进行。

（4）技术状态管理保证了产品实现过程的有效性和可追溯性。它通过建立一套完善的技术状态管理体系，保证了对每一个单元（即技术状态项目）所要实现的功能特性、物理特性都有准确、一致的定义和描述，保证对每一个人员都能在任何时刻使用现行有效的文件，与此同时，所形成的技术状态记实保持了技术状态形成过程的可追溯性。

8.2 技术状态管理的主要内容和实施要点

8.2.1 主要内容

按照标准的定义，技术状态是指在技术文件中规定的并在产品上达到的功能特性和物理特性。功能特性是指产品的战术技术指标和设计约束条件，如速度、杀伤力、可靠性、使用保障特性等；物理特性是指产品的形体特征，如组成、尺寸、表面状态、形状、配合、公差、重量等。

技术状态管理是指在产品寿命周期内，为确立和保持产品的功能特性、物理特性与产品要求、技术状态文件规定保持一致的管理活动。简单地说，就是运用行政和技术的手段，建立相关的技术状态管理程序和方法，对产品技术状态及其实现过程实施有目的、有计划、有步骤的管理。按照 GJB 3206 的规定，技术状态管理包括四方面内容，即技术状态标识、技术状态控制、技术状态记实和技术状态审核。具体工作项目如图 8-1 所示。

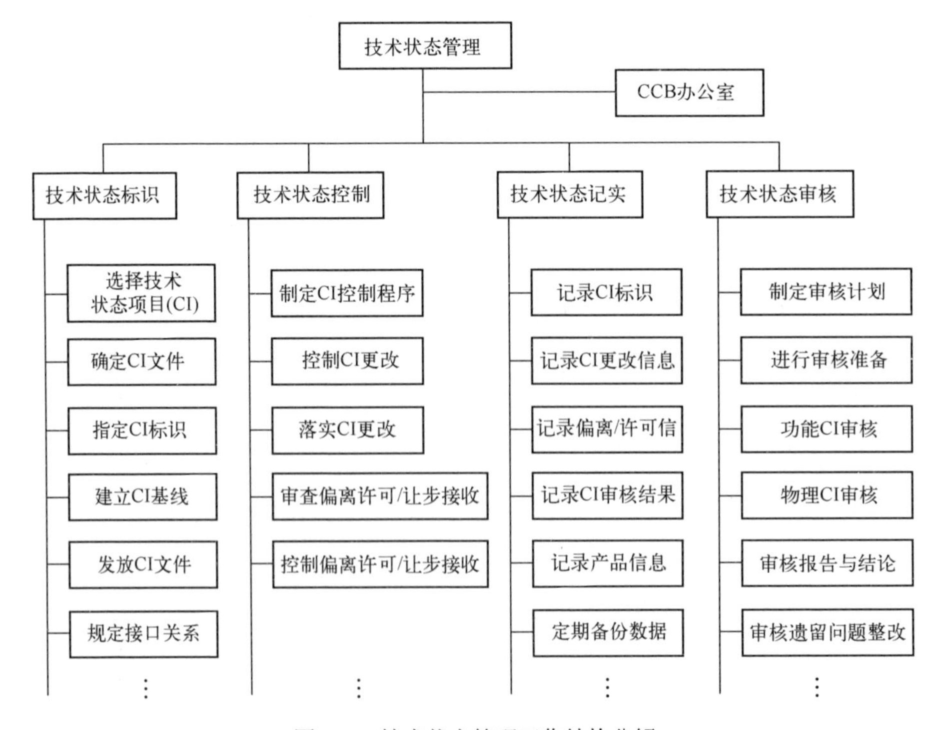

图 8-1 技术状态管理工作结构分解

图 8-1 规定的技术状态管理工作项目，是在装备研制的全寿命周期内进行的，包括识别确定技术状态项目的功能特性和物理特性并形成文件；控制技术状态项目及其相关文件的更改；准确如实地记录、报告技术状态管理的有关信息，包括更改建议及已批准的更改之执行状况；审核技术状态项目，检查其是否符合规范、图样、文件及合同要求。上述活动构成了技术状态管理的主要内容。

8.2.2　实施要点

装备研制单位在实施装备研制技术状态管理的工作中，应在贯彻 GJB 3206 的基础上，结合具体装备的研制特点及要求，做好技术状态管理的顶层策划，建立技术状态管理的制度、程序、流程和方法，落实与装备研制及管理相关的各方职责，识别及配置实施技术状态管理的各相关资源，以求规范、有效地开展技术状态管理工作。在实际工作中，应重点把握以下几个要点：

（1）建立技术状态管理制度。装备研制单位应根据装备研制要求，依托 GJB 9001 质量管理体系运行平台，建立技术状态管理过程，包括技术状态管理制度、组织级的技术状态管理要求、项目级的技术状态管理实施程序等，特别是装备研制的总体单位，应牵头组织型号技术状态管理的工作体系，建立包括型号研制总体、各参研单位及用户相关机构的技术状态管理组织，规定各方的技术状态管理职责与权限，建立覆盖研制全线的技术状态管理程序，确保装备研制的技术状态形成过程受控，技术状态管理过程规范，技术状态更改正确无误，技术状态得以有效实现。

（2）制订技术状态管理计划。装备研制单位应针对规定的技术状态项目，结合用户对技术状态管理的具体要求，制订技术状态管理计划。技术状态管理计划应随型号研制进程，根据装备研制要求、系统要求及技术状态项目的调整要求，按阶段进行必要的修订，并应征得用户同意。技术状态管理计划应符合合同要求。

（3）规定技术状态标识要求。装备研制单位应根据研制要求及用户要求，在对研制产品进行产品结构分解（PBS）的基础上，识别、确定技术状态项目并规定其标识方法，形成“技术状态项目清单”，针对每一个技术状态项目，提出需要描述该项目技术状态基线的文件，形成“技术状态文件清单”，同时规定技术状态文件的编写要求、标识方法、更改程序、批准权限等，并按规定的程序及要求组织编制、审核、校对、批准、会签等工作。通过技术状态文件管理和归档控制，特别是对文件的更改控制，确保文件文文相符，现行有效。

（4）突出技术状态基线管理。装备总体研制单位及各级产品研制单位应按照研制过程的不同阶段，建立装备技术状态的功能基线、分配基线和产品基线，并指定描述这些基线的技术状态文件，其中，功能基线应与产品的主要使用要求（含技术指标）协调一致；分配基线应与产品的总体技术方案协调一致；产品基线应与上级技术状态文件规定及产品定型/鉴定要求协调一致。研制单位应在技术状态基线的形成过程中，按照规定的技术状态管理要求实施严格的基线管理。

（5）严格技术状态更改控制。技术状态控制的核心是技术状态更改控制，包括偏离许可和让步接收。装备研制单位应在建立技术状态更改控制程序、明确审批流程、规定审批权限的基础上，严格控制对已经正式批准的技术状态文件的更改，保证其正确、完整、统一、协调。在申请和办理技术状态更改、偏离许可和让步申请时，应根据所定义的更改和偏离级别，进行更改的影响分析和风险分析，组织更改的验证工作，并严格执行规定的更改程序和审批流程，既做到坚持标准，控制风险，又做到适用有效。

（6）明确技术状态记实范围。装备研制单位应在规定技术状态记实要求（包括形式、内容、数据包）的基础上，严格按照规定的要求进行技术状态记实工作。作为原则，技术状态记实应针对每一个所确定的技术状态项目进行，形成描述该技术状态项目的完整的数据包，并保持该项目技术状态形成过程的可追溯性。应定期或不定期地检查技术状态记实是否规范、有效，记录内容是否准确、清晰，是否能提供产品实现过程的完整证据，以充分证明产品满足规定要求的程度。技术状态记实工作应结合研制单位的技术文件管理和归档工作进行，同时应与质量管理体系中的成文信息管理要求相一致，相关记实性文件记录的保存时间应与产品寿命相适应。

（7）规范技术状态审核实施。装备研制单位应在技术状态审核工作中，根据型号研制要求，以及研制计划的安排和里程碑的设置，选择和确定适当的时机，开展技术状态审核工作。作为原则，一般技术状态审核时机的选择应覆盖型号研制的里程碑节点（如转阶段研制），覆盖型号研制的重大活动（如大型试验进场前评审、研制产品交付用户前技术审查等）。特别地，研制单位应根据研制计划安排，根据用户要求或总体单位要求，配合装备研制主管部门开展型号设计定型/产品鉴定工作，以确认产品是否实现了规定的技术状态要求。研制单位应对技术状态审核中提出的相关问题制订整改计划，落实整改要求，提出整改措施，并检查和验证整改措施的有效性及实施效果，以确保规定的研制要求和技术状态得以有效实现。

8.3 技术状态管理活动分解

装备产品的技术状态是根据装备要求，通过研制过程确定、生产过程实现、使用过程维护的，因此，技术状态管理工作涉及产品寿命周期全过程。装备研制工作中，必须树立全寿命期技术状态管理的思想，既要考虑产品技术状态的设计确定、生产实现，还要考虑使用过程的技术状态维护和保障要求等。装备研制单位应按照 GJB 3206 等相关标准规定的要求，结合装备研制及使用的实际需求，对在研制各阶段需要开展的技术状态管理活动进行系统筹划，以此确定技术状态管理的工作项目、工作要求和控制要求，并将其纳入装备技术状态管理计划。作为示例，附录 C 给出了某型装备提出的研制各阶段需要开展的技术状态管理活动。

值得提出的是，装备型号全寿命周期的技术状态管理活动，始终是围绕技术状态的功能基线、分配基线、产品基线“三条基线”的提出、形成、建立和保持展开的；经历从论证阶段到方案阶段、从方案阶段到工程研制阶段、从工程研制阶段到定型阶段“三个阶段”的转移；涉及将用户要求转变为产品要求（即论证报告、产品技术条件等）、将产品要求转变为设计资料（即设计方案、设计文件等）、将设计资料转变为实物样机“三个里程碑”的实现过程。把握了以上所述的技术状态的“三个三”，就把握了技术状态管理的“主动脉”，从而可以有效地策划、分解和开展装备技术状态的管理活动。

8.4 研制技术状态管理指南

8.4.1 技术状态管理组织设立

1. 技术状态管理职责

装备研制单位应建立完善的技术状态管理组织，建立技术状态管理制度和工作程序，从体制、机制和工作流程等方面为实施技术状态管理提供保证，特别是建立技术状态管理责任制。技术状态管理涉及型号研制、工艺、生产、质量、标准化、档案、数据信息中心等众多部门，必须在明确技术状态管理责任主体的前提下，明确规定技术状态管理的归口部门、协同部门及相关支持部门，准确界定各相关部门的职能与工作接口。

GJB 3206 规定，组织“应明确技术状态管理责任主体及其职责”。要确定技术状态管理责任主体，首先要了解，技术状态管理核心是确定技术状态管理的产品对象，即技术状态项目，并据此展开相关技术与管理工作。其次是要搞清楚，技术状态管理的关键是：在建立技术状态基线后，控制技术状态项目的更改并保证其有效性。由此，技术状态管理更多的是一项技术开发和设计的管理活动，应归口企业的技术管理部门负责。装备型号研制单位，特别是研制总体单位，应由该型号的项目管理部门牵头组织型号技术状态管理工作，其基本任务是对装备技术状态的提出、形成、确认和保持过程实施协调、监督、检查与控制。

在确定技术状态管理的职责和权限时，应考虑以下几方面因素：

（1）产品的复杂程度和性质；

（2）产品寿命周期不同阶段的需求；

（3）涉及技术状态管理过程中的各项活动之间的接口；

（4）组织内外可能涉及的其他相关方；

（5）验证实施活动的责任部门的确定；

（6）管理机构的确定。

2．型号技术状态管理组织

为有效实施装备全系统的技术状态管理工作，确保产品技术状态在全寿命周期内均能得到有效控制，装备研制总体单位应建立型号级的技术状态管理机构，装备研制配套单位应建立各自的技术状态管理机构，并在装备研制总体单位的组织管理下，系统、有效地筹划和开展技术状态管理的相关工作。

鉴于国内装备研制普遍采用的型号“两总”组织架构，为有效落实型号技术状态管理的主体责任及各相关方责任，一般需设立型号技术状态管理委员会（CCB），吸纳所有必要的专业部门和职能机构的代表组成。型号技术状态管理委员会由型号总设计师牵头，型号总质量师辅之，与产品实现相关的各业务部门均作为技术状态管理委员会成员单位。一般地，型号技术状态管理委员会组成如下：

主任委员：型号总/副总设计师

副主任委员：型号总/副总质量师

秘书：型号总师助理

委员：设计部门代表

工艺部门代表

质量部门代表

生产部门代表

物资部门代表

其他部门代表（需要时）

注：顾客代表受邀参加技术状态管理活动。

型号技术状态管理委员会的主要职责是：

（1）审批技术状态管理计划、技术状态管理程序、选择的技术状态项目、技术状态基线；

（2）对提交的技术状态更改建议、严重级别的偏离许可、让步申请进行审查，提出批准或不批准的建议，由技术状态管理委员会主任委员批准。

作为常规，一般应在装备型号总体单位的项目管理部门设立技术状态管理委员会办公室（即 CCB 办公室），作为常设机构负责型号技术状态管理的日常事务工作。

型号技术状态管理委员会是一个权威机构，对型号工程项目的重大更改建议、偏离许可和让步申请具有决策权，在技术状态的更改审议中，主要是论证更改的必要性、分析实施方法的可行性、评价更改对进度和成本的影响等。

对于复杂装备的研制，除应设立型号级的技术状态管理委员会外，还应设立顾客代表和装备研制单位联合的型号技术状态更改评估委员会，一般由型号研制总体单位的研制主管部门会同装备主管机关牵头组织，成员包括型号项目办公室负责人、型号行政指挥系统代表、型号设计师系统代表，以及相关职能部门代表和顾客代表等，其主要职责是负责评估审查型号的重大技术状态更改，为型号总设计师、型号行政总指挥和上级部门提供决策依据。

8.4.2　技术状态管理计划制订

开展技术状态管理工作，首先要进行技术状态管理的策划，策划的结果应形成文件，一般称之为“技术状态管理计划”。该计划应针对特定产品或项目的实现过程，详细规定为实施技术状态管理所进行的各项工作，以及由谁、如何、何时完成这些工作，为完成这些工作所需的人员和资源等方面的要求等。

1．技术状态管理计划的层次

技术状态管理计划的构成视具体工程项目的大小而定。装备研制一般均属于大型、复杂工程项目，装备使用方、主承包商、分承包商均有必要策划技术状态管理工作，形成技术状态管理计划。技术状态管理计划一般分以下三个层面：

（1）主承包方根据研制项目的顶层要求，制订技术状态管理计划；

（2）分承包方根据所承担的研制项目，编制并形成技术状态项目管理计划；

（3）顾客制订的技术状态管理计划，以描述顾客参与主承包方的技术状态管理的情况。

2．技术状态管理计划编制模板

为统一装备技术状态管理计划的编制要求，GJB 3206 给出了技术状态管理计划的编制结构和内容要求，可供参照执行。以下是技术状态管理计划中必须明确的具体事项：

（1）技术状态管理目的、范围；

（2）技术状态项目说明；

（3）技术状态管理人员、部门和机构，各方职责；

（4）技术状态项目寿命周期阶段的划分；

（5）技术状态管理重大事项安排，如建立技术状态管理委员会、确立技术状态基线、选择和确定技术状态项目、技术状态文件的原则、规定技术状态审查要求、审核时机等；

（6）技术状态标识，如技术状态项目清单及标识方法、技术状态基线文件清单及标识方法；

（7）技术状态控制，如技术状态更改分类和审批权限、处理程序，包括对偏离许可、让步申请的分类和审批；

（8）技术状态记实，如技术状态记实格式、资料收集、记录、处理和保存程序，任务包、数据库要求等；

（9）技术状态审核，如功能技术状态审核、物理技术状态的审核计划、审核组织、工作程序、产品状态及文件要求等。

3．技术状态管理计划编制注意事项

（1）技术状态管理计划是针对特定的技术状态项目而言的，原则上，应针对每一个技术状态项目编制技术状态管理计划。复杂项目的技术状态管理计划可以按阶段进行编制。同时应注意技术状态管理计划与其他计划的衔接，如项目研制计划、质量保证计划、质量审核计划等。

（2）应在进行装备产品 WBS 分解的基础上，根据型号研制的实际需要，确定技术状态项目，形成“技术状态项目清单”，同时应明确描述每一个技术状态项目所要求的技术状态文件，形成“技术状态文件清单”，进一步，对以上“两个清单”规定标识方法，即产品标识和文件标识。“两个清单”一般作为型号技术状态管理计划的附录列出。

（3）规定在产品寿命周期中开展技术状态管理的职责和权限。应在贯彻装备全寿命周期技术状态管理要求的基础上，规定各个阶段的技术状态责任主体、职责和权限等，特别要明确装备型号设计定型后的转产过程、批生产过程、使用及维修保障过程技术状态管理的责任主体等。

（4）技术状态管理计划应形成文件，经顾客代表认可、会签后，由型号总设计师批准发布。技术状态管理计划应纳入型号文件控制范畴，确保在其形成、批准、发放、执行及更改等全过程中受控。具体按型号规定的文件控制要求执行。

8.4.3　技术状态项目选择

1．技术状态项目的确定过程

装备型号的技术状态管理是以技术状态项目为对象进行的，即以技术状态项目为基本单元，按照技术状态的管理要求，进行技术状态标识，制定技术状态文件，建立技术状态基线，实施技术状态控制、记实和审核。所以，选择技术状态项目是实施技术状态管理的前提。

选择技术状态项目之前，首先应依据用户提出的功能要求，进行产品的功能分解并建立功能树，其次进行产品的结构分解（PBS）并建立产品树，然后依据相关的原则和要求，选择并确定技术状态项目，一般以考虑型号产品的复杂程度和研制管理的精细化需要为基准点。技术状态项目的确定过程如图 8-2 所示。

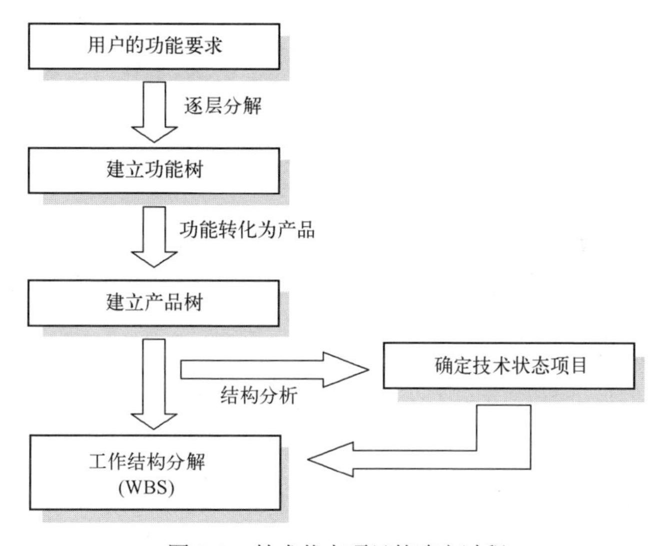

图 8-2　技术状态项目的确定过程

在装备型号研制的实际工作中，技术状态项目的选择一般由承制方与订购方协商后提出，通过编制“技术状态项目清单”予以确认。选定的技术状态项目应在合同中加以规定。

2．技术状态项目的选取原则

按照 GJB 3206 标准定义的要求，应选择功能特性和物理特性能被单独管理且有助于达到总的最终使用要求的产品作为技术状态项目。该定义隐含着两个条件：①能满足最终使用功能，即该项目所具备的功能特性、物理特性对最终使用功能有影响；②可被指定作为单个实体管理，也就是说它是一个独立的、单个的实体而不是一个普通的零部件。只有这种项目才能对其功能特性和物理特性进行标识、控制和审核，才有进行技术状态管理的必要。据此，技术状态项目的选取原则是：

（1）武器装备、分系统级产品或跨单位研制的产品。这些研制产品一般均属于功能复杂、结构复杂的技术状态项目，均具有重要的接口特性和验收要求，对这类项目应增加管理的透明度，加强产品保证的监督控制，以满足规定的要求与进度。

（2）在风险、安全、完成作战任务等方面具有关键、重要特性的产品。这些项目均属于产品实现的关键项目，如不进行严格管理，易在安全、完成任务等重大问题上产生风险。

（3）新研制（或改型设计）产品。这些项目一般均属于技术成熟度较低的项目，且无研制经验和产品保证的经验，因此需加强管理。

（4）接口复杂且重要的产品。这些项目与其他项目关系密切涉及面广，研制过程中的技术状态相互耦合，技术协调与质量控制的难度较大，为此需要对其加强管理。

（5）单独采购的重要产品（有单独交付或安装要求）。因是单独采购，故作为单个实体对其实施技术状态管理。

（6）使用和保障方面需着重考虑的产品（如可互换性）。此类项目一般均具有相对独立的技术状态特性，在用户使用及装备维护保障工作中一般作为可更换的单元部件（LRU）实施管理，且在使用过程中可能多次重复采购，成为单独采购的项目。

在确定技术状态项目时，应该注意以下几个问题：

（1）技术状态项目来源于对产品所进行的工作结构分解（WBS），但不等于 WBS，一般在 WBS 的基础上，选择能够单独进行测试、试验或交付的产品。

（2）权衡管理需要和管理成本，合理确定技术状态项目的数量，一般与需要进行设计定型或技术鉴定的产品（如武器装备项目研制中的 1～3 类产品）保持一致。

（3）技术状态项目的选择应能保证单独对其实施研制和管理，避免因技术界面或管理界面不清带来的混乱。

（4）编制形成的技术状态项目清单应经项目总设计师批准，提交顾客代表会签；所选择的技术状态项目应在合同中规定，并纳入顾客代表监督管理。

不同单位在选取技术状态项时有不同的视角。如飞机总体研制单位可以把机载成品设定为技术状态项，而机载成品承研单位通常选取成品的下属零组件等作为技术状态项目。

实例 1：飞机技术状态项清单示例如表 8-1 所列。

表 8-1　飞机技术状态项清单示例

WBS 层次	数模编号	数模名称	数模类型
1	AF××××-000-000	机体	系统/子系统
2	AF××××-000-000	机身-机翼连接结构	系统/子系统
3	AF××××-000-000	××连接结构	技术状态项
3	AF××××-000-000	××连接结构	技术状态项
⋮	⋮	⋮	⋮
2	AF××××-000-000	机身结构	系统/子系统
3	AF××××-000-000	前机身结构	系统/子系统
4	AF××××-000-000	前机身加强框	系统/子系统
5	AF××××-000-000	××框组件	技术状态项
5	AF××××-000-000	××框组件	技术状态项
⋮	⋮	⋮	⋮
4	AF××××-000-000	前机身前段	系统/子系统
5	AF××××-000-000	雷达天线舱	技术状态项
5	AF××××-000-000	前设备舱	技术状态项
⋮	⋮	⋮	⋮

实例 2：机载导弹系统的技术状态项目如图 8-3 所示。

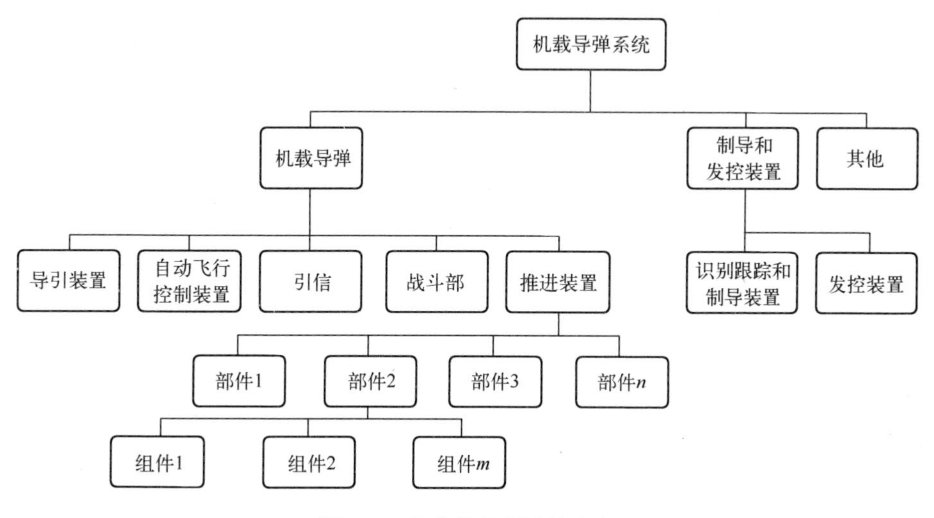

图 8-3　技术状态项目的确定

8.4.4 技术状态基线管理

装备研制中的技术状态管理工作实质上是围绕技术状态基线展开的，由此，技术状态管理实际就是技术状态基线的管理。根据装备型号研制进程，按阶段建立不同特征的技术状态基线，并且围绕基线的形成过程，通过技术状态标识、技术状态控制、技术状态记实和技术状态审核，实施技术状态管理的各项活动。其中，技术状态标识的最终目的就是建立描述装备不同阶段特征的技术状态基线；技术状态控制就是保证对技术状态基线的更改合理、有效；技术状态记实就是要准确记录和报告各技术状态基线的形成过程和现行状况；技术状态审核就是检查、确认已形成的产品与其技术状态基线的符合程度。因此，没有技术状态基线就没有技术状态管理。

一般情况下，对于较为复杂、存在内外接口关系的产品研制、生产工作，均需按照技术状态管理要求建立产品的三大基线，除非该产品不具备对其实施单独验收交付的条件，或简单地依据产品图样，就能说明产品技术状态，完成产品检验验收。

1. 研制过程的三大基线

装备研制过程中，一般根据研制程序安排，在不同的研制阶段，建立不同特征的技术状态基线，既作为本阶段工作的成果，又作为下一阶段工作的依据。研制过程一般需要建立三大技术状态基线，即功能基线、分配基线、产品基线。表 8-2 给出了建立技术状态基线需要考虑的主要问题，包括技术状态基线的内容、技术状态基线的文件形式、技术状态基线形成的时间、确定基线的主体单位等方面。

表 8-2　技术状态基线的建立

技术状态基线	内容	文件形式	制定时间	制定单位
功能基线	规定任务和技术要求、对各功能段分配要求、规定接口关系、确定设计约束条件等	系统规范	论证阶段	使用方
分配基线	规定各分系统或设备、计算机软件项目技术要求等	研制规范（研制任务书） 软件规范	方案阶段末	使用方或承制方
产品基线	规定生产、试验、验收技术要求等	产品规范	工程研制阶段末	承制方
	规定制造工艺（如焊接、铸造等）技术要求等	工艺规范		
	规定制造中使用的原材料或半成品生产技术要求等	材料规范		

续表

技术状态基线	内容	文件形式	制定时间	制定单位
产品基线		图样		
		明细表		

技术状态基线可以理解为：以技术文件形式确定的并被作为产品设计、生产和使用依据的基准或要求。故此，描述功能技术状态基线的文件即为功能技术状态文件，描述分配技术状态基线的文件即为分配技术状态文件，描述产品技术状态基线的文件即为产品技术状态文件。三种技术状态文件应是相互衔接、循序渐进、逐级扩展、细化地描述对技术状态项目的要求，并应保持相互协调，具有可追溯性。

1）功能基线

装备的功能基线是通过系统规范的形式描述的，一般应在论证阶段末期或方案阶段初期建立，用以规定装备或独立研制的重大技术状态项目的功能特性、接口特性，以及验证上述特性是否达到规定要求所需的检查，其主要作用和目的是确定顾客的主要使用需求，体现了顾客需要的是什么样的产品。因为系统规范是根据使用方的作战需求确定的，综合体现了研制总要求中主要战术技术指标，并作为重要技术内容纳入研制合同。被正式批准的系统规范构成了系统的功能基线，它规定了下列内容：

（1）规定从系统或高层技术状态项目分配下来的功能和接口特性；

（2）确定证实达到其功能特性所需的验证；

（3）陈述与其他相关技术状态项目必要的接口要求；

（4）确定设计约束条件（若有的话），如部件标准化、库存品使用、综合后勤保障要求等。

2）分配基线

装备的分配基线一般在产品的方案阶段末期或工程研制阶段初期建立，由一组已批准的研制规范构成，其主要作用和目的是分解分系统和每一个技术状态项目的设计要求（各特性的描述，各指标的分解），规定从上一层次技术状态项目分配下来的功能特性和接口特性，以及证实达到这些规定特性所需的验证。分配基线的核心是研制规范，每个研制规范至少应该明确以下要求：

（1）规定从系统或上一层次技术状态项目分配下来的功能和接口特性；

（2）确定证实达到其功能特性所需的验证；

（3）陈述与其他相关技术状态项目必要的接口要求；

（4）规定设计约束条件。

在装备方案设计阶段，已通过系统工程过程（如功能分析、技术要求分配等），将装备系统的总目标分解、转化为各个分系统和技术状态项目的性能要求，即构成了各分系统及技术状态项目的分配基线，下发了研制任务书，各分系统研制单位应根据研制任务书要求，编制相应产品的研制规范，以此作为工程研制的依据。

3）产品基线

装备的产品基线一般在产品设计定型时基本建立，在产品生产定型时最终确立。产品基线的确立，标志着装备研制工作的结束，装备产品经规定的试验考核成功后，即冻结技术状态，并通过装备定型/鉴定，确立产品基线，并以此作为装备后续生产和验收的依据。

产品基线是经整个研制过程所经历的设计开发、试制、验证后所确定的产品功能状态和物理状态，由一组经鉴定批准的生产技术文件组成，主要包括产品规范、设计文件、工艺文件、采购文件、验证文件、工程图样、软件程序和软件文档等，具有明显的配套性，因此，也经常称之为“成套技术资料”。产品基线的核心是产品规范，用以规定产品应符合的要求以及符合性判据等内容，即产品的技术要求和验证要求，是产品生产及检验的直接依据，有些行业也称之为“产品制造与验收规范”或“详细规范”。产品规范的主要内容有：

（1）产品的全面性能要求；

（2）产品的外形、配合、互换性和接口要求；

（3）根据整套图纸对产品的零件、部件和组件制定的详细技术说明；

（4）为保证产品的正确制造、装配、调试所必需的技术要求及相应的检验、试验和检查。

2．不同视角的三大基线

技术状态管理实际就是对技术状态基线的管理。实施技术状态基线管理时，必须注意 GJB 3206A 附录 C 中 C.3.2 条提出的不同视角的技术状态基线的说法：“产品的功能基线、分配基线和产品基线一般是面向产品的订购方和总承制方，分承制方只对应产品的分配基线和产品基线”。但在实际研制工作中，分承制方经常面临两种角色，以航空装备为例，对辅机和成组件的承制单位而言，在合同环境下，客观上存在两种角色：一种是主机的“分承制方”；另一种是“总承制方”，主要取决于任务来源（合同）是武器装备系统（主机）还是装备使用方。

当产品任务来源是主机时，企业的技术状态管理必须纳入主机技术状态管理体系中，企业只是产品的分承制方，对应的基线在系统中属于该产品的分配基线和产品基线。

GJB 3206A 附录 C 中 C.3.2 条还明确，“分承制方为方便己方管理，可以转换建立并命名己方视角的基线，例如任务基线、制造基线”，“若分承制方所转换建立的基线受产品订购方控制时，则任务基线、性能基线属于产品的分配基线，制造基线属于产品的产品基线”。此时，基线文件的标识具有二重性，分别用于企业内部、企业外部。比如当合同有要求时，应按照合同及订购方产品标准化要求，报送《技术状态项清单》及《技术状态文件清单》，这两份清单及文件标识既要符合订购方的要求，以保持产品总的技术状态管理标识的一致性，又要适应己方内部管理标准化的要求。有的企业采取双封面（双标识）办法处理。

如果产品任务来源直接是装备使用方订货或订单，企业的角色就是“总承制方”了，企业就必须建立完整的产品功能基线、分配基线和产品基线。此时技术状态标识的方法完全由企业自己规定，比如用文件编号加阶段标识来区别不同的基线文件。

3．基线的建立和保持

技术状态基线是伴随装备研制过程逐步迭代形成的，一般包括技术状态基线的建立过程和保持过程。技术状态基线的建立包括基线的提出、基线的形成和基线的确认，技术状态基线的保持一般是指，在技术状态基线得到批准或确认之后的相关技术与管理活动，主要目的是控制基线的更改。装备研制过程中，技术状态基线是按照装备研制计划规定的里程碑节点，通过组织设计审查、开展技术状态审核工作予以确认而建立的。图 8-4 给出了技术状态基线随研制进展、通过设计审查和技术状态审核建立和保持的情况。

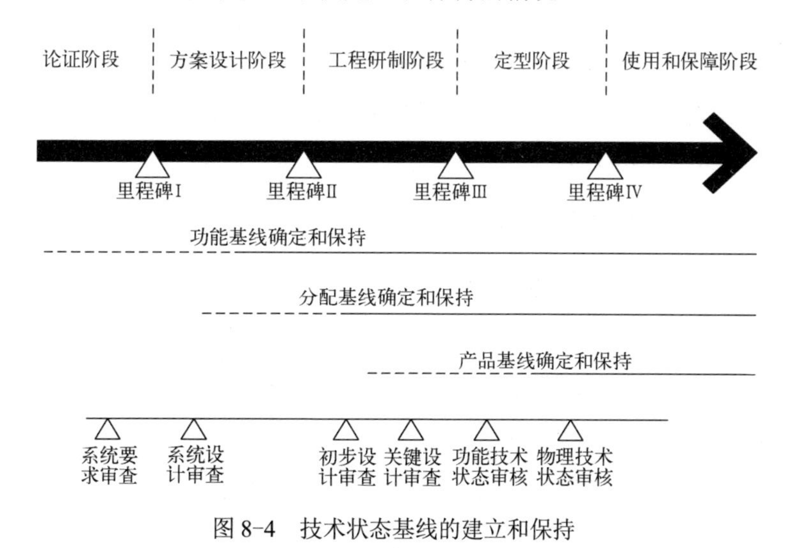

图 8-4　技术状态基线的建立和保持

按照装备研制产品保证的要求，装备研制过程中的所有技术与管理活动，都是围绕技术状态基线的建立和保持展开的，技术状态管理活动穿插于技术状态基线的提出、形成、确认和保持的全过程中，其各自的含义及管理要求是：

（1）技术状态基线的提出：一般是在研制阶段的初期，根据装备要求和装备研制要求，提出装备技术状态基线，并以正式下发或归档的技术文件为标志。例如论证阶段初期，上级机关下达的研制总要求将会提出功能基线，方案阶段初期，总体单位下达的研制任务书将会提出分配基线等。

（2）技术状态基线的形成：基线的形成过程，实际伴随装备研制的某个阶段（或某几个阶段）的研制过程，例如，论证阶段是功能基线的形成过程，方案阶段是分配基线的形成过程，工程研制和设计定型阶段是产品基线的形成过程。在基线的形成过程中，要进行相关功能分析、性能设计、指标分配、结构设计、硬件、软件设计等，产生各种设计分析报告和技术文件等，反映了产品技术状态逐步形成的过程。

（3）技术状态基线的确认：技术状态基线的确认，往往是对装备某个研制阶段输出结果的确认，输出结果如论证阶段根据研制总要求形成的系统规范，方案末期根据研制任务书形成的研制规范等。技术状态基线的确认一般通过技术审查、转阶段评审、设计定型、生产定型审查的方法进行，技术状态基线建立的标志是描述装备技术状态基线的所有文件（一般是指成套技术资料）得到订货方的确认与批准。

（4）技术状态基线的保持：当技术状态基线建立以后，就为装备研制的后续（或下一阶段）工作提供了依据，功能基线、分配基线自建立时起，保持到产品停产为止；产品基线自建立时起，保持到产品报废为止。在技术状态基线的保持过程中，特别需要控制基线的更改与修订。无论是哪一方提出的哪一类技术状态基线的更改，都必须严格按照规定的技术状态更改程序进行，履行必要的更改申请与审批手续。

8.4.5　技术状态文件确定

1．技术文件与技术状态文件

装备研制过程中形成了大量的图样、技术文件和相关资料。但应指出，并非所有的技术文件都是技术状态文件。按照标准的定义，技术状态文件是指规定技术状态项目要求，作为产品研制、生产、验收或使用保障依据的技术文件，主要包括产品规范、图样及其他需要的技术文件，研制过程中形成的设计分析报告、计算报告、试验报告等均不属于技术状态文件。

技术状态文件又分为功能技术状态文件、分配技术状态文件、产品技术状态文件。在装备研制过程中，首先制定系统级的功能技术状态文件；根据功能技术状态文件的要求，制定描述各技术状态项目要求的技术状态文件，即分配技术状态文件；根据分配技术状态文件的要求，进一步制定产品制造所必需的各类文件、图样，即产品技术状态文件。这三种技术状态文件在不同阶段进行编制，批准和保持，且在内容上逐级细化。随着各技术状态文件的发展，产品设计渐趋完善。

严格区分技术文件与技术状态文件十分重要，涉及不同管理制度和更改程序的执行。在产品研制过程中，承制方在进行各项硬件、软件工程设计与分析时，会产生相关的过程性的设计文件和分析报告，反映了产品技术状态的逐步形成过程，一般不列入技术状态更改的控制范畴，订购方也不必介入和干预。技术状态更改是指对已列入合同的技术状态项目、已正式批准的现行技术状态文件的更改，反之，未纳入合同的技术状态项目的更改，或技术状态项目文件在批准之前的更改，均属承制方的内部控制范畴，承制方可按其内部设计更改制度和图样管理制度进行更改控制。

2．技术状态文件常用分类

GJB 3206 给出了技术状态文件的常用类别，可作参考。作为示例，表 8-3 给出了航空武器装备技术状态文件及其对应的基线关系。

表 8-3　航空武器装备常用技术状态文件

文件类别	对应基线	基线建立阶段	文件示例
功能技术状态文件	功能基线	论证阶段末	研制总要求； 系统规范； 相关技术状态更改文件
分配技术状态文件	分配基线	方案阶段末	研制规范； 可靠性、维修性、测试性、保障性、安全性、生存性、环境适应性、电磁兼容性、人机工程、标准化、生产性等特性大纲或工作计划； 软件需求规格说明、软件设计说明书； （子系统级）试验方案、试验任务书、试验大纲； 相关技术状态更改文件
产品技术状态文件	产品基线	经历工程研制阶段，至定型阶段末	软件开发文档（含软件规范）； 产品规范； 材料规范； 工艺规范； 产品图样、配套表、明细表、汇总表和目录； 保障资料； （产品级）试验方案、试验任务书、试验大纲 相关技术状态更改文件； 偏离许可、让步申请

8.4.6 技术状态更改控制

在装备产品研制、生产过程中，由于用户需求、设计需要或工艺保证等各种因素的影响，致使已经正式批准确立的产品技术状态产生相应的变更。为了防止不必要的更改，加速有价值的更改的批准和实施，并保证更改能准确落实到所有相关的技术文件与实物产品中，即确保文件与文件之间保持一致、文件与实物相符，对技术状态的更改实施有效控制是十分重要的。

按照定义，“技术状态控制是指技术状态文件正式确立后，为控制技术状态项目的更改所进行的活动。”该定义强调了两个方面：①技术状态文件正式确立后；②控制项目的更改活动。技术状态的正式确立是指按照有关规定，经有关人员完整签署、通过评审或鉴定、可以作为下一步研制基准的技术文件，控制更改是指对更改的评价、协调、批准或不批准及批准更改的实施。技术状态控制的任务，就是要制订技术状态更改的管理程序和方法，控制技术状态更改、偏离许可和让步，并确保其得到有效实施。

需要说明的是，控制技术状态项目的更改不是不能改，而是要在受控的状态下进行更改，不能随意更改。在实施技术状态更改时，要坚持“论证充分、试验验证、各方认可、审批完备、落实到位”的控制原则，确保更改的必要性、正确性和可行性，确保所有的更改活动在受控状态下进行，以此降低更改的风险和影响程度，保证更改的有效实施。

1. 技术状态更改分类及审批要求

装备研制中，对技术状态更改的控制，一般按其更改对产品技术状态的影响程度实施分类管理。按 GJB 3206 的定义，技术状态更改一般分为 I 类、II 类和III类，各更改类别的定义、范围及审批要求如表 8-4 所列。

表 8-4 技术状态更改分类及审批要求

更改类别	定义	范围	审批要求
I 类	涉及产品技术状态的重大更改，或对经费、进度有较大影响的更改	（1）更改功能基线、分配基线，致使下列任一要求超出规定的限值或容差值： ✧ 性能和功能； ✧ 可靠性、维修性、测试性、保障性、安全性、生存性、环境适应性和电磁兼容性等特性； ✧ 外形尺寸、质量、质心、转动惯量； ✧ 接口特性； ✧ 规范中的其他重要要求	订购方审批
		（2）设计定型后，更改产品技术状态文件，对产品质量有影响，达到了上述（1）规定的程度，或者对下列一个或多个方面产生重大影响：	

续表

更改类别	定义	范围	审批要求
Ⅰ类	涉及产品技术状态的重大更改，或对经费、进度有较大影响的更改	✧ 技术状态项及零、部、组件的互换性； ✧ 已交付的使用手册、维修手册； ✧ 与保障设备、保障软件、零备件、训练器材（装置、设备和软件）等的兼容性； ✧ 技能、人员配备、训练、生物医学因素或人机工程设计	订购方审批
Ⅱ类	涉及产品技术状态的一般性更改	（1）设计定型前，更改不属于功能基线、分配基线的技术状态文件，对满足产品要求有影响	承制方审批，通知订购方
		（2）设计定型后，更改产品技术状态文件，对产品质量有影响，但没有达到Ⅰ类更改（设计定型后）规定的程度	订购方审批
Ⅲ类	不涉及产品实物状态的更改	勘误译印、修正描图、统一标注方法、进一步明确技术要求等不影响满足产品要求或产品质量的更改和补充	承制方审批，通知订购方

实际工作中，承制方可根据行业特点，细化技术状态更改类别，但应经订购方认可。

2．技术状态更改一般程序

装备研制的总体单位应该制定技术状态更改控制的要求和实施流程。承制单位应在执行总体要求的前提下，制定具体的更改实施流程。作为示例（但不失一般性），图 8-5 给出了航空装备技术状态更改的实施流程，具体实施步骤如下：

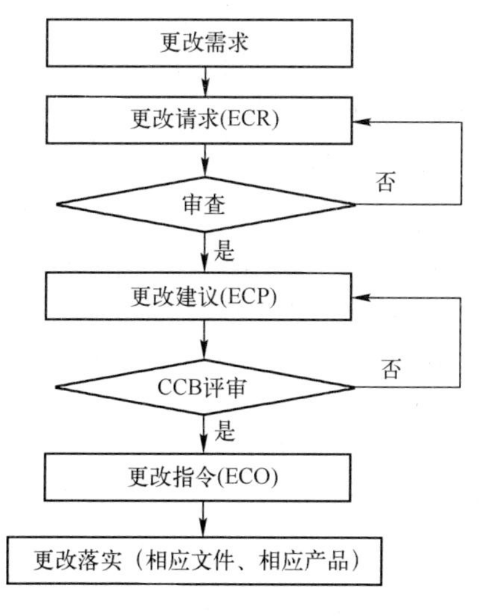

图 8-5　航空装备技术状态更改实施流程

（1）提出技术状态更改需求。订购方和承制方均可提出技术状态更改需求，形成技术状态更改请求（ECR），提交技术状态控制的归口部门（一般为 CCB 办公室）组织审查，征求 CCB 同意。

（2）确定技术状态更改类别。从技术状态更改对产品的影响程度，按上述原则判断技术状态的更改属性，确定更改分类（Ⅰ、Ⅱ、Ⅲ类），以此执行不同的更改审批流程。

（3）编制技术状态更改申请。承制方和订购方均可编制技术状态更改申请，一般由承制方统一编制。技术状态更改申请的文件形式为技术状态更改建议，只针对Ⅰ、Ⅱ类更改，Ⅲ类更改不需要编制。

（4）评审技术状态更改申请。技术状态控制归口部门（CCB 办公室）组织编写工程更改建议（ECP），提交 CCB 进行全面审查，并给出明确的决策意见。

（5）审批技术状态更改申请。Ⅰ类、设计定型后的Ⅱ类更改应由订购方审批；定型前的Ⅱ类更改由承制方审批；对于提前小批投产的Ⅱ类更改，由订购方审批。

（6）编制技术状态更改通知。技术状态更改通知一般由承制方编写，订购方可组织编制Ⅰ类技术状态更改通知。更改通知的文件形式为工程更改指令（ECO）、工程更改通知（ECN）、规范更改通知（SCN）、技术通报等。Ⅲ类和定型前的Ⅱ类更改通知由承制方审批；Ⅰ类、设计定型后的Ⅱ类更改通知应经订购方认可；对于定型前提前小批投产的Ⅱ类更改通知应经订购方认可。

（7）实施并检查技术状态更改。应及时将经批准生效的技术状态更改纳入技术状态基线并确保得到严格实施；应检查技术状态更改的实施情况，确保产品、技术状态文件、保障设备及训练器材的一致性；必要时应进行验证；当影响到进度、经费时，应订立合同或协议，保障更改的实施。

3．技术状态更改建议的编制

在装备产品研制、设计及生产过程中，承制方和订购方均可根据要求，随时提出技术状态的更改建议，编写技术状态更改建议书。涉及产品技术状态基线的更改，在提出更改建议前，更改的提出方应及时会同对方协商确定。技术状态更改建议一般应以书面形式提出，主要内容应包括：

（1）更改建议的标识号；

（2）更改建议的提出单位、日期；

（3）更改的类别；

（4）更改的迫切程度；

（5）更改的产品、技术状态项目的名称、编号；

（6）受影响的其他技术状态项目的名称、编号；

（7）受影响的技术状态文件的名称、编号；

（8）受影响的产品的范围（包括在制品、制成品、在役品等）；

（9）更改理由的简要说明；

（10）更改内容；

（11）更改带来的影响（包括对战术技术指标、作战使用性能、综合保障、研制进度等的影响）；

（12）更改所需费用估算；

（13）更改实施方案（含实施日期）。

当提出技术状态更改建议时，应附上必要的支持技术状态更改的资料，如试验数据分析、保障性分析、费用分析等资料。每一份技术状态更改建议都应有标识，并保证标识的唯一性。

4．技术状态更改建议的评审与审批

当技术状态更改建议提出后，承制方应组织相关专业技术领域，以及制造、质量保证、维修、财务、计划管理等职能领域的专家，对技术状态更改建议进行评审。涉及分承制方或供应商的，应邀请其代表参与。订购方认为必要时可参与评审。评审内容一般包括：

（1）受更改影响的技术状态项目及其零、部、组件；

（2）更改的效果，包括不进行更改的影响和更改可以为产品带来的改进；

（3）更改所产生的费用和更改实施进度。

评审应就以下方面形成结论：建议的更改是否必要、是否可行、结果是否可接受；更改是否已形成文件并进行了分类；将更改落实到相关文件、产品（包括硬件、软件）中所策划的活动是否充分和协调。

经评审通过的技术状态更改建议，应按照规定程序履行批准手续。Ⅰ类技术状态更改建议由承制方签署意见后向订购方报批。订购方组织审查后确定是否批准该项技术状态更改建议。如不批准，订购方应书面通知承制方，并说明理由。Ⅱ类技术状态更改建议由承制方按内部制度批准实施，并送交订购方备案。如订购方对所确定的技术状态更改类别有异议时，应经双方协商后，由订购方最后决定。

5．技术状态更改的落实

单就更改本身而言，技术状态更改是指对技术状态文件的更改，而技术状态控制是对更改建议所进行的论证、评定、协调、审批和实施活动。当技术状态更改建议完成审批、形成更改指令后，即可认为更改的确认工作已经完成，后续就是更改的落实问题，即如何将更改内容落实到相应的图样、技术资料和产品上。技术状态更改的落实包括更改通知的形成、相应文件的更改、相应产品的更改。

首先，应将经批准的技术状态更改建议内容转换成技术状态更改通知，一般采用以下形式之一进行：

（1）更改单；

（2）临时更改单；

（3）技术通报；

（4）规范（标准）修改单等。

Ⅰ类技术状态更改通知由承制方按自行规定编制，经订购方认可后发放到各有关部门。订购方认为必要时，可组织编制Ⅰ类技术状态更改通知。Ⅱ类技术状态更改通知由承制方按自行规定编制，并批准发布到各有关单位或部门。订购方编制技术状态更改通知时可参照执行。

其次，应将经批准的技术状态更改内容纳入相关技术状态文件中。一般要求，在提出技术状态更改建议时，应分析并提出与该项更改相关的技术资料和文件清单，包括设计图样、技术规范、工艺文件、材料汇总表等，随后依据“更改单”内容逐一进行更改、校对和发放。

最后，将技术状态更改落实到相应的产品上。按照更改后的技术文件对相关产品进行更改实施。作为建议，在提出技术状态更改建议时，应在对该项更改所涉及的在制品、装机品、库存品、采购品、借用品、交付品（俗称六品）进行清理和影响分析的基础上，明确提出该项更改的落实要求，将更改建议落实到所有受影响的产品上。

技术状态更改实施是一个复杂的过程，其有效实施到位的标志是：与更改相关的所有技术文件都能更改到位，所有的关联产品都能落实到位，并且做到技术状态文件与文件之间相符、文件与实物相符。为此，承制单位在实施技术状态更改时，要指定专人负责跟踪技术状态更改的实施过程和落实情况，可制定专门的技术状态更改跟踪落实检查表，以保证更改实施过程严格、规范，各项更改有效落实到位，具备可追溯性。

8.4.7 偏离许可与让步审理

一般而言，技术状态项目的制造应满足已批准的技术状态文件的规定。在技术状态项目制造前，如果承制方认为有必要临时偏离已批准的技术状态文件，可提出偏离许可申请；在技术状态项目制造期间或检验验收过程中，如果承制方认为在制品、制成品虽不符合已批准的技术状态文件，但用批准的方法修理后或不经修理仍可使用，承制方可提出让步申请。

1．偏离许可、让步的级别

偏离许可与让步一般分为严重级和轻度级。涉及下列任一项的偏离许可、让步均属严重级，此外均属轻度级。

（1）性能；

（2）功能接口或物理接口；

（3）互换性；

（4）形状、质量、质心；

（5）可靠性、维修性、测试性、安全性、生存性、环境适应性、电磁兼容性等特性；

（6）影响人员健康与安全；

（7）服役使用与维修；

（8）造成严重后果的其他方面。

除特殊情况外，一般不能申请严重级的偏离许可、让步，以及影响服役使用或维修的偏离许可、让步。经批准的偏离许可、让步仅在指定范围和时间内适用，不应作为功能技术状态文件、分配技术状态文件或产品技术状态文件的更改依据。

2．偏离许可、让步申请编制

偏离许可、让步申请可按承制方自行规定的格式编写。每一份申请都应有标识，并保证标识的唯一性。偏离许可、让步申请的内容至少应包括：

（1）偏离许可、让步申请的标识号；

（2）申请单位、申请日期；

（3）偏离许可、让步的级别；

（4）技术状态项目名称及编号；

（5）受影响的技术状态文件名称、编号；

（6）受影响的产品范围和数量；

（7）偏离许可、让步内容；

（8）偏离许可、让步带来的影响（包括对综合保障、交货进度等的影响）；

（9）必要的验证试验结果；

（10）实施日期。

3．偏离许可、让步申请审批

产品设计定型前的偏离许可、让步申请，一般由承制方自行审批；产品设计定型后的偏离许可、让步申请，由订购方审批。订购方按偏离许可、让步的级别，确定相应批准权限。

偏离许可申请的提出和审批应在技术状态项目制造前办理。

偏离许可、让步申请的实施和纠正方面，承制方应根据批准的偏离许可申请，编制必要的内部控制文件，以确保偏离得到正确实施、让步控制在可使用范围内。原则上，产品的关键特性不容许让步使用。

为避免偏离、让步的重复发生，承制方应分析偏离和不合格品产生的原因，制定并实施必要的纠正措施，并将经验证有效的纠正措施纳入相关技术文件，或形成内部制度。

8.4.8 技术状态记实要求

技术状态记实是一个资料与信息管理系统，其作用是在产品整个寿命周期内，记录并报告技术状态管理过程的信息以及活动。技术状态记实的对象可以针对单个技术状态项目也可以针对整个项目进行。技术状态记实的任务包括：

（1）记录并报告各技术状态项目的标识号、现行已批准的技术状态文件及其标识号；

（2）记录并报告每一份技术状态更改建议的状况，以及批准后的落实情况；

（3）记录并报告技术状态审核的结果，包括不符合的状况和最终处理情况；

（4）记录并报告技术状态项目的所有偏离许可和让步的状况；

（5）记录并维持已交付产品的版本信息及产品升级的信息；

（6）定期备份技术状态记实数据，维护数据的安全性。

技术状态记实可以由人工系统进行，也可由自动数据处理系统来完成。无论用人工记实，还是由中央数据库系统自动数据处理，都必须首先确定基本文件的格式，确定记录、报告技术状态状况的程序。

1．记录和报告

组织应从产品的方案阶段起开展技术状态记实活动，各相关部门按照规定的要求进行技术状态的记实活动。一般包括：

设计部门对产品设计和开发过程中的输入、输出、验证以及确认的各类文件资料（包括合同、设计任务书、图样、产品设计规范、物资采购计划、产品验收规范等）进行记实；

生产部门、检验部门对产品生产过程中的配套表、分组件明细表、偏离许可和不合格品明细表、装配单、测试单、不合格品报告和 MRB 报告以及质量标签等记录，建立产品标识及随行文件档案，保持可追溯性；

CCB 办公室负责对技术状态变更情况进行记录，并形成技术状态更改项目汇总表；MRB 负责对不合格品审理的情况（包括偏离许可、让步、代用等）进行记录，按阶段形成不合格品项目汇总表；

在承制方与订货方之间所进行的技术状态报告非常重要。一般经双方协商后，承制方应定期向订购方、分承制方或供应商发送下列不同类型的报告：

（1）技术状态项目及其技术状态基线文件清单；

（2）当前的技术状态说明报告；

（3）技术状态更改、偏离许可和让步状况报告；

（4）技术状态更改实施和检验报告；

（5）其他订购方要求的报告。

2．分析

各部门应依据技术状态记实所形成的报告、记录和数据，进行相关分析工作，检查有关问题的解决情况，分析有关决议的执行效果，评定有关纠正措施的实施效果，确认相关工作的有效性和产品的符合性。其中应审查和分析技术状态记实的数据，从而完成下列工作：

（1）对所报告的问题进行分析，以查明问题的动向；

（2）评定纠正措施，验证是否已解决了相应的问题，或是否又产生了新的问题。

3．归档和维护

技术状态记实数据的形式可以是纸质文件或电子化数据。可归档的数据应有纸质载体，并按档案管理的规定和标准执行。归档的数据应保持完整性和正确性。无论采取何种数据存储方式，都应保证所需的技术状态记实数据可用。

8.4.9　技术状态审核实施

装备研制工作中，为了保证产品符合合同要求或有关规定，保证技术状态文件能充分准确地描述产品，在确认技术状态基线之前，应进行技术状态审核。技术状态审核通常分为功能技术状态审核和物理（实物）技术状态审核。

功能技术状态审核是对照经批准的技术状态文件，核实产品的技术状态文件是否准确地反映了产品所要求的功能特性、产品功能、性能设计达到了规定的要求；核实产品的试验和分析数据是否足以证明该产品已达到了其功能基线和分配基线所规定的要求。

物理技术状态审核是根据技术状态项目的技术状态文件，对按正式生产工艺制造出来的技术状态项目进行考核，以确保技术状态项目实物的技术状态与技术状态文件保持一致。物理技术状态审核还应确保技术状态文件所规定的检验验收要求满足技术状态项目生产检验验收的需要。物理技术状态审核的完成标志着产品基线的形成。

对装备型号研制确定的每一个技术状态项目，都应进行功能技术状态审核和物理技术状态审核。技术状态审核工作，一般应由订购方和承制方共同组成审核组，在承制方或分承制方的现场进行。承制方应采取必要措施，配合订购方开展技术状态审核工作。

1. 审核时机

装备研制过程中，技术状态审核一般均结合研制转阶段技术审查、设计定型/鉴定工作进行，目的是审查和确认研制各阶段所形成的产品技术状态基线。依据 GJB 3206 要求，装备产品设计定型/鉴定前，应先行安排装备产品的技术状态审核工作，并且功能技术状态审核可结合设计鉴定/定型工作进行，物理技术状态审核可结合生产定型工作进行，若无生产定型，则可结合设计鉴定/定型工作一并进行。技术状态审核活动一般依据技术状态管理计划在规定的技术状态项目上进行。

在装备研制的实际工作中，研制单位特别是总体研制单位，均会根据研制需要，选择重大的研制节点（一般为里程碑节点）或研制活动，自行开展技术状态审核工作，以此确认产品技术状态的实现情况，并将其安排在技术状态管理计划中。当发生以下情况之一时，一般均应安排技术状态审核工作：

（1）大型试验进场前；

（2）转阶段评审前；

（3）设计定型/鉴定、生产定型审查前；

（4）批生产产品向用户交付前。

飞机技术状态审核工作经常结合研制过程的技术审查活动进行，一般考虑按如下节点安排：

（1）初步设计末期，开展初步设计审查（PDR）；

（2）详细设计末期，开展审查和评审；

（3）完成飞机首件、试验机、试验件制造后，开展试验准备审查（TRR）；

（4）完成各系统（各级 CI）地面试验，开展 CI 功能验证审查（FVCR）；

（5）在飞机首飞前，开展首飞评审；

（6）在设计定型之前，提前投产飞机交付时，开展提前投产审查（FCA1）；

（7）设计定型阶段末期，进行功能技术状态审核（FCA2）；

（8）生产定型阶段末期，进行物理技术状态审核（PCA），没有生产定型时，物理技术状态审核和功能技术状态审核一起进行。

2. 审核内容

技术状态审核内容以规定的技术状态项目为对象，分别进行功能技术状态审核和物理技术状态审核。

1）功能技术状态审核

功能技术状态审核的数据必须从拟正式提交的设计定型（鉴定）样机的技

术状态试验数据中随机采集，如果未制造设计定型（鉴定）样机，则应从第一个（批）生产件的试验数据中随机采集。审核内容有：

（1）审核承制方的试验程序和试验结果是否符合相关设计输入文件和试验大纲的要求；

（2）审核试验计划和试验规范的执行情况，检查试验结果的完整性和准确性；

（3）审核试验报告，确认这些报告是否准确、全面地说明了技术状态项目的各项试验；

（4）审核接口要求的试验报告；

（5）对那些不能完全通过试验证实的要求，应审查其分析或仿真的充分性及完整性，确认分析或仿真的结果是否足以保证技术状态项目满足其技术状态文件的要求；

（6）审核所有已确认的技术状态更改是否已纳入了技术状态文件并已经实施；

（7）审核未达到质量要求的技术状态项目是否进行了原因分析，并采取了相应的纠正措施；

（8）对计算机软件配置项，除进行上述审核外，还可进行必要的补充审核；

（9）审查偏离许可和不合格品清单。

2）物理技术状态审核

物理技术状态审核的数据必须从按正式生产工艺制造的首批（个）生产件的试验与检验数据中得到，审核文件有工程图样、产品规范、工艺规范、材料规范、设计文件、清单、用于技术状态项目生产的各项检验试验文件，以及计算机软件配置项的使用和支持文件等。审核内容有：

（1）审核每个硬件技术状态项目的有代表性数量的工程图样和相关的工艺规程（工艺卡），以确认工艺规程（工艺卡）的准确性，包括反映在工程图样和产品硬件上的更改；

（2）审核技术状态项目所有记录，确认按正式生产工艺制造的技术状态项目的技术状态准确地反映了所发放的工程资料；

（3）审核技术状态项目的试验数据和程序是否符合规定生产要求和检验验收要求的技术状态文件的规定；审核组可确定需重新进行的试验；

（4）确认分承制方在制造地点所做的检验和试验资料；

（5）审核功能技术状态审核遗留的问题是否已经解决；

（6）对计算机软件配置项，除进行上述审核外，还可进行必要的补充审核。

3．审核的组织实施与报告

（1）成立审核组，应组成由订购方、承制方和相关专家组成的审核组，审核组成员应具有相应资质并具有代表性，并由订购方担任审核组长。承制方自行组织的技术状态审核可由设计、工艺、质量以及项目管理等部门和顾客代表联合组成。

（2）编制审核计划，确定审核日程和地点。

（3）按技术状态审核计划要求做好相关资料准备，提供审核资料；在审核前向技术状态审核组提交一份清单，列出技术状态审核中要用的文件、硬件和软件。

（4）必要时邀请供方参加审核，并提供相关资料。

（5）作好会议记录，内容包括重要问题和对策、措施、结论、建议性意见等；交订购方确认后，形成正式的会议记录。

审核程序如下：

（1）首先听取项目负责人对项目研制进展情况及技术状态情况的报告，审核组分为功能技术状态审核小组、物理技术状态审核小组，依据规定的审查内容开展工作，进行相关资料的审查，并指定专人做好审查记录；项目负责人应在现场随时接受质询、提供答辩或说明。

（2）功能技术状态审核小组、物理技术状态审核小组分别形成“功能技术状态审查意见”和“物理技术状态审查意见”，提供审核组审查。

（3）审核组长（或指定秘书）汇总功能技术状态审核小组、物理技术状态审核小组的意见，召开审核组会议，就审核情况、存在问题、改进建议、审核结论等方面形成技术状态审核报告，签字认可；审核组各成员均应在审核报告中签字认可。

（4）承制单位将技术状态审核报告复制并分发至相关领导、相关部门和受审核单位、顾客代表室以及参与审核的分承制单位。

4．审核结果跟踪

技术状态审核完成后，承制单位的 CCB 办公室应按规定的程序要求，及时向相关方公布或通报审核结果，整理审核记录和报告并形成归档资料，根据审核意见及遗留问题，组织并督促相关责任单位进行整改和落实，并按规定的期限完成验证工作。

8.5 技术状态管理中的产品保证活动

装备技术状态管理工作如此重要，并已成为装备研制及项目管理的一切技术与管理活动的主线，自然也就成为装备研制质量管理及产品保证工作的主线。产品保证工作应该围绕技术状态主线进行策划和安排。技术状态形成过程有其客观规律，不能随意违反或强加干预，但要进行有效的控制，使其不偏离预定的技术路线，这就是装备研制质量管理及产品保证的主要工作。常用的方法有：技术评审、三级审签、标准化审查和会签、技术决策和协调、技术质量监督等。

本书将技术状态管理的概念延伸到产品实现过程中与技术状态相关的各类产品保证活动，包括技术评审、状态审核、产品检验确认及故障报告分析和纠正措施系统（FRACAS）等活动。之所以作此延伸，其目标就是要确保在装备各级产品技术状态的形成过程中，通过各种有效的质量管理与产品保证活动，保证产品技术状态标识一致、控制有效、记实准确、审核规范，并且要对产品的技术状态过程建立追踪索引，特别是对技术状态更改的追踪索引，以确保其技术状态在其相关文件中、相关产品中的一致性和可追溯性，即保证各级产品的技术状态文文相符、文实相符。

8.5.1　技术评审

技术评审是在装备研制产品保证工作中实施风险控制和预警的重要措施，也是开展产品研制技术状态的审查、控制和评价的有效方法。技术评审主要有三类：设计评审、工艺评审和产品质量评审。

1．设计评审

设计评审一般安排在重要的设计文件、技术状态文件、技术管理文件形成之后进行，用于评价技术要求（包括设计输入、设计输出等）的正确性，以及相应工作的进展情况。设计评审作为一种行之有效的技术风险控制方法，其应用几乎覆盖了型号研制的全过程，包括设计输入评审、设计方案评审、设计输出评审、设计更改评审、设计验证评审等。为此，型号研制工作要依据研制要求及计划安排，策划并组织分级、分阶段的设计评审工作，重点审查、发现相关设计工作中存在的缺陷和薄弱环节，提出改进措施和建议，以减少设计反复，加速设计成熟，降低技术决策的风险。设计评审的结论是产品研制决策的重要依据，产品未按计划进行设计评审或评审未通过的，不允许转入后续研制工作。

2．工艺评审

工艺评审用于审查工艺设计的输出文件，是保证工艺质量的重要环节，通过工艺评审，对工艺设计的正确性、先进性、经济性、可行性和可检验性进行分析、审查和评议，以便及早发现和纠正工艺设计缺陷，使其满足产品试制与生产要求。工艺评审为批准工艺设计提供了决策性的咨询，其评审对象主要是工艺总方案、工艺说明书，以及关键件、重要件、关键工序的工艺规程等文件。未按计划进行工艺评审或评审未通过，不允许转入下阶段工作。

3. 产品质量评审

产品质量评审一般安排在以下两个重要环节进行：①在重大外场试验前进行，用于审查产品的质量状况，最大限度地降低外场试验风险；②在产品检验合格之后、交付用户之前进行，用于对产品实物质量及其产品保证工作进行全面、系统的审查。未经产品质量评审，产品不得安排进场试验，或交付用户使用。

为使技术评审达到预期的效果，真正起到技术质量把关的作用，应根据产品的功能级别和管理层次，规定分级、分阶段的技术评审要求，合理设置评审点并将其纳入各级产品的研制计划，确保有效实施，特别是要严格执行装备研制过程的转阶段评审制度，执行设计评审中的可靠性、元器件、软件等专项评审制度，邀请各专业技术领域的专家担任主审。各类评审提出的遗留问题均应纳入“闭环”管理的范畴，并落实专人（一般为质量工程师）负责对其整改过程进行监督、检查、跟踪、验证和确认。

8.5.2 技术协调、审查与监督

1. 技术协调

技术协调工作贯穿于装备研制、生产全过程的相关技术与管理过程之中，技术协调过程也是一个统一技术认知、统一技术要求的过程。技术协调大量产生于研制总体单位与配套单位之间、系统与各级产品接口之间、设计与工艺之间。为此，建立协同的运行机制和工作团队就显得无比重要。作为型号组织管理的一种有效方法，就是以研制项目（技术状态项目）为对象，建立项目综合开发团队，吸纳与项目研制相关的各方人员，包括设计、工艺、质量、试验、试制、物资供应等参加，以便实现纵向的技术协调（主要是产品技术要求与接口的协调）和横向的业务协调，专业互补，快速解决各类问题。另一种办法是项目综合协调，包括项目例会、各种协调会等。

2. 技术资料审查

研制过程中形成的所有技术文件、管理文件和图样都要按规定履行审签、标准化审查和会签手续。对研制任务书、设计方案、试验大纲等文件，总体及有接口关系的单位应当进行会签，以保证其在符合总体要求的前提下，保证接口要求的正确性。作为各级产品设计、试制、试验及使用维护依据的技术状态文件，应当进行质量会签（或相应专业的产品保证工程师会签），以此作为实施研制、生产、使用维护过程质量控制及产品保证工作的依据；作为各级产品试制、生产依据的图样和技术文件，应当进行产品工艺性审查，完成工艺会签，以确保产品的工艺性和可生产性。所有技术文件都应当进行标准化审查。为了使审签、标准化审查和会签工作切实有效，应当建立完善的技术文件资料管理制度，落实各方责任制。

3．技术质量监督

技术质量监督就是依靠产品保证工作系统或质量师系统的监督管理职能，对装备研制、生产过程开展的相关技术与管理工作实施监督、检查与评价。为保证监督的有效性和权威性，实施监督检查工作的产品保证工程师或质量工程师应由经验丰富的设计师和工艺师担任。监督检查工作可依据相关法规标准、型号产品保证大纲和质量保证大纲等进行。产品保证工程师或质量工程师除根据工作需要，参与研制过程及研制现场的监督检查工作之外，一项重要的职责就是参与型号技术状态管理委员会的工作，监督控制、检查评价技术状态的实现过程和技术状态的管理情况，跟踪技术质量问题的处理情况，通过执行规定的工作程序，履行规定的工作职责，控制技术状态的变更过程。

8.5.3　过程审核

标准所提到的技术状态审核是针对产品达到的功能特性和物理特性所进行的审核，或者是对技术状态实现结果的审核。本处所提及的过程审核，是对项目技术状态形成过程的检查与控制，是对产品研制过程及研制管理工作所进行的符合性检查，其目的在于了解在装备研制过程中，各相关技术与管理人员“按章办事”、执行相关技术规范和管理标准的情况，重点检查各相关设计开发活动及产品保证活动对规定的技术要求、技术规范和标准的执行程度及其有效性和符合性。

依据既定的程序和规范，开展经常性的过程审核，可以对装备研制工作的有效性进行正确诊断，对检查提出的不符合项组织及时纠正，对发现的潜在不合格做到有效预防，从而促进研制工作的规范有序。审核工作可围绕技术状态管理计划所确定的内容进行，同时应指定相关专业领域的专家介入，如专职的产品保证工程师、可靠性工程师、软件测评专家等，以保证其有效性和权威性。

质量管理的核心在于闭环。按照控制论的思路，可以构建如图 8-6 所示的闭环质量管理系统。其中，质量监督形成质量管理系统的主渠道，质量审核恰恰构成质量管理系统的反馈渠道，两者互为补充，相辅相成，构成了质量管理体系运行监测和有效维护的不可缺少的两个方面，有了质量审核的闭环功能，才能实现质量管理系统的稳定运行。质量审核可以给质量监督指令的形成提供依据，从这一点而言，抓质量审核就抓住了质量治理的根源。

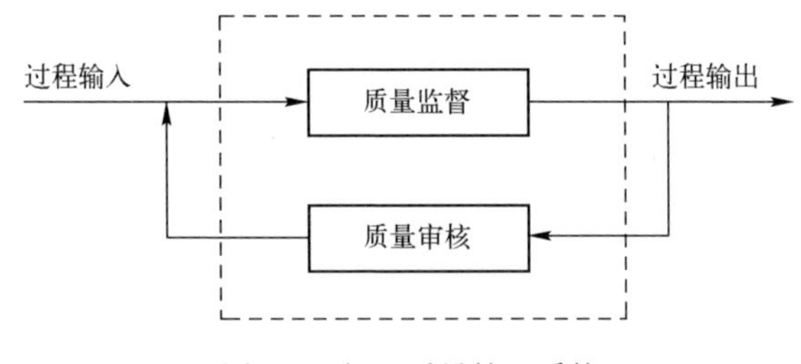

图 8-6　闭环质量管理系统

8.5.4　故障报告、分析和纠正措施系统

装备研制工作一般均建立故障审查组织，建立故障报告、分析和纠正措施系统（FRACAS），对在装备研制及试验过程中出现的问题纳入 FRACAS 运行管理。通过 FRACAS 运行，推进产品技术状态的成熟，实现产品可靠性增长。

装备研制过程的迭代改进实际是一个技术状态逐步成熟、不断逼近和达到基线要求的过程，FRACAS 三阶段的工作恰恰构成了实现产品改进的三个环节的工作，其工作流程则反映了产品技术状态连续改进的循环过程。故障报告、分析和纠正的关系如图 8-7 所示。

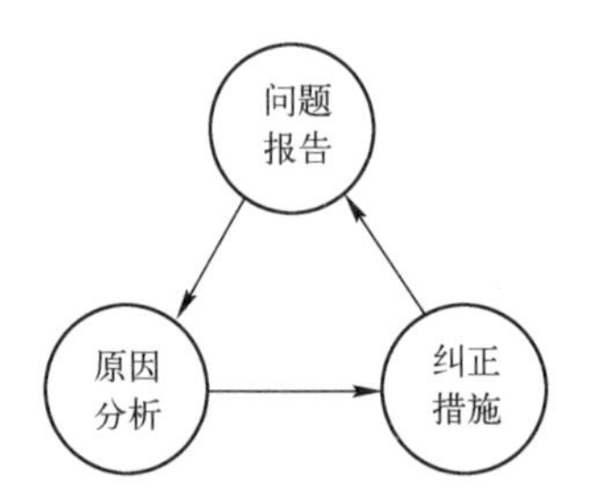

图 8-7　FRACAS 构成的连续质量改进系统

装备各级产品的设计过程从提出技术要求开始，进入产品设计开发过程并组织验证，通过验证发现问题，实施故障报告、原因分析与纠正措施制定，以此改进设计、达到产品质量提升与可靠性增长的目的。当改进后的设计经过验证确认有效后，即达到新的产品状态，之后再次循环过渡，直到满意。整个设计过程就是一个不断同故障作斗争的过程、一个产品技术状态持续改进的过程。为此，要特别重视 FRACAS 工作，并且借助 FRACAS 的穿针引线，沟通设计部门与产品保证部门、质量控制部门的信息渠道，推进产品技术状态的不断成熟。

8.6　技术状态管理中的用户监督

技术状态管理是与用户密切相关的一项工程活动，技术状态管理的成效在某种程度上，决定了装备研制要求的实现，决定了用户需求的实现，决定了交付用户的产品的技术状态。GB/T 19017—2008 标准在总则中明确要求，“技术状态管理过程应当关注顾客对产品的要求，并应当考虑开展活动的前后关系。”GJB 3206 则按研制阶段，详细给出了订购方、承制方分别开展，以及双方共同开展的技术状态管理活动。为此，装备研制单位应在产品技术状态管理的全寿命期内，严格按照标准要求与顾客代表进行密切联系，接受顾客代表对技术状态管理活动的监督。顾客代表亦应严格履行职责，密切关注研制单位的技术状态管理活动和产品技术状态的实现过程，参与标准所要求的各项技术与管理活动。

GJB 5709《技术状态监督管理要求》较好地定义了装备采购与使用部门对装备承制单位实施技术状态管理监督的内容、方法和要求，适用于顾客代表对装备承制单位技术状态管理的监督及其相关活动。对其基本要求摘录如下：

（1）顾客代表应依据有关法规和合同要求，对承制单位的装备研制、生产各阶段实施技术状态管理的监督，落实监督措施，确保监督的有效性。

（2）顾客代表应监督承制单位按照装备类别、合同要求和有关标准，制定并执行技术状态管理形成文件的程序。

（3）顾客代表应监督承制单位在装备系统或技术状态项目研制过程的不同阶段，分别编制出能全面反映其在某一特定时刻能够确定下来的技术状态的文件，经顾客代表确认后建立功能基线、分配基线、产品基线，并控制对这些基线的更改，使对这些基线所作出的全部更改都具有可追溯性，以确保装备系统或技术状态项目在其研制、生产和使用的任何时刻，都能使用正确的技术文件。

（4）顾客代表应监督承制单位制订技术状态管理计划。技术状态管理计划应符合合同要求，明确对技术状态项目的功能特性和物理特性进行管理所采取的程序和方法。

（5）顾客代表应对承制单位技术状态管理过程相互关联的活动实施监督。这些活动包括技术状态标识、技术状态控制、技术状态记实、技术状态审核。

GJB 5709 还针对技术状态管理的四个要素，详细规定了对承制单位实施技术状态监督管理的工作项目、内容和要求。承制单位在编制技术状态管理的相关程序文件和要求时，应该参照该标准的要求进行编制，并将相关要求纳入其中。

第9章

产品保证工程技术应用实例

装备研制的产品保证本身来源于工程需求，又服务于工程需求，属于实践性很强、针对性很强的工程技术与管理领域，必须结合型号研制需求，在实践中进行探索、研究、总结、创新，以保证其工作的有效性，保证其适应装备研制的实际需求。

本章从产品保证技术应用的角度，选择通用质量特性、元器件、软件、工艺、供应商能力考察等产品保证领域中的相关技术与管理活动，介绍了型号研制工作中开展产品保证工作的相关技术方法和工程案例，以期证明产品保证在装备研制工作中的实际应用效果。

9.1 装备RMS[①]集成技术研究与应用验证

现代武器装备的研制中，可靠性、维修性、保障性（RMS）等通用质量特性已成为与性能同等重要的设计要求，是形成武器装备作战效能的关键因素，是武器装备产品质量的重要内涵。第四代武器装备研制“以高科技为核心、以高质量与可靠性为标志”，更给实现装备综合效能的通用质量特性工程技术提出了严峻挑战。

装备研制史上开展可靠性设计分析技术的研究可以追溯到20世纪80年代中期，系统运用可靠性工程技术则起步于20世纪90年代武器装备的研制需求。为达到装备研制任务书中提出的可靠性、维修性、保障性指标要求，装备研制单位有针对性地采用一些可靠性、维修性、保障性等设计分析方法，为后来可靠性技术的集成发展奠定了基础。

随着武器装备性能及技术含量的不断升级，以及装备系统功能的增强和结构组成的复杂化，单纯运用单项可靠性技术去解决系统问题已显得力不从心，

① RMS即指通用质量特性，项目立项时称为RMS，故保留此名称。

计算机技术与信息化技术的牵引，使可靠性综合技术的应用与发展成为可能。与此同时，装备在研制、生产与使用中所暴露的问题也日渐反映出其综合、多样的特点，需要研究系统的可靠性设计分析方法和手段，以期适应新型装备研制发展的需要。

为此，结合某型装备研制、生产及使用的实际需求，启动了 RMS 一体化集成技术开发及应用验证的项目研究工作。项目研究内容定位于：探讨实现 RMS 单项技术一体化集成的可行性及实现方法、RMS 集成技术在实际装备应用中的可行性及技术方法、装备质量提升、可靠性加固的关键技术与实现路径。研究目标定位于：建立配套完整的 RMS 技术集成体系，形成系统有效的 RMS 工程技术方法，系统解决某型装备研制、生产及使用中的相关问题，并从整体上提升装备的 RMS 工程能力，从而适应装备建设及发展的需要。

9.1.1 RMS 集成体系框架

武器装备 RMS 集成技术的研究，首先立足于建立 RMS 集成体系，其指导思想是：以综合集成现有的可靠性维修性保障性关键技术成果为主线，结合武器装备论证、研制和生产的需要，建立配套完善的武器装备 RMS 指标体系、技术体系、流程规范、集成平台和数据库，并以 RMS 要求为牵引、RMS 综合设计流程和规范体系为约束、RMS 系统工程能力评价为指导、用户过程监控为监督、RMS 基础数据库为支撑，为开展武器装备 RMS 技术集成提供系统的技术支持。

某型装备 RMS 集成体系的总体框架，是在贯彻武器装备“全系统、全特性、全过程”质量管理要求的前提下，运用可靠性系统工程原理而建立的。图 9-1 给出了某型装备 RMS 技术集成体系的框架模型，该模型将原来分散的 RMS 技术与管理领域的相关技术与要求进行了系统的整合与集成，形成了一个组织架构严密、逻辑关系明确、相互支撑互补的 RMS 集成体系。

9.1.2 RMS 技术集成

武器装备的 RMS 技术集成以所形成的 RMS 技术规范体系来表征，而技术规范体系的形成决定于所属专业领域。考虑到可靠性、维修性、保障性、测试性、安全性均属于装备通用质量特性要求，属于共性的技术领域；元器件、软件、机械结构件是构成装备功能、性能的基本单元，也是决定产品质量与可靠性的基础。对上述技术领域进行集成，除了有专业技术的内在联系，也是综合集成的必然结果。值得提出的是，RMS 技术体系构建与产品保证技术体系极为相似，两者均为共性技术领域的有机集合。

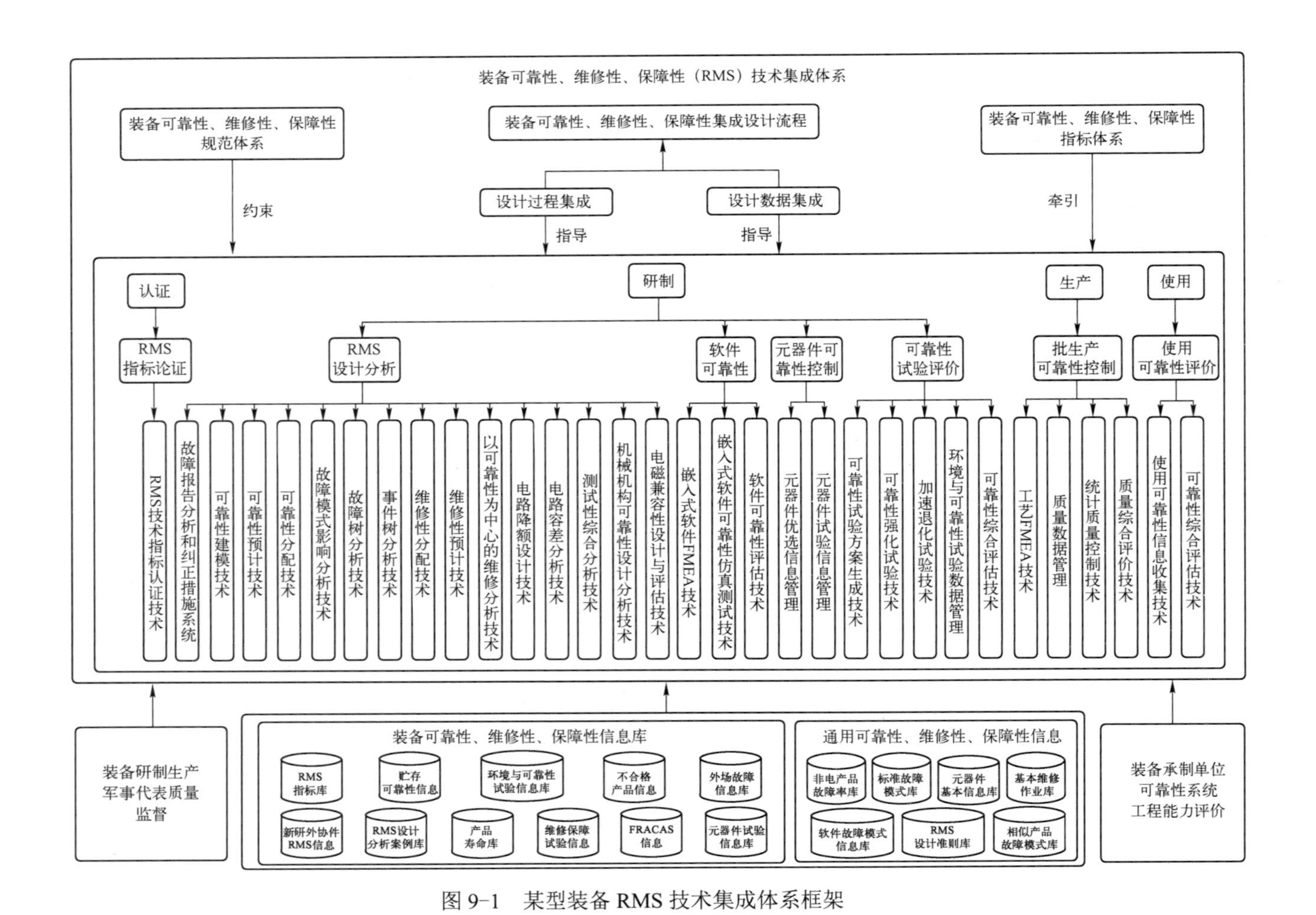

图 9-1 某型装备 RMS 技术集成体系框架

按照上述指导思想，开始了构建 RMS 技术集成体系的研究工作。根据 RMS 应用验证项目对顶层技术研究的要求，在对大量国内外文献资料进行归纳、总结，对 RMS 工作现状、存在问题、发展趋势展开分析的基础上，遵循充分借鉴、继承和创新的原则，按照图 7-1 所示的产品保证技术规范体系模型，构建了 RMS 规范体系的三维架构，如图 9-2 所示。

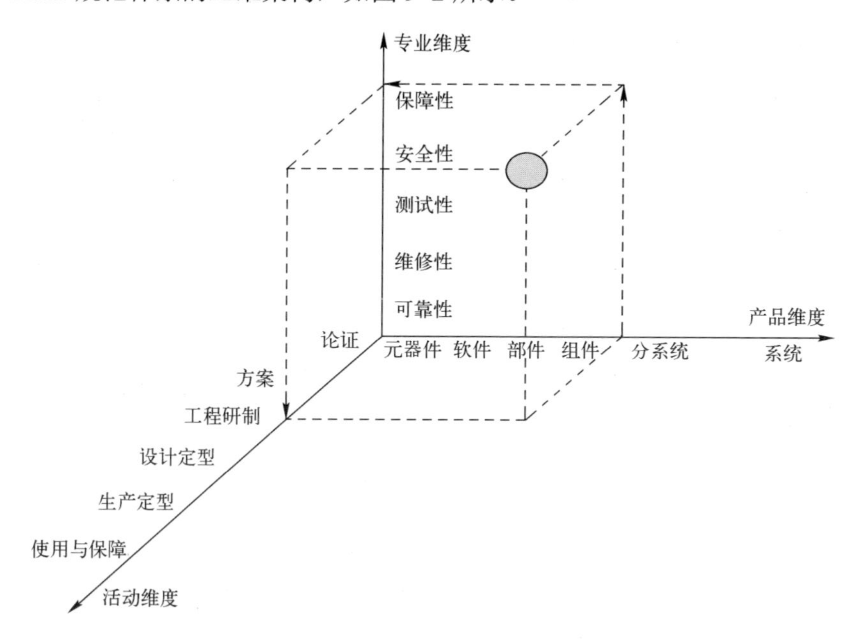

图 9-2　RMS 规范体系三维模型

RMS 规范体系三维模型体现了“全系统、全特性、全过程”的要求，其中，产品维体现了全系统的要求，专业维体现了全特性的要求，活动维体现了全过程的要求。装备研制工作中，应针对装备的研制特点和需求，进一步从技术与管理角度，对 RMS 领域所涉及的工程技术与相关活动进行 WBS 分解，建成适应具体装备研制要求的 RMS 技术规范体系。

作为工程应用范例，图 9-3 展示了某型武器装备 RMS 技术规范体系，该体系覆盖了该型武器装备 RMS 设计与分析、试验与验证、监督与管理三方面的需求，包括顶层技术规范、综合管理规范和用户监控规范、五性规范、三件规范、环境规范等。其中，“五性”规范分为可靠性、维修性、测试性、安全性和保障性规范；“三件”规范分为元器件、软件、结构件规范；环境工程规范分为气候环境、动力环境与电磁环境规范；批产质量控制规范包括工艺可靠性规范、批产质量管理规范、批产质量综合评价规范。

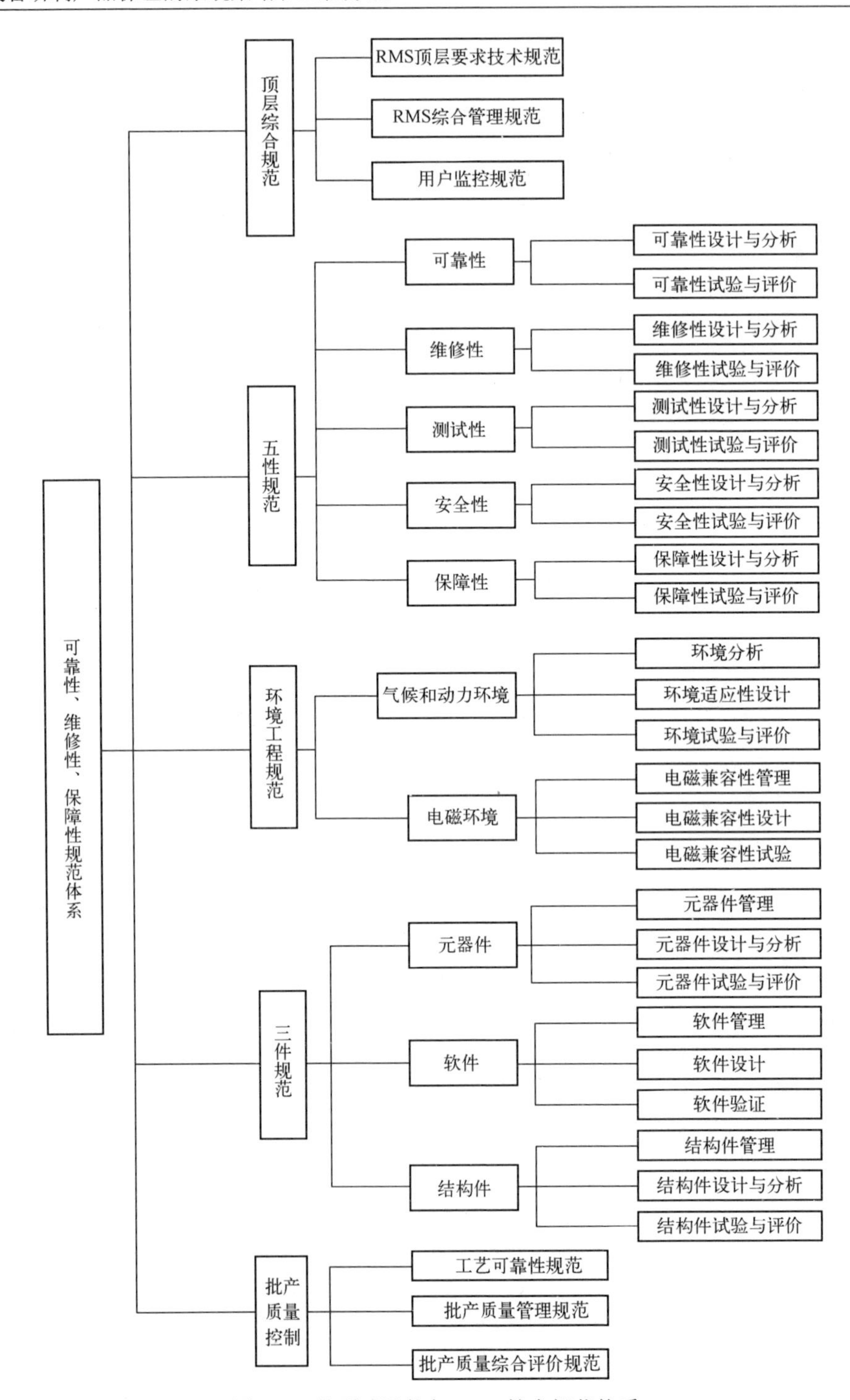

图 9-3　某型武器装备 RMS 技术规范体系

进一步地，在形成以上 RMS 技术规范体系的基础上，确定了各类 RMS 规范的编制清单，并在对现有 RMS 规范进行系统梳理、识别其先进性及可用性的基础上，对接装备的研制需求，按照“继承、改编、新编”的原则，组织相应 RMS 规范的制修订工作，特别是通过规范的编制，固化了已有的 RMS 技术与管理成果，并用于指导具体的型号研制工作，最终形成了支持型号研制的相关技术与管理规范，并形成规范体系。该规范体系集中体现了某型装备研制、生产领域中的相关技术与管理要求，也反映了在 RMS 领域中长期积淀形成的技术方法与管理经验，实际构成了一个知识库。该规范体系作为 RMS 的集成技术及应用验证的研究成果，在对各项应用验证项目提供技术支持和规范指导的同时，已经在某型装备型号的相关工作中得到应用与验证。

9.1.3　RMS 指标集成

可靠性工程是与故障作斗争的一门科学。本质上，各项可靠性、维修性、保障性、测试性、安全性要求，均属于与故障相关的度量指标。其中，可靠性指标反映武器装备系统无故障完成任务的能力，目标是使产品尽量少出故障；测试性指标反映及时准确确定故障状态的能力，目标是使产品的故障能够及时发现和准确定位；维修性指标反映维修故障的能力，目标是使产品的故障能够尽快修复；保障性指标反映使用和维修保障能力，目标是使产品设计得“好保障”并得到充足、匹配完善的保障资源从而提高产品执行任务的能力；安全性指标反映抵御安全故障发生的能力，目标是使产品不发生危及产品或人身安全的故障。“五性”指标相互关联，各有侧重，既构成一个整体，又具有互补性。因此，可用体系的方法对其进行整合，建立 RMS 指标体系。

针对某型装备系统缺乏完备的 RMS 指标体系的现状，结合国内外同类装备 RMS 指标体系的研究现状，从战备完好性、任务可靠性、维修性、测试性、保障系统与资源等 8 个方面，系统进行了某型装备 RMS 指标体系的研究和指标参数的确定，在此基础上，按照完整性、协调性、可论证、可设计、可考核、符合工程习惯的原则建立了该装备系统的 RMS 参数基本集，形成了该装备的 RMS 指标体系（表 9-1），为该装备 RMS 的顶层设计提供了依据。

表 9-1　某型装备系统 RMS 参数基本集

类别	主战装备	支持设备	检测与保障设备
战备完好性	检测合格率（P_D）	使用可用度（A_O） 检测合格率（P_D）	使用可用度（A_O） 检测合格率（P_D）
任务成功性	任务成功概率（MCSP）	任务成功概率（MCSP）	任务成功概率（MCSP）

续表

类别	主战装备	支持设备	检测与保障设备
基本可靠性	平均故障间隔时间（MTBF）、贮存可靠度（R_S）	平均故障间隔时间（MTBF）	平均故障间隔时间（MTBF）
任务可靠性	平均严重故障间隔时间（MTBCF） 自主飞行可靠度（R_F）	平均严重故障间隔时间（MTBCF）	平均严重故障间隔时间（MTBCF）
维修性	平均修复时间（MTTR）	平均修复时间（MTTR）	平均修复时间（MTTR）
测试性	故障检测率（γ_{FD}） 故障隔离率（γ_{FI}）	故障检测率（γ_{FD}） 故障隔离率（γ_{FI}）	故障检测率（γ_{FD}） 故障隔离率（γ_{FI}）
保障系统和资源	挂卸时间	挂卸时间	测试准备时间
耐久性	通电寿命 挂飞寿命 总寿命 贮存寿命	挂飞寿命 总寿命 发射寿命	总寿命

9.1.4 RMS 流程集成

要实现装备功能、性能设计与 RMS 设计的一体化，必须解决设计流程复杂、难以控制的实际问题，通过流程集成技术，保证设计过程的协同性和可控性。

为了更好地促进装备功能、性能设计与 RMS 设计的融合问题，在 RMS 集成技术的项目研究中，结合某型装备研制的实际需求，对产品性能设计与 RMS 设计的流程融合（即综合设计流程）问题进行了深入研究，在对装备研制程序进行相关工作结构分解的前提下，进行了该型装备的设计综合、项目关联、流程规划、数据融合等工作，解决了装备功能、性能与 RMS 特性的协同设计问题。同时，结合集成验证对象的设计要求，借助集成平台的流程搭建与管理能力，在集成平台中定制了应用验证项目的协同工作流程，并按此流程开展了相关的设计分析工作。具体方法是：首先，进行某型装备系统级工作活动的流程规划。在系统分析该型装备研制各阶段的实际需求、梳理确定主要工作任务、进行相关工作流程分解的基础上，归纳总结出该型装备研制各阶段的工作活动关系流程（包括流程关系和协同关系）。其次，进行装备子系统的 RMS 设计流程规划。在对装备研制各阶段工作项目及活动关系进行规划的基础上，通过信息依赖关系分析，进一步明确各工作项目的数据输入和数据输出关系，确定各项工作的数据传递关系，从而形成各子系统以工作活动为中心的行为视图，即子系统 RMS 设计流程图。

图 9-4 以行为视图为例，给出了某型装备某单机产品 F 阶段性能与可靠性协同设计的交互关系。

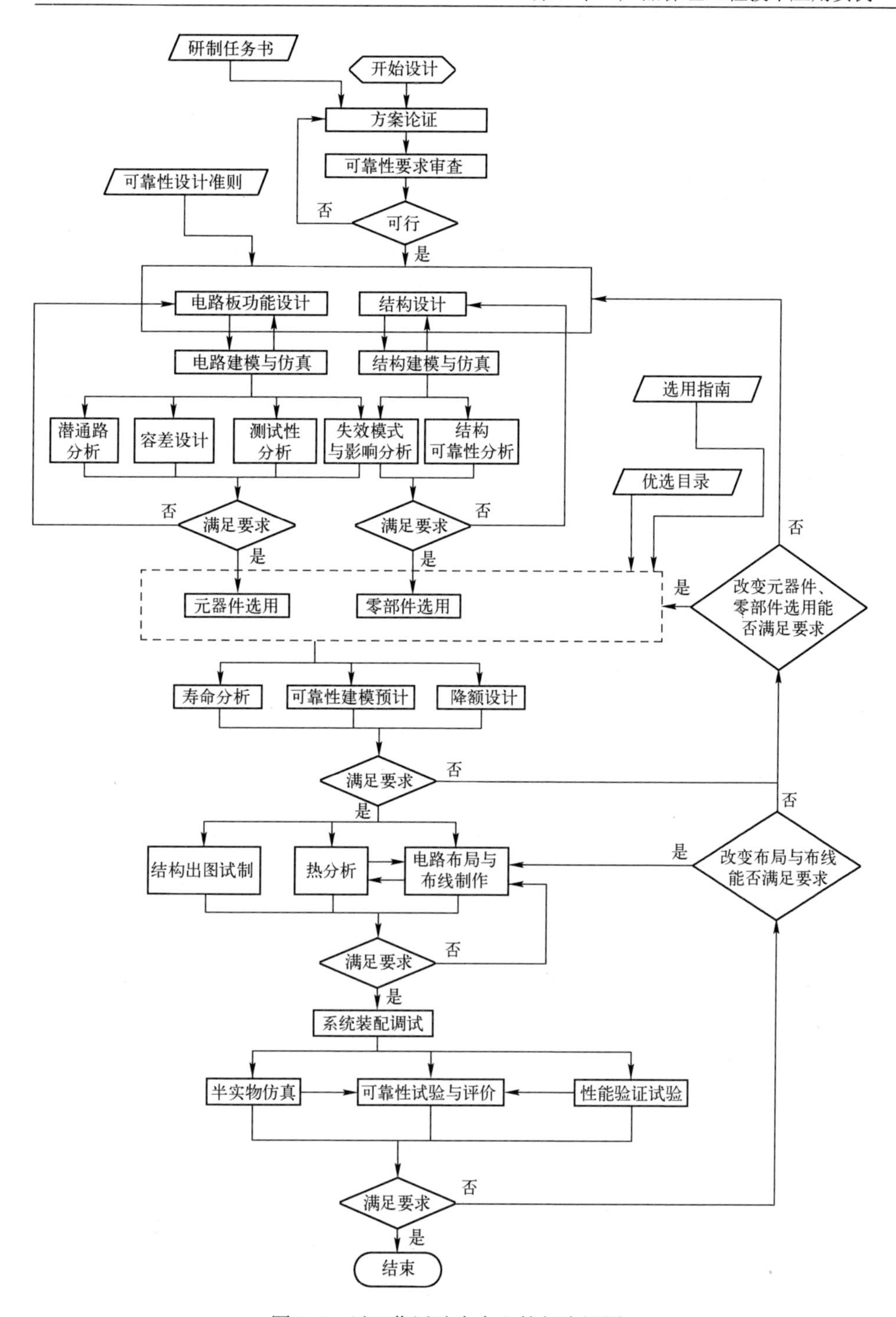

图 9-4　以工作活动为中心的行为视图

值得提出的是，上述协同设计流程形成后，还需结合组织实际现状、资源配置和研制进程等要素，对其进行权衡、迭代和优化，以消除设计过程中不需要的反馈与冗余。

9.1.5 RMS 数据集成

数据集成的关键在于将所有必要的 RMS 数据纳入产品数据库管理（PDM）系统，为此，必须解决 RMS 数据异构、难以共享的问题，通过数据集成技术，保证数据源的唯一性。针对 RMS 领域的数据需求，提出了 RMS 数据集成的技术方法。首先从专业角度出发，对 RMS 数据进行定义和分类，建立独立于 PDM 平台的 RMS 数据模型；其次，将上述数据模型在 PDM 平台中实现，利用 PDM 来管理 RMS 数据，实现数据共享和数据源的统一。由于数据模型并不是针对某个 PDM 来构建的，经过适应性修改即可集成到其他 PDM 中，因此，具有较好的普适性。图 9-5 给出了实现 RMS 数据集成技术的技术途径。

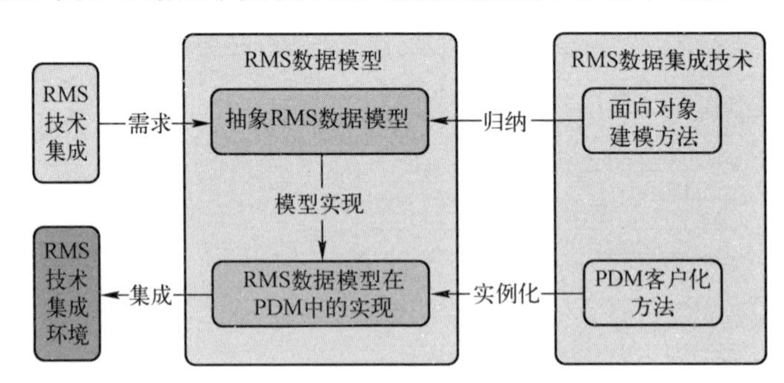

图 9-5 RMS 数据集成技术途径

在实现 RMS 数据集成的前提下，结合某型装备研制所涉及的相关技术领域特点和型号研制要求，对装备 RMS 信息数据库的构建进行了研究，确定了数据库的整体框架，确定了各基础数据库的数据格式，开发了数据库原型，明确了该型装备专用数据库的数据收集要求。在此基础上，进行了数据收集、整理和录入工作，最终建立并形成了该型装备的 RMS 基础数据库，包括通用数据库和专用数据库，具体清单如表 9-2 所列。

表 9-2 装备研制 RMS 常用数据库清单

编号	名称	适用范围	
		通用	专用
1	标准故障模式库	√	
2	相似产品故障模式库	√	

续表

编号	名称	适用范围	
		通用	专用
3	非电产品故障率库	√	
4	元器件基本信息库	√	
5	新研元器件应用验证信息库		√
6	型号 FRACAS 信息库		√
7	可靠性维修性、保障性设计准则库	√	
8	软件故障模式信息库	√	
9	软件测试用例库	√	
10	基本维修作业库	√	
11	工艺故障模式库	√	
12	材料选用与检验规范库	√	
13	标准件基本信息库	√	
14	故障模式信息库	√	
15	产品可靠性、维修性指标库		√
16	产品可靠性、维修性、保障性设计分析案例库		√
17	产品（成品）寿命数据库		√
18	生产质量与不合格品信息库		√
19	故障报告分析及纠正措施信息库		√
20	新研（外协）件可靠性、维修性、保障性信息库		√
21	贮存可靠性信息库		√
22	环境与可靠性试验信息库		√
23	维修保障试验信息库		√
24	外场故障信息库		√

9.1.6　RMS 平台集成

RMS 平台集成就是要创建一个融合设计流程、设计工具及数据库等为一体的数字化环境。按照 RMS 集成技术研究的项目规划，结合具体装备研制的实际需求，以项目的顶层技术研究成果和技术规范为指导，在园区网支撑下，建立了基于数字化设计环境与产品数据管理系统紧密协同的 RMS 技术集成平台，并在园区网络环境下予以实现。RMS 技术集成平台硬件部署如图 9-6 所示。具体采用了 C/S 架构与 B/S 架构相结合的网络架构。

RMS 平台集成的难点是工具集成。为适应某型装备研制、生产需要，平台中需要集成的 RMS 软件工具数量众多，各工具的集成需求不同，且开发平台和语言各异，因此，工具集成技术必须解决 RMS 工具众多、难以集成的问题，实现对各类 RMS 工具的兼容，以及平台与工具之间的交互。针对上述问题，研究突破了基于 PDM 的 RMS 工具集成技术，并开发了通用集成接口组件。将接口组件作为集成平台和 RMS 工具集之间的桥梁，实现了数据传递和流程控制等核心功能。

RMS 集成平台综合了各项 RMS 设计分析技术，实现了 RMS 流程管理与数据管理，涵盖了某型装备研制、生产所需要的 28 个软件工具与 18 个基础数据库。平台所提供的 RMS 设计分析集成环境、分析工具及相应的应用模型、信息数据库、信息管理与综合分析评估系统等，为该型装备指标论证、设计分析、试验评价、生产保证、元器件和软件质量控制提供了系统化的技术手段，并使 RMS 与性能的协同设计成为可能。在 RMS 集成平台的支持下，可以实现 RMS 设计技术与性能设计技术的综合，实现 RMS 设计流程与性能设计流程的融合，实现 RMS 设计数据与性能设计数据的共享，从而实现了整个设计过程的综合和集成，实现了功能性能设计与 RMS 设计一体化的目标。

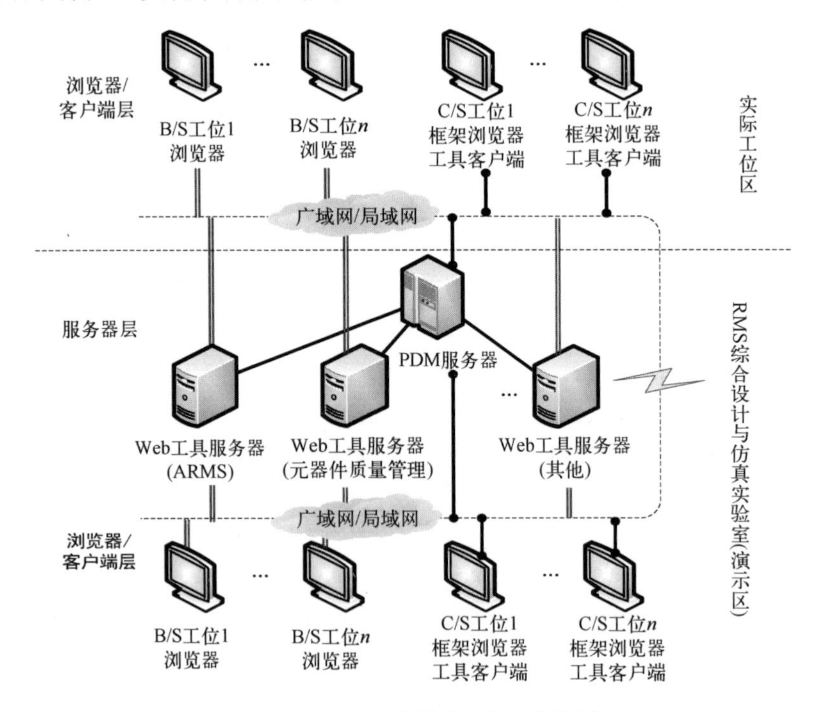

图 9-6　RMS 技术集成平台硬件部署

9.1.7 RMS 集成效果验证

某型装备 RMS 集成技术研究及应用验证项目，其成果集中反映为所建立的 RMS 集成技术体系，并已在园区网上进行了全面部署，初步构建了该型装备功能、性能与 RMS 的综合集成与协同设计的数字化环境，并已在实际装备项目的研制工作中得到运行和使用，实现了在同一设计平台下的数据综合、流程综合和特性综合。

值得提出的是，装备研制工作中，要做到装备功能性能与 RMS 要求真正意义上的融合，除了通过技术手段创建协同设计环境之外，还有一种人文环境的创建，即从型号研制的体制和机制建设、从产品设计人员的设计思维和习惯上，去保证功能性能设计与 RMS 设计的融合，真正避免“两张皮”问题，似乎更显得重要而迫切。

9.2 新研元器件产品保证

武器装备多在恶劣的环境中使用，产品本身的功能和结构复杂，综合性强，由成千上万甚至数万到数十万个零部件和元器件组成，其中任何一个环节、任何一个零件元器件出现问题，都将会反映到产品上来，都有可能导致质量事故的发生。在武器装备的研制史上，由一根导线折断或虚焊造成整个试验失败，由一个零件、元器件失效导致机毁人亡的不乏其例。

武器装备所采用的元器件数量大、品种多、要求高，它们的性能、可靠性、费用等参数对整个装备系统性能、可靠性、寿命周期费用等有极大的影响。元器件保证工作是武器装备研制工作的重要环节，对保证装备型号的质量与可靠性有着举足轻重的作用。

从可靠性的角度分析，元器件可靠性可分为固有可靠性和使用可靠性两部分。固有可靠性主要靠元器件生产方的设计、制造及其质量控制来保证，使用可靠性是元器件在实际使用中表现出的可靠性特性，主要靠元器件使用方在产品研制、生产、使用各阶段，对元器件的选择、采购、检测、验收、筛选和使用等来保证。

武器装备使用的元器件主要为标准元器件（也称货架元器件）和非标准元器件（也称新研元器件）。货架元器件一般是已通过技术鉴定，已实现稳定批产的元器件，因为应用的型号、使用的数量都比较多，时间比较长，其功能、性能以及固有质量与可靠性已得到比较充分的验证。产品设计师在选择货架元器件时，只要根据其使用条件选择合适的元器件，确定元器件的电性能参数、环境特性、质量等级、封装形式等符合使用要求即可，一般要求在型号的“元器件优选目录”中选择。对于一些不符合使用要求的元器件，可开展元器件二次筛选，提高其使用可靠性。新研元器件是指国内电子元器件生产厂未生产过的元器件，由于型号使用部门的需要，经主管设计人员提出并论证，按一定程序审批，指定一个或几个元器件生产厂研制、生产的元器件，有时也称其为新品或专用元器件。新研元器件与货架元器件不同，因其作为与装备型号和系统研制同步开展的配套研制项目，属于尚未确定质量等级的元器件，存在着在设计、生产中逐步成熟的过程，其可靠性往往低于货架元器件的可靠性。实践证明，新研元器件质量与可靠性是型号元器件保证的重点。因此，为满足使用要求，应从管理和技术上加强新研元器件的质量与可靠性控制，明确管理程序要求，确定技术流程和方法，增强应用验证环节，以此保证新研元器件的质量与可靠性，保证满足装备系统的装机使用要求。

9.2.1 新研元器件上机使用情况

由于装备发展信息化、智能化、小型化的特点，装备研制要求使用的元器件具有体积小、重量轻、高可靠、大功率、综合化、集成化等特点，货架元器件往往不能满足上述要求，导致新研元器件比例相对较高，上机使用率高。同时由于武器装备贮存或使用面临长期交变温度环境、长期振动环境、复杂电磁环境和电子战环境，在使用过程中，新研元器件发生的故障比例也随之增高。表 9-3 是某型号产品设计定型后，在装配、调试、试验及使用过程中出现的装机元器件失效情况统计。

表 9-3　某型号产品元器件失效分析情况统计

失效原因	新研元器件	进口元器件	国产通用元器件	合计（数量，比例）
故障未复现	56	14	32	102，15.29%
使用问题	95	100	39	234，35.08%
指标及测试问题	22			22，3.30%
产品质量问题	225	6	26	257，39.53%
其他问题	31	16	5	52，7.80%
合计（数量，比例）	429，64.32%	136，20.39%	102，15.29%	667

进一步分析元器件失效情况，可以得出以下结论：

（1）新研元器件失效数超过全部元器件失效数的 60%；

（2）大部分新研元器件失效，出现在验收合格后的装机使用环节；

（3）新研元器件失效的主要原因是器件不适应使用环境和工作条件。

9.2.2　新研元器件管理流程和控制重点

1．研制流程

新研元器件研制流程一般包括：需求分析与立项论证、研制单位选择、研制合同签订、设计方案评审、初样研制、正样研制、详细规范审查、技术鉴定评审、新品检验验收与筛选、技术状态控制、信息管理等活动，其质量与可靠性控制依据研制流程开展，通过相应的评审进行把关。新研元器件管理流程如图 9-7 所示。

新研元器件使用单位应明确新研元器件的管理归口部门和技术归口部门及其职责。根据需要，可成立元器件专业委员会和型号元器件技术组，以指导和参与新品的研制和使用工作。

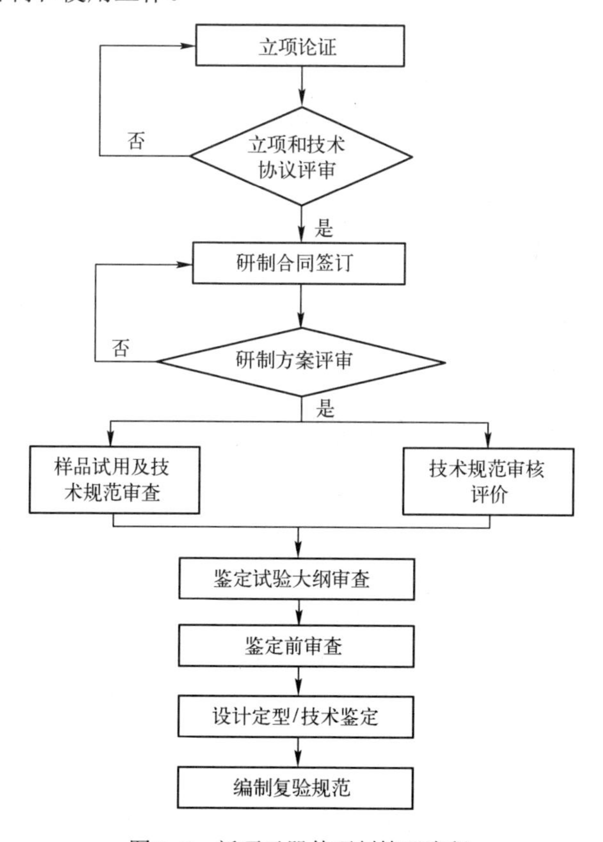

图 9-7　新研元器件研制管理流程

使用单位的主管设计师提出新研元器件技术要求及其验证要求，技术归口部门应编制新研元器件通用技术要求。

新研元器件的试验项目、方法和条件应以满足型号要求为前提，以国家军用标准为依据来确定。

2．质量控制重点

新研元器件使用单位应根据型号研制要求，策划对新研元器件的质量管理与产品保证要求，编制发布相应的制度文件。实际工作中，在对新研元器件的立项论证、研制单位选择、研制合同签订、设计方案评审、初样研制、正样研制、详细规范审查、技术鉴定评审、检验验收、技术状态控制、信息管理等过程实施全面控制的基础上，突出对关键项目和关键节点的质量控制与监督，以保证新研元器件的质量与可靠性满足使用要求。新品研制过程中，对以下研制工作和技术文件应组织评审，形成评审报告并履行签字手续：

（1）新品立项论证报告；

（2）新品研制技术协议书；

（3）承制单位提交的新品设计技术方案；

（4）新品研制转阶段（初样阶段（C）转正样（试样）阶段（S）、S 转设计定型阶段（D））；

（5）新品详细规范/产品规范；

（6）新品鉴定试验大纲；

（7）新品鉴定试验；

（8）新品装机应用报告；

（9）新品复验规范。

9.2.3 新研元器件立项论证和合同签订

1．立项论证

新品使用单位的设计部门要根据武器装备研制进度、物资供应状况等，对元器件选用需求进行分析，依据需求分析结果组织初步立项论证，对需要安排新品研制的项目，应及早进行立项论证并提出新品研制申请，提交新研元器件立项论证报告和新研元器件研制项目申请表。原则上，应严格控制新研元器件研制项目，除非不能用成熟元器件或其组合替代的才安排新研元器件。有下列情况之一的元器件可以安排新品研制：

（1）有助于大幅提高装备性能与可靠性、提升装备质量和降低成本的；

（2）国内外现有元器件的性能、质量、可靠性等技术指标难以满足型号设计要求和产品生产需要的；

（3）国外无法提供或采购周期难以保证科研、生产需要的；

（4）国外已经停产断档，但科研、生产仍必需的。

使用单位的新研元器件归口管理部门应组织相关人员进行新品立项评审，主要是结合型号产品的特点，对新品立项的研制背景、必要性、先进性、工程可行性、技术指标、适用性、质量与可靠性、研制单位等内容进行评审。评审通过后，方可进行下一步程序。

2．研制单位选择

新研元器件研制单位必须是该新研元器件所属专业的主要专业厂所，有较为丰富的军工研制经验，其在行业内具有较强的开发、设计能力。研制的同属性元器件是该单位的主要和优势产品，在装备工程中有成功的应用。研制单位要具有军品科研、生产资质，拥有稳定的生产线，具备一定的批生产能力和质量保证能力。

使用单位按上述原则编制《新研器材研制单位优选目录》，新品研制单位要优先在目录中选择，如在目录外选择研制单位的，要进行相应的审查，并经批准。

立项论证报告要推荐两家以上研制单位，如只能独家研制，必须提供详细说明材料。

3．合同评审和签订

新品研制合同是新品研制的依据，因此合同中除了商务内容外，还必须有经评审通过的技术协议和产品保证条款。

技术协议要包括研制依据的标准、技术要求和环境适应性要求。

产品保证条款要包括筛选试验、鉴定检验、质量一致性检验要求以及其他产品保证规定。

9.2.4　新研元器件研制过程监控

1．设计方案评审

新品研制合同签署后，研制单位提交新品设计方案、研制计划和产品保证大纲等文件，并组织有关专家对设计方案进行评审，邀请使用单位参加。评审除应针对设计方案是否满足新品技术协议要求、设计输入是否充分、设计输出是否可验证、技术方法是否先进、技术路线是否可行、关键技术定位与分析是否准确等做出结论之外，还应针对产品保证要求逐项进行质询和评审，主要包括：

（1）是否进行了降额设计、冗余设计、热设计等可靠性设计工作；

（2）选用的二次配套器材是否符合要求；

（3）是否使用了禁用的、质量不稳定的工艺；

（4）是否进行了抗静电设计；

（5）若有可编程器件和嵌入式软件，是否采取了相关技术措施；

（6）是否能满足规定的环境适应性要求及贮存寿命要求；

（7）样品内部使用的焊锡温度是否符合要求；

（8）是否考虑了装机使用工况和接口要求等。

设计方案通过评审后，才能进行下一步研制工作。

2．初样研制

新品设计要基于技术协议书规定的技术性能、质量与可靠性保证要求等，进行系统分析，综合择优，贯彻相关可靠性标准和要求，做好降额设计、冗余设计、热设计等可靠性设计工作。

新品研制工艺要符合技术协议和有关技术标准的要求，并适时对工艺进行固化和细化，不得使用禁用的、质量不稳定的工艺。

新品研制单位采用的二次配套原材料、元器件接受使用单位设计、质量部门的共同监控，必须符合型号总体要求。研制单位必须清楚掌握所使用元器件、原材料的品种、规格、数量及质量状况，禁止使用已禁用、淘汰及质量等级不符合型号要求的元器件、原材料。

研制单位初样完成后，将样品交使用单位主管人员，主管人员负责样品测试和样品试用，填写初样阶段样品交付和使用结论意见表。初样样品要能满足装机试用要求，如部分技术要求和试验要求暂时无法达到合同要求，研制单位要提出下一步的改进措施。

初样阶段，研制单位要按相应国家军用标准的要求启动新品详细规范的编制工作。新品在由初样研制转入正样研制时，要对其设计方案进行再次评审。

3．正样研制

研制单位依据经转阶段评审或用户确认的设计方案，开展新品正样研制工作，同时应按相应国家军用标准的要求，编制形成相应的新品详细规范。一般详细规范主要包括器件描述、技术条件、质量保证规定等内容，测试方法和验收项目及要求等作为附录纳入详细规范中。

使用单位主管人员负责样品测试，满足技术指标要求后装机使用，填写正样阶段样品交付和使用结论意见表。

在通过正样评审的基础上，由主管人员编制用户使用报告，然后转入鉴定程序。

4．详细规范审查

新品研制单位将编制的详细规范提交使用单位审查，详细规范必须满足研制合同的要求，不能通过标准评价表来降低合同要求。

使用单位设计人员对新品详细规范进行全面审查，重点审查技术参数，测试项目、方法和要求及判据，工作温度范围和振动要求以及振动过程中需通电检测/监测的项目和要求等。使用单位元器件专业人员重点对筛选项目和条件、质量保证规定、验收要求等进行审查。

在新研元器件详细规范的审查中，要特别关注使用单位提出的产品技术要求是否得到有效的传递和落实，为此，应在详细规范中，建立新品技术要求、验收要求和使用要求的“三合一”指标体系，以此保证新品的设计开发、质量检验、使用维护各项要求同源，相互印证。

所有审查意见经审查批准后，作为“企业军用标准用户评价意见表”的评价依据。研制单位要按审查意见进行修改，形成详细规范的最终版本提供使用单位，作为新品订货、生产、试验、验收的依据。

1）技术要求

技术要求包含专用质量特性与通用质量特性要求。专用特性包括性能与测试要求，规定和决定了新研元器件的结构、外形尺寸、材料、封装形式、管脚定义、接口，以及基本功能、性能参数；通用质量特性要求包括可靠性、测试性、安全性、环境适用性等要求，规定和决定了新研元器件的使用特性。其中，性能参数应全面、完整，形成闭环，并且可测量、可验证。主要包括技术参数，测试项目、方法和要求及判据，工作温度范围和振动要求以及振动过程中需通电检测/监测的项目和要求等。

2）验收要求

验收要求应包括制造过程控制，筛选项目和条件，质量保证规定，验收项目、方法、判据和要求等。

按照详细规范要求进行检验（试验）、文件与数据审查等工作，并决定是否接收产品。产品验收时，研制方提供的文件应包括筛选报告、质量一致性检验报告、破坏性物理分析（DPA）报告、失效分析元器件清单及分析报告、相关数据、产品设计及工艺文件等。器件的质量一致性检验与器件质量水平密切相关，质量一致性检验中的 A 组和 B 组试验作为各检验批交货验收的条件，C 组和 D 组试验作为交货验收的周期检验条件。

3）使用要求

（1）寿命要求。主要包括通电总次数、通电寿命、起落次数、贮存寿命。

（2）环境应力筛选要求。产品交付前，应 100% 进行环境应力筛选（ESS），筛选应力包括温度循环和随机振动。温度循环过程中，在高低温达到温度保持时间后应通电并进行性能检测；振动过程中应通电并进行性能检测。

（3）环境适应性要求。主要包括高温贮存、高温工作、低温贮存、低温工作、温度冲击试验、加速度试验、机械冲击试验、挂飞功能振动试验、自主飞行振动试验、低温低气压试验、湿热试验、淋雨试验和盐雾试验的要求和方法。

5. 技术鉴定评审

新品的技术鉴定检验要按上级要求在认可的国内具有资质的实验室进行。研制单位按要求完成初样研制、正样研制、整机试验以及鉴定检验后才能进行鉴定工作，并按要求提供符合鉴定技术状态的正样产品。

新品鉴定前，使用单位必须确认：新品技术参数、质量与可靠性等符合要求，并且装机验证满足使用要求；转阶段的评审意见已落实到正样产品并满足要求；编制了元器件“用户使用报告”。

研制单位提交详细规范和鉴定试验报告后，应鉴定单位要求配合组织新品鉴定工作。使用单位设计、质量、物资部门代表及顾客代表参加，必要时可邀请国内专家。

新品鉴定后，鉴定材料的最终版本必须归档。

9.2.5 检验验收

研制单位要依据新品详细规范组织交付前检验、确认产品合格且符合验收标准后，方可提交使用单位组织用户验收。用户验收一般采用入厂复验、下厂验收、联合验收等形式。对关键/重要新品，以及质量不稳定的新品，应要到研制单位现场进行下厂验收。

新研元器件入厂复验应依据复验规范进行。在新品完成技术鉴定、详细规范通过审查确认后，使用单位的主管设计人员应依据新品详细规范，编制新品复验规范，并由工艺、检验、物资以及元器件工程师会签，作为新研元器件复验的依据。

9.2.6 技术状态控制

新品研制过程的技术状态控制主要是更改控制，研制单位应按照总体单位的规定及相关标准的要求，严格控制新研元器件的技术状态更改，使用单位要组织对新品的技术状态更改、重大工艺更改、软件更改进行审查。通过技术鉴定的新品，其技术状态应予冻结。

新品技术状态更改的提出包括两方面：一方是由使用方提出的更改，主要反映为对产品技术要求或验收要求的变更，一般属于分配基线的更改或调整；另一方是由新品研制单位提出的更改，一般表现为产品基线的更改。凡涉及产品技术指标、设计状态、工艺方法、二次配套器材、检验试验条件等与产品技术状态相关的任何更改，研制单位均须进行认真分析，特别是更改的影响分析与风险分析，在实施变更前，需要将更改事项、更改原因、各项试验数据等通知使用单位，经使用单位审批同意，签发书面意见后才能更改。更改必须考虑库存品、在制品的处理，必须考虑其他与其相关联的产品或器件的协调处理。

9.2.7　新研元器件应用验证要求

1．新研元器件应用验证的作用

武器装备元器件应用验证是指元器件在武器装备装机使用前、模拟实际装机环境开展的一系列管理、试验、评价等验证工作，以此确定新研元器件的技术状态、应用状态、质量与可靠性水平满足武器装备的可用程度，以及应用成熟度。

新研元器件应用验证是由使用方主导、为满足武器装备使用要求的一项元器件保证工作。凡属首次在武器装备应用的新研元器件，均须通过使用单位组织实施的应用验证考核。除此之外，当发生以下情况时，也需组织应用验证工作：

（1）元器件技术状态发生变更导致影响接口关系及固有可靠性的；

（2）元器件使用出现重大质量问题、需要元器件质量进行重新评价的。

新研元器件应用验证可以起到以下作用：

（1）提供新研元器件在武器装备中使用的数据支撑，以及权威的验证结果，降低应用风险，并提供决策依据；

（2）对武器装备新研元器件选用和控制提供科学规范的指导，提高新研元器件应用合理性和使用可靠性；

（3）全面掌握新研元器件的特性，在充分了解新研元器件现状的基础上用好元器件，提高应用成熟度；

（4）将应用验证信息反馈到生产厂视情实施质量改进，提高新研元器件固有可靠性和可用性。

2．武器装备元器件应用验证中心的构想

元器件应用验证是解决新研元器件“不敢用、不好用、用不好”的关键所在，建立武器装备元器件应用验证中心，系统开展武器装备用元器件应用验证的研究、实施和管理，可以显著提升武器装备元器件应用水平和能力，为型号研制和元器件选用提供体系化的支持。验证中心主要承担共性技术研究、元器件应用验证和信息管理等三项任务和职能。

武器装备元器件应用验证中心的建设目标是：构建能力、组建平台、创建体系，以此开展成体系的、系统性的元器件检测与应用验证工作，加速促进国产元器件在武器装备系统中的集成应用，提高武器装备元器件应用水平，降低装机风险，保证武器装备的质量与可靠性。具体有：

（1）应用验证技术能力建设：建成结构分析、失效分析、系统适应性评估、极限评估、力和热环境适应性评估、应用环境适应性评估等六大能力；

（2）应用验证模拟平台建设：模拟真实使用工况，建成元器件级、板（部件）级、整机（舱段）级、系统级四级元器件应用验证环境，包括物理环境与数字仿真；

（3）应用验证规范体系建设：建立武器装备各类元器件应用验证的系列标准、规范、方法和流程，形成规范体系，作为开展应用验证工作的依据。

9.2.8 质量信息管理及技术文件要求

1. 质量信息管理

使用单位要与研制单位建立质量信息传递和处理的渠道，确保质量信息资源的有效利用，促进产品质量问题及时得到处理和反馈，保证和提高新品质量及性能可靠性，满足合同和使用要求。

研制单位要将新品研制过程中出现的重大、严重、批次性质量问题，以及影响进度和交付的质量问题及时通报使用单位，以便及时采取应对措施。使用单位要将新品交付后和使用中出现的质量问题，及时反馈研制单位，督促研制单位及时制订和采取纠正措施，并将结果通报使用单位。

使用单位应建立元器件信息管理系统，建立新研元器件选用全过程的质量档案。

2. 技术文件要求

新研元器件从立项论证、研制到使用的全过程中，将形成论证报告、技术协议、设计方案、验收要求等一系列的技术文件，使用单位应根据研制计划安排和节点要求，伴随产品研制过程同步开展相关技术文件的编写、评审与归档工作。主要的技术文件及其内容如表 9-4 所列。

表 9-4 新研元器件主要技术文件及其内容一览表

文件名称	主要内容
论证报告	元器件需求与应用前景分析；国内外同类产品的使用现状和发展趋势；使用部位、工作条件和使用环境；性能、考核指标与考核方式；研制数量与进度要求；建议的研制单位及理由
技术协议	研制依据的国家军用标准（也称通用规范或总规范）；技术指标要求（即技术指标体系的建立与验证要求）；筛选试验、鉴定检验和质量一致性检验要求；验收要求；通用质量特性（RMSE）要求（需要时）；其他要求（如 DPA、抗静电能力测试、特殊过程需要提供的试验报告等）

续表

文件名称	主要内容
质保条款	筛选试验、鉴定检验和质量一致性检验要求；验收要求；其他要求
设计方案	任务来源；研制目的；国内外同类研究的现状、发展趋势及相关技术标准的分析；应用前景、经济和社会效益及可行性与风险分析；主要技术指标及可靠性要求；主要研究内容与关键技术；技术方案与实施途径；质量保证措施；预计进度；各年度经费安排；研制单位与人员简介
详细规范	器件描述；技术条件；筛选项目和条件；质量一致性检验项目和要求；质量保证规定；测试方法和验收项目及要求
鉴定材料	研制总结报告；详细规范；研制质量总结；工艺总结；标准化审查报告；鉴定试验记录；鉴定试验报告；成本分析报告；用户使用报告；鉴定技术资料清单
复验规范	产品复验的环境条件；复验前的准备；验收项目及要求（外观及尺寸检查、电参数测试）；厂家需提供的文件；检验判据等
质量档案	新研元器件清单；新研元器件失效分析报告；新研元器件优选供方名单；典型技术质量问题处理和故障归零情况

9.3　软件质量保证：软件测试

现代武器装备普遍具有信息化、智能化的特征，软件不仅在数量上急剧增加，而且几乎所有至关重要的功能部件全部与计算机软件有关，如与装备安全紧密关联的飞行控制系统，与装备作战性能密切关联的制导系统、引战系统等，一旦软件发生故障，将对装备的战斗力产生重大影响。嵌入式军用软件与硬件集成为一体，更是系统的指挥中枢，如航空机载设备研制大量采用了嵌入式系统设计技术，软件对装备功能、性能的实现起到了至关重要的作用。

装备研制中的软件保证工作的目的是，确保交付的软件在整个生命周期内满足任务需求，能够安全、可靠地运行，符合装备系统的质量目标。软件测试是软件产品保证中至关重要的一个环节，也是对软件质量进行定量评估的重要手段。作为对软件保证技术的重要支撑，在当前软件工程化主导下的软件研发过程，仍然需要依靠软件测试去验证和保证软件产品的质量。为此，以软件测试为核心的软件质量保证技术得到了广泛的重视并在工程实践中广为应用。

本例介绍了某机载设备嵌入式软件开发研发过程中，以软件测试、验收为手段所开展的软件保证活动。软件产品保证工作依据既定的“型号软件工程化管理规定”进行，在突出对装机软件的需求分析、设计评审、技术状态审查、文档编制、配置管理等工作的同时，重点狠抓了软件测试工作，总结形成了一套较为有效的产品保证规范和方法，并将其落实在对软件的考核、评审、验收等工作实践中，有效保证了软件产品的质量。

9.3.1 软件测试

依据 G.J.Myers 关于软件测试的定义，软件测试是为了发现软件设计错误而执行程序的过程。或者说，软件测试是根据软件开发各阶段的规格说明和程序的内部结构而精心设计的一批测试用例，并利用测试用例去执行程序，以发现程序错误的过程。以上是狭义的软件测试概念，广义的软件测试概念可贯穿软件开发阶段的所有复查、评估与检测活动，可统称为确认、验证与测试活动（V、V&T）。

软件测试从组织与实施过程来讲，可以分为单元测试、集成测试、确认测试和系统测试，其测试过程一般如下：

首先通过单元测试，集中对用源代码实现的每一个程序单元进行测试，检查各个程序单元是否正确实现了规定的功能；其次将实施了单元测试并确认无误的程序单元逐级组装形成软件系统，依次对软件体系结构进行集成测试；接着，通过确认测试，检查和复审软件系统的配置是否完整、正确，是否符合软件需求规格说明定义的要求；最后通过系统测试，把经过确认合格的软件安装到实际运行环境之中，并与其他系统元素进行综合运行测试，确认其是否协调运行并能满足需求规格说明的要求。图 9-8 给出了软件测试各层次之间的关系及其信息流程。

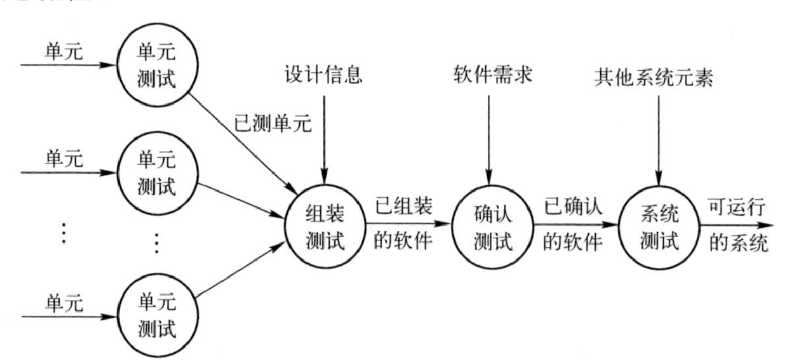

图 9-8 软件测试层次与信息流程

软件测试是一个极为复杂的过程，软件测试工作包括以下几个方面：

（1）拟定软件测试计划；

（2）设计和生成测试用例；

（3）实施测试；

（4）生成软件问题报告；

（5）生成软件测试报告；

（6）对整个测试过程进行有效管理。

测试环境和测试工具是进行软件测试工作的重要资源保证，典型的软件测试工具有白盒测试工具、黑盒测试工具和测试用例生成工具等。程序最终运行在相应的目标机上，因此软件测试还需要在所构建的仿真环境下进行，包括数字仿真、实物仿真以及半实物仿真。

软件测试还包括对软件代码、软件文档的审查活动。软件质量与可靠性除了包括软件产品的质量，也包括软件文档的质量。针对目前普遍存在的“重程序、轻文档”的现象，必须坚持软件工程化的管理要求，使所有软件都能按照规定的要求，编写形成完整的软件文档。装备研制工作中，必须形成的软件文档有软件任务书、软件需求规格说明、软件设计文档、软件设计说明书、软件设计开发计划、软件质量保证计划、软件配置管理计划、软件测试计划、软件测试报告等。

9.3.2　嵌入式软件测试设计

1. 合同规定的测试要求

某机载产品的研制合同明确提出了对其中嵌入式软件的测试要求，具体有：

（1）测试规范应符合国家军用标准规定的要求；

（2）测试用例应能根据规定的因果关系自动生成；

（3）测试程序的设计应能覆盖结构测试、功能测试、集成测试及系统综合测试的要求；

（4）测试程序应能按照需求进行扩展。

2. 软件测试设计

依据该合同要求，组织了嵌入式系统测试技术的研究，具体包括以下内容：

（1）根据嵌入式系统软件的特点，按照国家军用标准规定的军用软件开发工程化要求，研究和制定嵌入式系统软件测试规范和文档规范；

（2）根据技术状态管理要求开发及应用软件配置管理系统；

（3）研究软件测试技术（包括测试计划、测试流程、测试用例库设计方案等）；

（4）按嵌入式系统软件集成测试、软/硬件综合测试要求，组织测试平台技术的研究；

（5）提供软件测试理论及方法的指导、技术咨询、人员培训等（包括专题讲座、短期培训及现场指导等）。

3．软件测试文档

在完成软件测试设计、开展相关测试工作的基础上，依据软件工程及相关国家军用标准规定的软件文档编写要求，完成以下软件测试文档的编写，具体有：

（1）软件测试计划。软件测试计划详细规定了编写规则和各部分编写要求，主要有测试计划标识、概述（目的、背景、范围、参考文件）、测试项、待测软件特性、测试方法和要求、测试通过准则、测试暂停条件和恢复要求、测试交付报告、测试任务、环境要求、职责、进度安排、风险和意外情况、批准等。

（2）软件测试设计说明。软件测试设计说明详细规定了编写规则和各部分编写要求，主要有测试设计说明标识、待测软件特性、具体测试方法和测试标识等。

（3）软件测试用例说明。软件测试用例说明详细规定了编写规则和各部分编写要求，主要有测试用例说明标识、测试项、输入说明、输出说明、对环境的要求（硬件、软件、其他）、特殊的过程要求、测试用例间的依赖关系等。

（4）软件测试过程说明。软件测试过程说明详细规定了编写规则和各部分编写要求，主要有测试过程标识、目的、特殊要求、过程步骤（日志、测试建立、测试开始、测试进行、测试度量、测试中止、测试重新启动、测试停止、测试恢复、意外事件处理等）。

（5）软件单元测试规程。软件单元测试规程具体规定了进入软件单元测试的条件、单元测试项目及要求（功能测试、性能测试、结构覆盖测试）、测试方法、测试步骤、通过准则、提供文档等。

（6）软件集成测试规程。软件集成测试规程具体规定了进入软件集成测试的条件、集成测试项目及要求（功能测试、性能测试、接口测试、结构覆盖测试、指针与泄露错误测试）、测试方法、测试步骤、通过准则、提供文档等。

（7）软件配置项测试规程。软件配置项测试规程具体规定了进入软件配置项测试的条件、配置项测试的内容及要求（包括功能测试、性能测试、接口测试、余量测试、人机交互界面测试、边界测试、数据处理测试、强度测试、鲁棒性测试、安全性测试、可恢复性测试、可安装性测试、可靠性测试等）、配置项测试的步骤、通过准则、提供文档等。

（8）软件系统测试规程。软件系统测试规程具体规定了进入软件系统测试的条件、系统测试的内容和要求（包括功能测试、性能测试、接口测试、可靠性测试、人机交互界面测试、强度测试、安全性测试、可安装性测试、文档审查等)、系统测试的步骤、通过准则、提供文档等。

(9) 软件测试报告。软件测试报告详细规定了编写规则和各部分编写要求，主要有测试总结报告标识、总结、测试用例变化说明、测试完整性评估、异常情况总结、评估、测试活动小结、批准等。

9.3.3　软件验收五步法

嵌入式军用软件与系统的其他部分存在着很强的耦合，软、硬件存在着千丝万缕的联系，密不可分。这类形式上独立而功能上又不独立的军用软件，其功能要通过整机、单机设备的功能来体现。于是，嵌入式军用软件的验收方法与常规的纯软件的验收方法会有不同。为此，结合嵌入式军用软件的特点，探索实用有效的软件验收与管理方法就显得十分必要。

常用的软件验收法有系统验收法和通用验收法。系统验收法是采用系统功能、性能测试和文档资料审查、专家评议的质量管理方法，如图 9-9 所示。

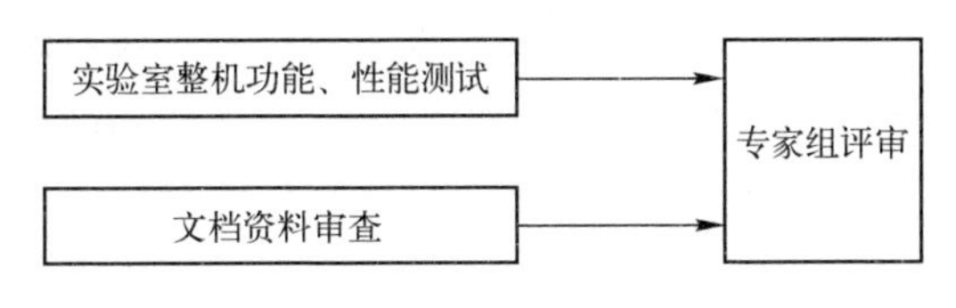

图 9-9　系统验收法

通用软件验收法是采用软件工程中规定的质量管理方法，如图 9-10 所示。

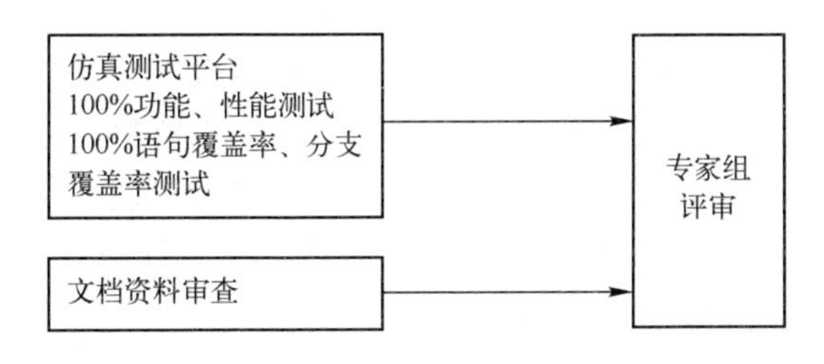

图 9-10　通用软件验收法

对于嵌入式软件系统，上述两种方法已不能良好适用。为此，在对嵌入式系统进行深入研究的基础上，依据对实际软件的设计需求、实现方法、运行环境以及嵌入式系统的特点，尝试并运用了以下的五步结合法（图 9-11）：

第一步，在实验室正常工作以及环境例行试验条件下，以技术合同、协议、技术条件、验收大纲要求为依据，对嵌入式系统的整机进行功能、性能测试、相当于软、硬件综合测试。用整机功能、性能实现技术合同、协议、技术条件的程度，来考核软件程序工作的能力与可靠性，即如图 9-11 中 I 阶段的工作。

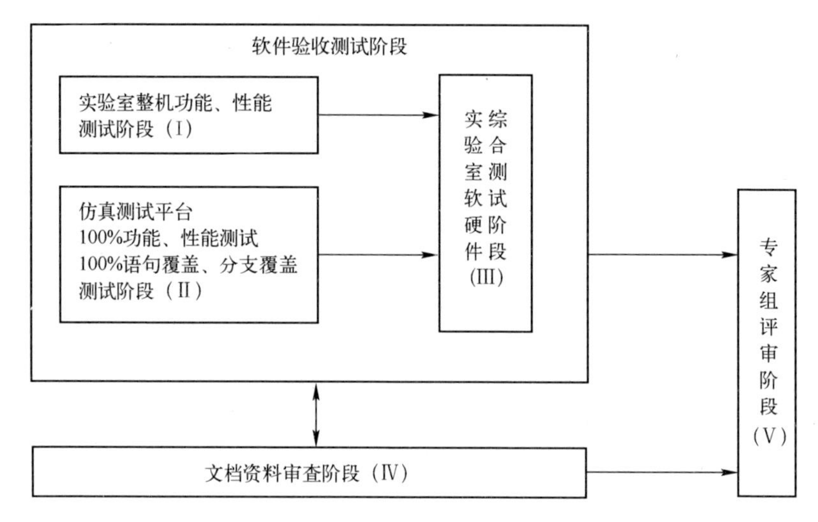

图 9-11　软件验收五步结合法

第二步，在实验室环境条件下，用仿真测试平台直接对嵌入式软件进行测试，依据事先制订的测试计划，实现对软件 100%的功能测试和性能测试、100%的语句覆盖和分支覆盖测试，直接考核、检查软件的程序工作能力与可靠性，即如图 9-11 中 II 阶段的工作。

第三步，以软件测试计划为依据，在实验室软、硬件综合环境条件下，对产品进行综合测试，以此考核软件的程序工作能力与可靠性等问题，即如图 9-11 中III阶段的工作。

第四步，测试结果初步形成后，与文档资料审查组交换意见，从文档资料内容的表述，测试结果功能反应，进一步验证在文档资料审查时产品“软件测试计划”的完整性，功能、性能满足技术合同、协议、技术条件要求的程度。两个小组工作交融进行，即如图 9-11 中 I 、II、III、IV阶段的工作。

第五步，文档资料审查组和软件验收测试组形成客观的文档审查和验收测试结果后，向专家组进行工作汇报，反映问题，进行评议。待得到问题答复、意见反馈、承制方改进措施落实、改进结果明确、形成结论后，文档资料审查组和软件验收测试组讨论形成“文档资料审查报告”“功能、物理审查意见书”“软件验收测试报告”“软件验收测试结果意见书”等，呈交软件验收委员会，即如图 9-11 中 I 、II、III、IV、V阶段的工作。

通过对软件产品“五步结合法”的验收测试，达到的质量管理深度如下：

（1）对软件需求（即功能、性能）测试达到了 100%覆盖；

（2）对软件功能、性能测试所不能覆盖的程序语句达到了 100%的语句覆盖和分支覆盖；

（3）模拟实际作战复杂环境，对多条件组合和边界值进行了测试；

（4）依据国家军用标准要求进行了全面的文档资料审查和软件验收测试；

（5）对前四个阶段的验收情况引发的系统问题进行了专家级评议。

软件验收测试结果表明：软件产品的功能、性能达到了设计要求，文档资料规范齐全，达到了验收要求。针对软件验收工作中发现的某些设计缺陷和使用中的不完善问题，向承制方提出了改进建议，要求尽快改进完善到位。验收工作结束时，一套完整的“嵌入式软件验收工作文档资料”自然形成。事实上，该机载软件在设计开发过程中，较好地贯彻执行了型号制定的软件产品保证规范、软件质量与可靠性管理规定等文件要求，软件产品的质量状态在实际开发过程中得到了较好的设计保证。

9.3.4　软件验收工作的组织

实际软件的验收是依据 GJB 1268《军用软件验收》的规定进行的，实际也是对国家军用标准关于软件验收的相关要求以及本工程项目制定的软件产品保证规范所进行的一次有效尝试和验证。

首先，按要求成立了“软件验收委员会”，下设“文档资料审查组”和“软件验收测试组”。各层次组织机构的工作内容、任务要求、验收目的等均有明确的分工和实施细则，包括各项工作的输入依据，输出文件和数据要求，以及相关信息的传递要求等，具体工作交互进行，互为依据。软件验收的组织机构、相互关系、工作要求示意图如图 9-12 所示。

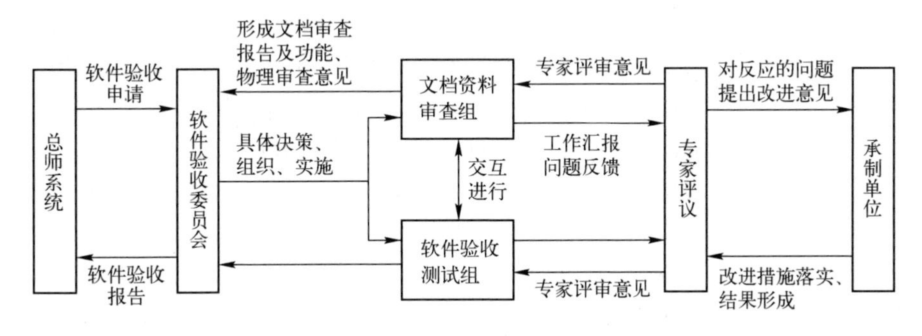

图 9-12　软件验收的组织机构、相互关系、工作要求示意图

“软件测试计划”是软件测试工作的主要依据性文件，因此，文档资料审查组和软件验收测试组均从各自的工作角度对产品的“软件测试计划”进行了认真审核，提出了建议性的修改意见，据此完善了“软件测试计划”内容。这是两个小组工作交融的体现。文档资料审查组为了得到客观、正确的功能审查意

见，还要依据软件验收测试组的验收测试报告和演示结果情况，对产品软件进行了相关功能审查，以证明产品软件满足了软件需求说明定义的全部需求。这是两个小组工作交融的再次体现。这种方法强化了两个小组的密切协同与配合。

如前所述，从产品的质量状态，文档资料的名称、内容格式编制，软件验收工作的依据，工作内容、步骤，验收工作结束时形成的结果、意见、报告、文件等，步步紧扣“国家军用标准”和相关的“质量管理规定”要求进行。通过首次尝试贯彻执行顶层质量管理文件：一方面全面考核了产品的质量、产品软件的质量；另一方面又客观验证、检查了顶层质量管理文件的正确、全面、可行性程度，为该重点型号工程中军用软件项目质量管理贯军标工作提供有益的借鉴。

9.4 工艺保证：新工艺应用与验证

产品制造技术是材料领域与工艺领域的集成技术，是产品制造过程的综合应用技术。产品制造技术的核心是工艺技术，决定了产品实现的物化过程。在产品研制过程中，产品设计者依据用户提供的产品要求，将其思想、构思、产品性能指标和尺寸要求等融入设计图样，形成设计输出，工艺人员依据设计输出进行工艺设计开发（亦即 GJB 9001C 中提及的过程设计开发），通过各项制造技术来实现设计者的思想与构思，将设计图样变成产品实体，同时通过各相关试验与考核，验证制造形成的产品是否符合设计要求以及满足规定的产品要求。

工艺技术是企业技术基础工作的重要组成部分，同标准化、计量、通用质量特性等技术领域一样，属于共性技术领域，因而属于产品保证的技术领域。工艺技术的基本任务是：采用技术先进、经济合理的工艺布局、工艺方法和工艺手段，保证产品设计状态的实现，保证制造产品符合设计要求，同时采用经济、有效的制造方法提高生产效率，缩短试制和生产周期，降低生产成本。

工艺保证是产品保证工作的重要组成部分，其核心是识别并梳理出产品保证涉及的所有工艺技术和管理环节，特别是产品实现过程的工艺风险环节及控制措施。工艺保证的主要工作可概括为以下几个方面：

（1）工艺策划。依据装备研制要求，在对产品进行工艺性分析、对现有制造能力进行合理评估的情况下，制定产品工艺总方案、工艺标准化综合要求、工艺质量控制计划等文件，确定产品工艺总路线、生产工艺布局、工艺分工，提出工艺文件需求和工艺装备需求，确定产品的关键工艺和工艺攻关项目，形成合理的工艺保证方案。

（2）设计工艺性审查。建立图样和技术文件的工艺性审查会签制度，制定工艺性审查准则，对产品结构的工艺性、加工合理性、可检测性、采用标准、验收准则等进行审查，以保证产品设计的可实现性，同时及早发现关键技术问题，提前进行工艺准备。工艺性审查应按设计文件的成套性进行，以部件及系统图为单元提出审查意见，对审查提出问题进行应闭环处理。图样和技术文件在完成工艺会签后，若发生涉及工艺的更改，应重新进行工艺性审查。工艺应提前介入产品设计开发过程，了解产品设计方案和技术路径，掌握设计意图，对设计方案进行工艺性分析，提出工艺方面的补充建议，与设计人员共同改善产品的工艺属性，保证产品工艺的可实现性。

（3）开展设计文件工艺性审查活动。应按阶段策划确定工艺性审查内容和重点。未经工艺性审查会签的设计文件，不得作为生产的正式依据。

（4）工艺选用。基于产品研制要求，以及工艺需求的分解结果，确定工艺选用原则，开展工艺选用工作，识别通用工艺和专用工艺需求，建立通用工艺选用目录，提出专用工艺编制清单。应该重视的是，工艺选用应同时考虑到工艺的可靠性、可检验性、可操作性、稳定性和经济性，应尽量选用已经确认的工艺、已经应用验证过的成熟工艺，还应考虑各种工艺之间的协调性。

（5）工艺技术研究。工艺技术研究主要体现在新工艺的研究开发和关键工艺的技术攻关。应结合装备研制新技术、新材料、新设备的应用，确定工艺技术需求，开展工艺技术预先研究，识别影响产品实现与质量要求的关键技术瓶颈，组织工艺技术攻关，突出工艺的先进性、可靠性、可行性与经济性，以期提高产品工艺和技术水平，缩短研制周期，保证产品质量。

（6）工艺设计。工艺设计主要包括工艺文件体系设计和工艺文件编制。应根据装备研制要求，在对产品工艺性进行全面分析的基础上，提出工艺文件体系设计方案，将设计文件、生产批量等工艺输入转化成工艺文件，形成工艺规程、作业指导书、工装设计方案、工艺定额及材料规范等工艺输出文件。工艺文件体系应在细化分解工艺总方案、系统识别工艺需求、初步确定工艺技术体系的基础上提出，目标是覆盖应有的工艺技术领域，形成协调配套的工艺技术框架。工艺文件的编制主要包括工艺总方案、工艺路线图、工艺状态表、工艺规程和检验文件等，其中，工艺规程（或作业指导书）的编制应满足可操作、可量化、可检测、可重复的要求；工艺检验文件的编制应明确产品检验的方法、要求和合格判据，对检验记录的要求应详细、完整、明确。

（7）工艺过程质量控制。工艺过程质量控制包括关键过程控制、特殊过程确认、生产作业环境的工艺控制（如洁净度、污染及多余物的工艺控制等）、工艺装备控制等。应依据产品关键特性、重要特性参数，识别并编制关键工序清单，设置关键检验点和强制检验点，并明确检验方法、合格判据、检测环境要求等。应加强特殊过程控制。识别并编制特殊过程清单，按人、机、料、法、环、测等进行确认和实施生产过程控制。

（8）工艺装备管理。应确定型号研制过程所需的工艺装备项目，提出工艺装备配备比例（即工装系数）要求。建立工艺装备设计评审、制造验收、使用保管、定检维护等制度。工艺装备使用前应进行检查和确认，大型、复杂装配或复材成型工艺装备应进行功能试用验证；使用中出现故障的工艺装备应进行标识、隔离并返修。编制工艺装备明细表，确保工艺装备图样齐套完整，明显部位设置标记，并定期检查，确保工艺装备的完好性，并在检定期内使用，保证工艺装备质量的可追溯性和有效性。

（9）工艺改进工作。组织关键工艺、特种工艺的工序能力评估和改进工作，持续提升工序能力，对技术难度大、工艺不稳定、难以保证质量和影响产品进度的工艺过程实施工艺改进，提高生产效率和产品质量。

（10）工艺评审。按照产品设计要求和有关标准规范，对工艺的先进性、经济性、可行性、可检验性进行详细的分析、审查和评价。工艺评审是保证工艺设计质量的有效手段。为此，在装备研制进程中，应建立分级、分阶段的工艺评审制度，对工艺设计开发中形成的工艺总方案、关键件和重要件工艺、关键过程，特殊过程，新工艺应用验证等项目进行评审，必要时在产品转阶段或出厂时组织专项工艺评审。

（11）新工艺鉴定。组织工艺鉴定工作，依据相关标准要求和判定准则，明确工艺鉴定状态、鉴定内容、鉴定条件和鉴定程序，确认产品工艺是否满足试制与生产要求，关键工艺技术是否得到解决。审查与鉴定全套工艺文件，工装设备等，按规定组织工艺文件的整理和归档工作。

（12）工艺技术管理。制订并贯彻工艺管理制度，编写基础性工艺资料，不断提高工艺技术管理的制度化、规范化和科学化水平。常态化地开展生产现场工艺纪律检查工作。

值得指出的是，工艺保证工作贯穿于产品研制的全过程，为此，应建立工艺设计与产品设计协同并行的工作机制，以产品 WBS 为基本单元，实现工艺设计与产品设计的同步策划和计划、同步安排与实施、同步检查考核与验证。工艺保证工作也应纳入装备研制阶段管理，并以实现各阶段的研制目标为原则，从保证产品制造过程稳定、保证实物质量入手，确定每个研制阶段的工作项目、工作要求与控制要求，突出关键项目的质量监督与风险管控。主要有：

（1）方案阶段（F）。根据产品设计要求、技术特点、生产类型，结合企业的生产能力，对生产制造技术、生产资源配备、各生产要素需求等进行总体预测和谋划，编制形成工艺总方案，提出工艺技术体系框架。工艺总方案应视各研制阶段的工作要求及产品特点进行迭代修订或换版。

（2）工程研制初样阶段（C）。在初步建立工艺技术体系的基础上，打通工艺技术路线，重点突破方案阶段原理样机试制过程中的技术难点，摸清新工艺、关键工艺技术难点和解决途径。

（3）工程研制试样阶段（S）。全面组织新工艺应用验证工作，突破关键工艺技术难点，组织工艺技术攻关，通过工艺应用验证冻结新工艺技术参数，确定关键件、重要件、单机设备的工艺技术方案与工艺路线。

（4）设计定型阶段（D）。完成全套工艺文件的编制，全套工艺装备的研制与试用，提出并实现生产资源的配置，形成小批量生产能力，组织关键件、重要件的工艺鉴定工作，锁定工艺技术参数和方法。生产试制过程中，严格实现对关键件、重要件，关键过程和特殊过程的控制。

9.4.1　新工艺应用研究流程

装备研制工艺保证的重点主要是新工艺保证。新工艺是指国内首次用于研制、试制或批量生产而未经鉴定和尚未纳入相关标准的工艺。装备研制中的新工艺采用，既是产品技术含量的表征，也是产品制造水平的重要标志，体现了制造技术的进步，但同时也必然带来风险。由此，新工艺的质量控制至关重要。

新工艺的技术开发及应用研究是装备研制工作的重要内容之一，贯穿于装备研制从论证、方案设计、工程研制、设计定型直至生产定型的整个过程。新工艺的技术开发和应用研究流程如图 9-13 所示。

9.4.2　新工艺应用需求分析

装备研制新工艺需求的应用与确认，涉及产品设计、工艺设计、质量管理、项目管理等相关技术与管理部门，一般应由型号总工艺师组织分析与论证。

产品设计部门应会同工艺技术部门，进行产品设计状态的工艺性审查和可生产性分析，同时应了解制造单位的工艺状况，分解新的工艺技术需求和新工艺的应用需求，包含因新技术、新材料应用而衍生出来的新工艺。

工艺技术部门应组织对产品研制中可能涉及的新工艺需求进行分析，必要时安排适当的调研，以求摸清新工艺的现有技术成熟度、技术发展趋向，以及可能的关键或瓶颈技术所在，了解新工艺技术研究所需的资源条件，在此基础上，开展新工艺的技术经济可行性论证，提出新工艺应用可行性分析报告，明确新工艺关键技术研究攻关项目。

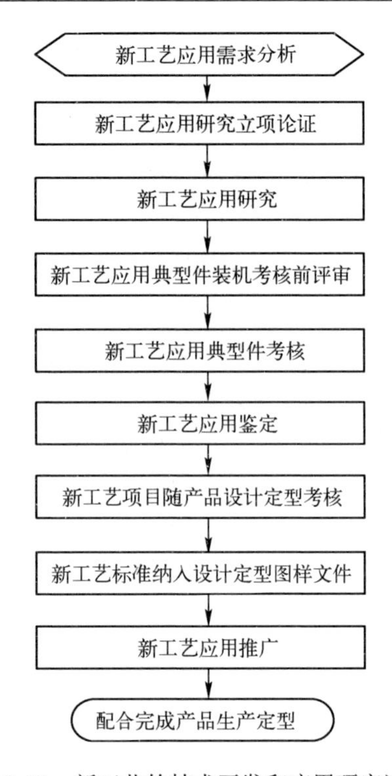

图 9-13　新工艺的技术开发和应用研究流程

项目管理部门应针对工艺技术部门提出的新工艺应用可行性分析报告，结合产品设计部门提出的新工艺应用需求，组织专题评审，由型号总工艺师主持，邀请有经验的产品设计、工艺设计人员、质量管理人员参加，全面审查新工艺技术应用的必要性、可行性和经济性，判断新工艺应用的风险，分析确定伴随新工艺应用而产生的其他需求（如新工艺装备设计、原设备生产改造等），完善新工艺应用可行性分析内容，确定新工艺关键技术研究攻关项目。

质量管理部门应全程参与新工艺的需求分析与论证评审工作，协助进行风险分析与控制，并负责对评审所提问题和建议的跟踪落实，实施闭环管理。

经评审确认予以立项研究的新工艺技术应用项目，应该纳入产品研制计划，与相关研制工作同步进行。

9.4.3　新工艺研究立项论证

工艺技术部门是新工艺立项论证和研究开发的主体。在新工艺应用研究立项过程中，工艺技术部门应在认真消化设计资料，参与并掌握设计资料工艺性审查情况的基础上，提出典型产品与零部件应用新工艺的技术难点；在调研制造单位生产能力及设备和人力资源的基础上，了解、掌握国内外新工艺应用情况及所需新设备等最新动态；在着重分析型号产品设计工艺难点的基础上，进一步开展对产品新工艺性的分析、评价，明确改进意见及对策，以对工艺设计的正确性、先进性、可行性、可检验性进行分析、审查和评审。在此基础上，与设计部门协商确定选用最终的新工艺应用技术方案，组织编制新工艺应用研究立项报告（或攻关项目、课题任务书等）。

新工艺应用研究立项报告应经设计部门会签，并履行规定的审批程序。一般应包含以下内容：

（1）新工艺关键技术研究攻关难点及攻关措施；

（2）对新工艺应用研究进度安排意见；

（3）提出工艺布局、调整、厂房改造或扩建和设备、工装配置意见；

（4）提出外协、外委原则以及工艺分工、工艺路线安排的意见；

（5）提出需进行投入新工艺试验验证考核的零组件（图号清单）需求；

（6）提出新工艺应用研究试验及验证考核项目和方案；

（7）提出新工艺应用研究主辅材料、毛坯、元器件、零部件等需求及解决途径；

（8）预测新工艺应用研究新工种，提出工种项目、人员配置、培训等意见；

（9）提出新工艺应用研究成本费用分析意见；

（10）提出新工艺应用研究环境保护和安全生产分析意见；

（11）给出风险评估分析意见。

新工艺应用研究立项一般应在产品工程研制阶段之前启动，对新技术、新材料应用衍生出来的新工艺一般应与新技术、新材料研究同期立项、同期启动，在新技术、新材料研究的各阶段中协同完成。一般而言，新工艺技术的应用，必然伴随有工艺装备的配置。对需要配置的新装备，应进行充分的工艺调研，综合考虑经济性、合理性、先进性、可靠性等技术经济指标。

9.4.4　新工艺应用研究

新工艺应用研究工作的内容一般包括：

（1）新工艺应用产品的化学、物理和力学等性能检验与评价方法；

（2）新工艺参数的确定以及重复性、稳定性试验技术；

（3）典型产品与零件的全面性能研究与数据测定；

（4）典型零件制造的工艺流程和方法；

（5）典型件试制和考核试验；

（6）暂行技术标准和工艺文件的制定；

（7）新工艺应用研究总结。

为保证新工艺应用研究质量，一般要求：

（1）工艺技术部门应在新工艺应用研究立项批准后，制订详细的工艺攻关和试验验证考核实施方案，明确相关的技术指标等要求。

（2）对需外协、外委的新工艺应用研究，应在国内具备研究条件的单位内寻找承研单位，对于前期有研究基础的应优先考虑；应与承研单位编制并签订新工艺应用研究课题协议书；若选择民口承研项目，可编制产品配套科研项目新工艺应用研究任务总要求，并申请国家或上级主管部门立项。

（3）主管技术部门应会同承研单位，根据产品配套科研项目新工艺应用任务总要求（或课题协议书），编制并签订产品配套科研项目新工艺应用合同书。

（4）对内部承担的新工艺应用任务，应根据工艺分工，分别向承研单位下达任务书或新工艺应用攻关计划（或指令等），各相关承研单位应组织按要求制订详细研究、攻关实施计划，开展相应的工艺技术、生产、试验等准备工作。

（5）新工艺应用研究所需的改造或扩建的新厂房、设备、工装等应配置齐全，并经过检查、验收合格，相应操作、试验、检验规程应经过批准。

（6）新工艺应用研究涉及的技术、操作、试验、检验等人员应经技术交底、培训合格后持证上岗。

（7）承研单位应按合同要求，提供质量合格的材料或坯件、产品，新工艺应用研究涉及主辅材料、毛坯、零部件、成附件等应经检验验收合格，满足相应新工艺技术要求。

（8）大型、复杂新工艺应用实施前应制定相应规范或操作规程，并经过工艺评审、试验验证，对易燃、易爆等危险、有环境影响的新工艺应用前应经过环保、健康、安全审查或评估，配备必要的安全生产、消防、人身健康等防护、保护设施，并做好应急预案。

（9）在新工艺应用研究过程中，主管技术部门应与承研单位进行沟通，及时协调解决技术问题，了解和掌握研究进度，督促承研单位按照研究合同要求进行工艺研究，开展工艺试验，并编写研究、试验总结报告。

（10）在新工艺应用研究过程中暴露的技术质量问题，应进行原因分析，研究制定解决措施，必要时开展仿真、试验验证，按要求实施归零管理。

（11）设计资料如需更改，凡涉及新工艺方面的内容，必须重新进行工艺性审查并会签，发现设计资料工艺性问题，工艺仍应向设计提出修改意见并协商处理，必要时可采取会审的方式。

9.4.5　新工艺应用验证

新工艺应用验证工作，一般是通过产品试制及小批试生产的方式进行，目的是考核新工艺设计的合理性、适应性、可行性，保证试制与生产的产品质量稳定、成本低廉，并符合安全和环境保护要求。新工艺验证一般通过组织专门的工艺试验进行。

工艺技术部门要组织进行工艺验证策划，在此基础上制订验证实施计划，内容应包括：主要验证项目、验证的技术、组织措施、时间安排、费用预算等。工艺验证时，必须严格按工艺文件要求进行试生产。在验证过程中，有关工艺、工装设计人员必须深入生产现场，跟踪生产工艺过程，以便发现问题及时进行解决，并要详细记录问题发生的原因和解决的措施。工艺人员应认真听取生产操作者的合理化建议，对有助于改进工艺、工装的建议要积极采纳。

1. 工艺试验和验证的主要内容

（1）关键件和重要件的工艺路线和工艺要求是否合理、可行。

（2）所选用的设备和工艺装备是否能满足工艺要求。

（3）检验手段是否满足要求。

（4）装配路线和装配方法能否保证产品的技术要求。

（5）工艺过程是否符合劳动安全、绿色制造等要求。

2. 典型件装机考核前评审

主管技术部门应根据新工艺应用研究情况及时修改完善相关技术文件资料，下发试制用技术文件，并将其提供设计部门，明确应用对象，纳入型号产品典型件技术文件、图样中，以指导应用新工艺试制典型件。应与生产部门协调，安排新工艺典型件试制、装配、试验等工作，及时协调解决试制过程出现的技术问题。

新工艺应用典型件在装机考核前，一般应由有关部门或者授权机构组织设计、制造、材料、标准化和使用等方面的专家进行评审，得出可否进行装配、试验、考核的结论。

新工艺应用典型件装机考核前评审一般应提交以下资料：

（1）新工艺应用研究阶段总结、工艺说明书、工艺规程等技术文件资料（承研单位提供）；

（2）新工艺应用技术条件或暂行技术条件（承研单位、使用单位提供）；

（3）新工艺应用典型件生产工艺总结（使用单位提供）；

（4）应用新工艺试制的典型件质量分析报告（使用单位提供）；

（5）应用新工艺试制的典型件试装、试验情况（承研单位提供）。

新工艺应用典型件装机考核前评审一般应在型号研制工程研制初样阶段前或期间完成，必要时应邀请顾客代表参加。

3．新工艺应用典型件考核

根据产品研制使用要求，主管技术部门应当与设计部门，必要时邀请顾客代表，协商确定新工艺应用典型件的考核试验方案，确定考核项目和评估方法，并安排装机进行考核试验。新工艺应经过规定项目考核后方可推广应用。

新工艺应用典型件装机进行地面长试考核试验一般应在型号工程研制初样阶段完成，对需要随机进行试飞考核的，应在工程研制阶段随产品进行科研调整试飞期间安排完成。

主管技术部门应及时解决试验、试飞考核中暴露的技术质量问题，根据考核情况完善新工艺技术参数，提高工艺稳定性，必要时，重新安排考核试验。

主管技术部门组织对考核后的典型件进行检查分析，协调试验、试飞、设计等单位给出考核报告和结论。

主管技术部门应组织编制完成应用新工艺试制的典型件试验、试飞考核情况报告，并经设计部门会签，顾客代表同意。

9.4.6 新工艺应用鉴定

新工艺应用典型件通过考核后，主管技术部门应协调承研单位按合同和有关规定完成新工艺应用的鉴定。新工艺应用鉴定时一般应提交以下资料：

（1）新工艺应用的全面技术总结和有关研究报告（承研单位提供）；

（2）新工艺应用合成与典型件加工工艺规范（承研单位和使用单位提供）；

（3）新工艺应用的技术标准（承研单位和使用单位提供）；

（4）新工艺应用所需材料、元器件、毛坯等的供应及入厂复验总结（使用单位提供）；

（5）新工艺应用典型零件的制造工艺规范与标准（承研单位和使用单位提供）；

（6）新工艺应用典型零件的检测方法与标准（承研单位和使用单位提供）；

（7）新工艺应用典型件使用性能和工艺性能在内的全面性能研究报告（承研单位和使用单位提供）；

（8）考核试验、试车、试飞报告与结论（设计或试验部门提供）。

新工艺应用鉴定一般应在型号设计定型前完成，鉴定时应邀请设计部门、顾客代表等参加。对新技术、新材料应用衍生出来的新工艺一般应与新技术、新材料研究鉴定同期或在之前完成鉴定。

主管技术部门应收集整理鉴定会上专家意见，明确处理办法，修改完善新工艺应用的技术标准（或工艺说明书）、典型件加工工艺规范、检测方法等技术文件资料，将有关技术标准、规范提供设计部门，纳入型号设计技术文件、图样中，并下发正式版本用于指导生产。

新工艺应用技术说明书（或标准、规范等）编制完成后一般应履行校对、审核、审定、各有关业务部门会签、主管工艺的副总师以上人员批准等手续，并实行版次管理，由编制单位组织归档、发放。

主管技术部门应密切关注鉴定后的新工艺应用状况，及时解决出现的技术质量问题，做好新工艺推广应用等工作，减少新工艺的波动，不断提高新工艺的稳定性。

型号产品完成设计定型（或鉴定）考核后，主管技术部门应根据产品定型（或鉴定）考核情况，进一步组织完善新工艺说明书、技术标准、检测规范等技术文件资料，将其提供设计部门，纳入型号产品设计定型技术文件、图样中，并贯彻到设计定型后工艺、检验规程中以指导生产，做好推广应用工作，及时解决推广应用中暴露的技术质量问题，直至完成生产（或工艺）定型。

9.4.7　关于型号工艺保证的建议

装备研制产品保证的终极目标是：完成装备设计定型，形成小批量生产能力，实现稳定转产，向用户交付合格的装备。性能可靠、质量稳定的装备不仅需要可靠的设计技术去保证，更需要靠可靠的工艺技术去保证。目前的现状是，装备设计定型后转入批产过程较为艰难，产品质量不稳定，产品使用阶段暴露的工艺问题占比极高。为此，切实需要采取有效措施，加强型号研制阶段的工艺技术与管理工作，以期通过可靠的工艺技术保证产品实物质量，保证实现稳定批产。

1. 建立型号工艺师系统

产品工艺是伴随产品设计过程同步进行的工作，也有一个随产品状态不断迭代成熟的过程。型号工艺技术工作应有一支跨单位的专业技术队伍，负责策划、协调、组织和评价型号研制过程中的工艺技术与管理工作。

为此，可与型号设计师系统的建设同步建立型号工艺师系统，统一型号工艺技术与管理要求，协调型号各参研及承制单位之间的工艺工作。具体可由型号主制厂牵头，组建覆盖型号系统、分系统、关键、重要设备研制单位参与的型号工艺师系统，与型号主研单位的总设计师系统密切配合，协同工作。进一步地，可在装备主制厂任命型号副总设计师，在型号总设计师单位任命型号副总工艺师，形成“你中有我，我中有你”的工作模式，分别代表主研、主制单位参与对方的工作，同时对口协调参研及承制单位的相关工作，以真正形成型号研制过程产品设计、工艺设计两大技术主体，形成设计、工艺一体化的运行机制，实现技术互补，业务互动，相互渗透和融合，以此提高设计效率，提高设计与工艺的成熟度，加速产品的工程化进程。

2．加强工艺顶层策划

应在型号方案阶段，与型号设计方案同步策划型号的工艺技术方案，组织编制《型号工艺总方案》。应将工艺总方案提到与型号设计方案同等的地位，并且得到设计师系统的会签，同样，设计方案也应得到工艺师系统的会签。

工艺总方案应在系统分析产品特性及工艺特点的基础上，对型号的工艺技术与管理工作提出系统的筹划和安排，从工艺总路线、生产工艺布局、工艺技术体系要求、工艺技术文件要求、关键重要工艺技术攻关、工艺装备研制配备、生产条件建设等方面，策划工作项目和工作要求，经型号“两总”系统决策后颁发实施，作为统领型号全线工艺技术与管理工作的纲领性文件。

3．研究型号工艺技术体系

为降低工艺技术风险，型号研制应在尽量采用成熟工艺技术的基础上，兼顾型号特点、研制实际、产能要求及工艺技术进步因素等，进行系统的筹划和运作。为此，应在产品工艺性分析的基础上，系统识别型号制造所涉及的工艺技术领域、工艺保障条件、工艺标准要求、工艺技术文件要求等，编制形成工艺技术体系表（相当于工艺技术领域的 WBS 分解），以准确界定型号工艺技术领域需要开展的工作。型号工艺技术体系的确定应充分考虑工艺标准化的综合要求。

进一步地，在形成型号工艺技术体系的基础上，组织工艺技术文件体系的编制工作，一般在识别和区分“通用工艺、专用工艺”的基础上，按照“指令性、生产性、管理性、基础性”四个维度规划工艺技术文件体系，明确工艺技术文件的编制清单，适时安排相关工艺技术开发、工艺文件编制等工作，并随型号研制阶段进行迭代和优化。工艺技术文件体系应视研制需要适时调整。

4．开展制造成熟度评价工作

复杂武器装备因小批生产，一般不搞生产定型，相当于在研制过程缺了一个成熟期的考核。按照相关国家军用标准要求，产品设计定型时应达到一定的技术成熟度和制造成熟度要求（一般为 7～8 级），为此，应在型号研制过程中，策划、安排和推进制造成熟度工作，以期在型号设计定型、确定型号技术状态时，实现型号技术状态的工艺技术方法也能随之冻结，达到规定的成熟度要求。

为此建议，装备研制工作中，应在贯彻 GJB 8345《装备制造成熟度等级划分及定义》、GJB 8346《装备制造成熟度评价程序》要求的基础上，系统策划和安排各层产品（可考虑总装、部装、机载成品、关键重要配套产品等）的制造成熟度评价工作，以此推进各级产品制造成熟度的不断改进，同时也倒逼技术成熟度的提升，力争在产品设计定型时，达到规定的制造成熟度要求，真正形成小批生产能力。

9.5　质量保证：生产过程质量控制技术

装备型号设计定型后转入批量生产，作为产品保证的重要组成部分，生产过程的质量保证工作在决定产品实物质量方面起到了至关重要的作用。如何在生产过程中保证产品设计的固有质量及其可靠性的实现？如何在交付过程中，通过经济、有效、合理的方法，验证产品达到了规定的技术性能与质量等级？某工程引进的质量保证技术较好地回答了上述问题。

某工程项目引进的质量保证技术是国内第一个贯彻“过程控制”的质量保证模式，在保证工程项目的顺利进行、保证工程实物质量方面发挥了关键作用。按照“巩固、坚持、扩展、延伸”的原则，研制单位在贯彻 GJB 9001、建立质量管理体系的过程中，融合了“过程控制”的全部要求，并将其拓展到产品实现的全过程，在此基础上建立了以“预防为主、过程控制”为特征的产品质量保证体系，实现了质量管理模式从“质量检验”到“质量保证”的跨越。

9.5.1　基于抽样例试的产品检验模式

在中国机载设备的生产与交付工作中，几十年来一直沿用 20 世纪 50 年代随苏联援建项目引进的模式，即生产装配、工厂检验、使用方检验、抽样例试、批检靶试、最终完成交付验收。其中，生产装配和工厂检验由承制厂自行组织进行，检验合格后提交使用方，由顾客代表按检验规范对本批产品进行抽检或全检，经顾客代表检验合格后再按规定的比例抽取一定数量的合格产品，按技术条件组织例行试验（或称型式试验）和靶场试验，分别在模拟的极限环境条件和实战条件下考核产品的战术、技术性能，以及产品的质量与可靠性水平。

显然，这种检验、交付方式属于“事后把关”型的质量管理模式，分析其缺点有：

（1）对产品质量的判定仅依赖于对产品最终状态的检验试验，忽视了对产品质量形成全过程的追踪和控制，缺乏前瞻性，对于机载设备这样的高科技、小批量、复杂、精密产品更是这样。

（2）对整批产品质量状况的判断依赖于产品抽样，虽然服从统计规律，但带有偶然性，因而对于承制方和订货方都具有相当的风险，特别是对于生产工艺尚不成熟、质量状态尚不稳定的产品。具体说，当整批产品中偶然有不良品被抽为试验样本时，承制方将蒙受整批产品被拒收的损失；当一个优质品被抽为试验样本时，订货方将蒙受批产品中可能含有的不良品甚至不合格品的损失。

（3）组织产品例试、批检靶试的试验费用以及所消耗的产品损失巨大，尤其是对于复杂、精密、价值昂贵的产品。

（4）对整批产品的接收依赖于外场的批检靶试结果，更带有巨大的风险性和随机性。一旦试验失败，不但承制方蒙受经济损失，同时订货方的装备计划也会受到影响。

不可否认，作为装备使用部门的顾客代表，在实施产品验收时，不同意改变这种习惯已久的例试、批检靶试模式，其重要原因是对承制方批生产的产品质量缺乏信任，担心在装备设计定型转入批量生产后，产品质量出现“滑坡”，所以必须加强产品验收时的检验与考核，而参照装备设计定型时的鉴定试验与考核要求，对每个生产批次的产品进行检验、试验，是最简单、直观而有效的一种验证方式。

9.5.2 基于“过程控制”的产品质量保证模式

鉴于此，目前发达国家很多工业企业的生产质量管理已经弱化了这种“事后把关”型的管理模式，逐步代之以“预防为主”的过程控制模式。某工程即为“贯彻过程控制要求、体现预防为主”的典型案例。

过程控制就是以确保产品的过程质量为目标，从技术与管理两个维度采取适当的质量保证技术措施，对产品生产过程的每一个环节都实施严格的质量控制，以保证过程产品以及最终产品都符合技术条件要求。该工程采取的过程控制质量保证措施特点有：

（1）齐全完备的成套技术资料：对每一个生产单元，均通过成套技术资料定义其工艺状态，包括有工艺流程图、装配文件、测试文件、检验文件、工装夹具文件、专用测试设备文件等，使得产品零件的加工、部组件及成品的装配和测试等均有规范可依，具有很强的可操作性和可控性。

（2）严格规范的技术状态控制：建立有技术状态控制委员会（CCB），对生产过程任一技术状态的更改和偏离均实施严格控制，履行规定的审批程序；对所有经批准实施的更改，在技术资料中均做出明显的标识，并且实施追踪更新。

（3）严慎细实的不合格品审理程序：建立有不合格品审理委员会（MRB），规定有审理级别，轻度故障由质量工程师负责审理，严重故障提交 MRB 审理，确认不合格品原因后，制定及实施纠正措施，同时把不合格品对产品技术状态的影响、所造成的风险与损失降到最低。

（4）独具特色的随行文件制度：建立了产品形成全过程的完整的记录，包括生产记录（如生产签署卡、装配记录卡、测试记录卡等）、检验记录、更改记录等，使产品在整个生产过程的质量状态能够追踪到任一给定时间所使用的材料、工具、设备、零件、元器件、分组件和组件，实现了产品技术状态的可追溯性。

（5）贯穿全程的环境应力筛选：在产品生产逐级组装的过程中，实施元器件、部组件和成品件三级产品的 100%环境应力筛选，并且作为生产工序贯穿于整个生产流程，保证了过程产品的质量及最终产品的质量。

（6）布局合理的生产工艺流程：产品生产线一方面按照物流进程进行工艺布局，逐级升级组装，减少不必要的生产传递环节，提高了生产效率，增加了生产过程的透明度；另一方面在产品装配、测试流程中设置检验点，实施转工序的“可使用标签”制度，控制了产品的过程质量。

（7）适时有效的固定项目检查制度：针对特定的产品部组件和产品特性，特别是非独立交付用户的产品，由承制单位和顾客代表提出“固定项目检查清单”，按规定对其进行抽样检验或加严考核，以实施对关键件、重要件以及产品关键特性的质量控制。

（8）科学规范的授证和授权程序：对生产线“人、机、料、法、环、测”等要素及生产线的各项专业技术（特别是关键工艺、特种工艺）进行“相符性检查”之后给予“授证”，对与其配套的质量保证能力（如电子元器件检测筛选、材料理化分析、产品检验、设备计量校准等）进行专项授证；其后，通过小批量试生产，证明其已经满足和具备产品批产能力和质量控制要求时，再对生产线和质量保证系统分别进行授权。

通过上述严格的过程控制，可以确保生产的最终产品和鉴定批的产品完全一致，从而免除了传统管理模式中对每个生产批次所要进行的各种环境条件考核、批检靶试等一系列“事后把关”的验证试验，既减少了试验经费及产品消耗，又化解了批次性产品不合格的风险。

9.5.3　过程控制的质量保证措施

1. 技术状态控制

技术状态控制的基本点是通过采取有效的技术与管理措施，保证按照现行有效的技术资料组织生产制造与检验交付，保证产品在生产过程中的技术状态与其技术资料的规定完全一致，保证按照规定的程序审理故障、更改资料、处理超差代用等。产品技术状态控制将工程技术和质量管理有机地结合起来，通过工程更改（即产品设计定型后的技术状态更改）、文件资料、随行文档、器材追踪、故障报告及不合格品审理共 6 个要素的控制来实现，其控制要求均以程序文件的形式加以规定。以技术状态控制为核心的程序文件体系如图 9-14 所示。

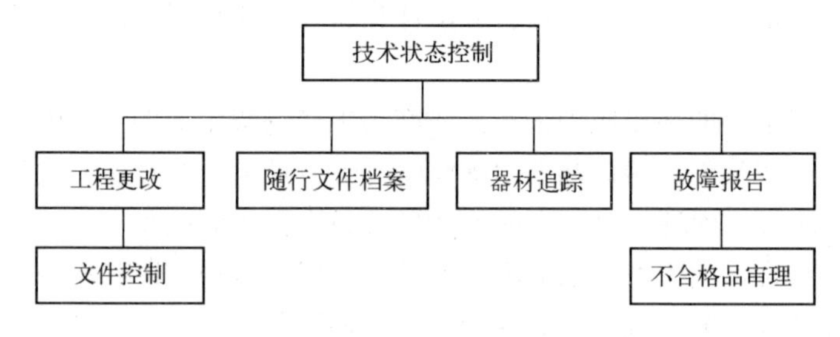

图 9-14　生产技术状态控制要素

产品在通过定型鉴定后，技术状态即被冻结并以此作为转入批生产的依据。生产过程必须严格按照经定型鉴定认可的产品技术状态进行，以确保批产品的各项技术性能指标与鉴定批状态保持一致。确因用户要求、技术改进或其他客观条件，导致必须对产品技术状态进行更改时，则必须进行充分的分析论证，对更改可能影响到的产品功能、技术性能等进行相关的补充验证试验，经确认有效可行后，履行规定的审批程序。生产过程所有的技术状态活动要留下记录，以供备查，特别是对各种更改、偏离和制造过程中的超差处理要严格控制，按规定办理审批手续，保留记录，以保证每一技术状态变化的可追溯性。

生产技术状态控制的要点是：

（1）设计跟产：抽调具有实践经验的设计人员组成质量工程师队伍，跟产指导生产和工艺过程，以确保设计定型鉴定转入批生产后产品技术状态的顺利交接和延续。质量工程师的职责是对生产技术资料的有效性进行确认，对生产过程的工程更改、偏离提出建议或审查意见，对生产过程发生的不合格品组织审理。

（2）工程更改控制：严格控制生产过程中的工程更改，产品进入批生产后，应严格按照经鉴定批准的技术状态（即产品基线）执行，对设计图样、技术文件等的更改必须严格控制，确因客观条件必须对鉴定状态实施更改时，必须经过充分论证，提出更改建议，严格按照规定的审批程序进行。

（3）物料控制：严格执行经鉴定批准的物料配套表和采购清单，严格控制器材代用，禁止降低器材质量等级；对器材、标准件等的质量控制，必须经入厂复验和必要的检测筛选、确认合格、签发“可使用证”后方可领用。

（4）成套技术资料管理：建立成套技术资料中心（TDP），对生产所用的技术资料（包括产品图样、技术文件、制造与验收规范、器材配套表或采购清单等）实施定点发放，并保证生产现场使用的技术资料配套齐全、现行有效，既作为生产作业的依据，又作为产品检验和验收的标准。发放现场的生产技术资料的有效性由质量工程师签署确认。

（5）工艺状态控制：对影响产品性能实现和验证的并经鉴定批准或确认的工艺技术路线、工艺方法、工艺参数、工艺装备等实施更改控制，特别是对关键工艺参数、特种工艺参数的更改实施控制，并组织工艺验证。

（6）检验与试验设备配置：按照“过程控制”的要求，对生产线的检测和试验设备进行部署，特别是筛选设备和专用测试设备的配置，确保满足生产过程中对产品所进行的检测、筛选、试验与验证要求，确保量值可溯源。

（7）技术状态审核：生产启动前，通过对设计转产的成套技术资料进行审查，确认生产技术状态基线（即产品基线）；生产过程中，通过更改落实情况的追踪，审查并确认所有更改、偏离、让步的实施效果；生产交付时，通过生产总结及质量控制报告，说明生产过程产品技术状态的变化情况，纳入产品质量评审内容。

2．工序质量控制

生产过程的“波动”是引起工序质量发生变异的主要原因，其影响因素一般包括人、机、料、法、环、测（即 5M1E）。工序质量控制就是要运用专业技术和实践经验，利用统计工具进行工序能力分析和产品质量分析，找出影响工序质量的主要因素的波动并对其实施重点控制，使工序过程始终处于受控状态，保证持续稳定地生产合格产品。

控制工序质量的关键在于预测“波动”的趋势，常用的工具方法是统计质量控制（SPC）。借助 SPC，可以有效地检测工序过程的变化趋势，及时给出报警，从而提前采取工艺措施加以抑制。工序质量控制的做法是：

（1）严格控制各生产要素，确保生产过程在受控状态下进行。基本的控制要求是：获得现场生产作业所需的所有文件，包括产品规范、工艺文件、作业指导书、检验规程等；使用适宜的生产设备与设施；配备满足产品和过程测量能力的监视和测量装置；对规定的过程参数和产品特性进行监测量和记录；按规定控制温度、湿度、清洁度、多余物等生产环境条件，采取必要的静电防护、多余物控制等措施。

（2）确保实现规定的过程能力。规定关键过程的控制要求并对关键过程实施控制，制定特殊过程的确认原则并对特殊过程进行确认。针对关键过程、特殊过程运行所需的设备、标准、方法、程序以及人员资格等，采取相应的控制措施予以保证。当上述条件发生变化时，应组织对上述过程进行再确认，必要时采取相应措施。

（3）定期进行工序能力的调查、分析，必要时组织工序能力改进和工艺技术攻关。工艺改进一般以质量管理（QC）小组的组织形式进行，通过应用 SPC 技术、对过程实施 PDCA 循环，直到达到预期的效果或目标值。在形成新的工艺方法以后，通过工艺试验加以验证、经鉴定形成文件化的工作指令后即行推广应用。

（4）按季进行产品质量评定，对质量控制的有效性进行评价并形成报告。产品质量评定的数据来源于生产过程发生的不合格品报告（包括各种超差处理单、排故单、返修单、报废单等），通过对不合格品审理数据的统计分析，给出产生不合格品的主要因素和次要因素，同时给出有关的纠正措施建议。图 9-15 给出了不合格品原因统计结果的示例。

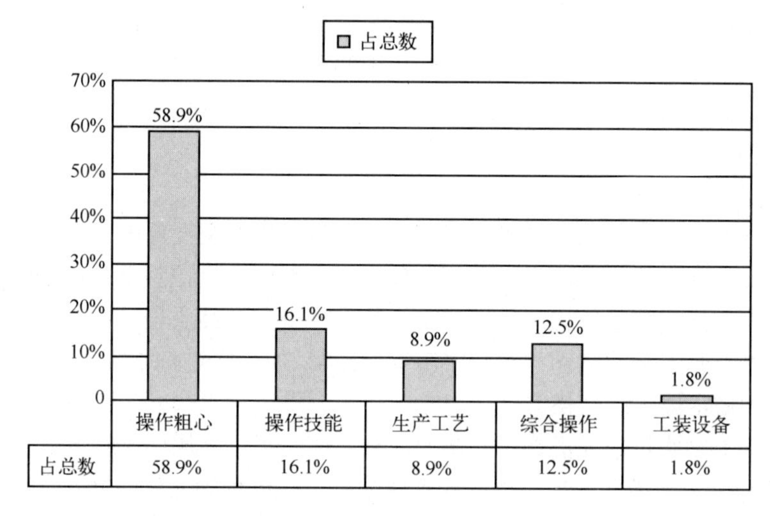

	操作粗心	操作技能	生产工艺	综合操作	工装设备
占总数	58.9%	16.1%	8.9%	12.5%	1.8%

图 9-15　质量评定报告中的不合格品原因统计表

3．环境应力筛选

为确保生产过程中各级在制品的质量（即过程产品质量），在产品的成套技术资料中明确规定，从元器件开始，到装配成各级部组件产品的过程中，将严格按照产品定型鉴定确定的技术条件，逐级进行元器件级（也包括元器成件）、部组件级（包括板级）、成品级（包括单机设备）的 100%环境应力筛选，以加速各级产品潜在故障及可靠性缺陷在生产流程中的暴露，并有针对性地实施排故措施，保证各级产品潜在的质量隐患不会带入上一级产品装配，不会带入最终产品出厂。工艺筛选的具体做法是：

（1）所有装机使用的元器件均规定有相应的失效率指标，通过二次筛选，确认合格可以装机的元器件由检验员签发“可使用标签”后才可以装机。值得提出的是，由元器件制造厂进行的元器件一次筛选一般是根据元器件产品规范确定的条件进行，而由元器件使用方所进行的元器件二次筛选一般按照装机的使用条件提出，后者更具有实用意义。

（2）所有机械加工的零件从原材料开始控制，原材料入厂均需经理化复验，确认合格可以使用的原材料由检验员签发“可使用标签”后方准许投产。对机械零件的加工过程严格实施检验控制，对超差件的使用严格把关，确认可以装机的零件由检验员签发“可使用标签”后才可以用以装配。

（3）产品进入装配环节，在完成功能组件装配、测试后，将进行部组件级的工艺性筛选。其中，电子元器件组装而成的电子组件将 100%进行规定次数的高、低温循环及高、低温性能测试，促使一些可能存有潜在缺陷的电子元器件在热应力和电应力的双重作用下提前失效；结构组件将 100%进行规定方向的振动试验和电性能检测，以暴露潜在的装配干涉与机械缺陷。

（4）在产品完成最终装配后，将 100%进行 *X*、*Y*、*Z* 三个方向上的随机振动考核和温度循环试验，外加电性能监测，以保证产品的功能正常，性能合格，结构良好。每台最终产品不但在生产过程中必须通过上述环境应力筛选，同时必须通过各种综合测试，包括静态和“模拟寻的”飞行状态下的各项功能、性能测试。

选择合适的环境筛选应力、应力条件（即量值）以及应力施加顺序，对于保证环境应力筛选效果至关重要，一般而言，所适用的环境条件和应力施加顺序应以能发现早期故障、激发潜在失效为原则，环境应力应依次施加，并可根据环境应力的种类和量值在不同装配层次进行调整，以达到最佳费用效益。环境应力条件应结合产品特点，参照其他型号筛选经验及标准规定制定，一般低组装等级的筛选应力应不低于高组装等级的筛选应力。

环境应力筛选应遵循的原则一般有：

对象：产品层次，一般分解到独立功能组件；

前提：经检验合格的产品；

目的：暴露潜在问题，隔断故障流续；

条件：小于设计应力、大于使用应力、没有残余应力、不损伤产品；

温度：高温限、低温限、温差、温变率；

振动：谱密度、谱型、频率；

时间：参照 GJB 1032 执行。

环境应力筛选对产品施加的高低温循环和振动应力分别如图 9-16、图 9-17 所示。

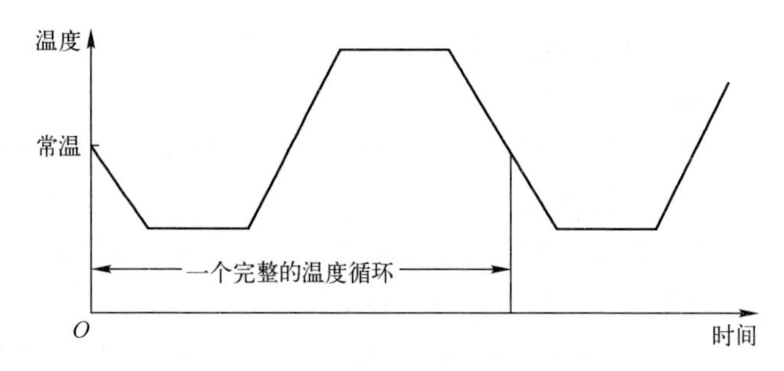

图 9-16　温度循环示意图

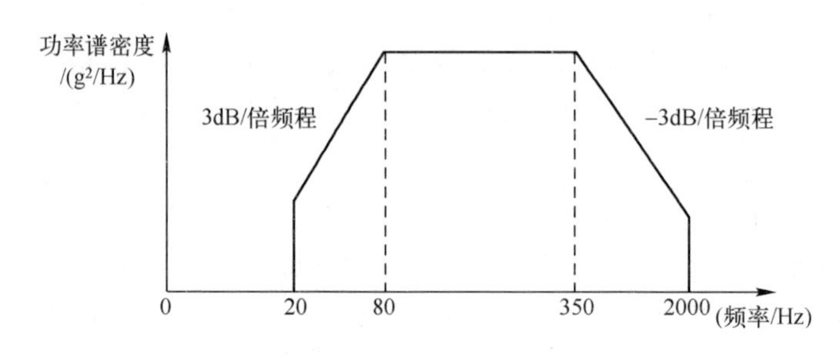

图 9-17　随机振动谱

4．随行文件及可追溯性

为了加强产品的过程质量控制，保证按照规定的要求进行装配、调试和试验，保证产品质量形成过程的可追溯性，建立并实施了产品的随行文件制度。具体做法是：以最终产品为对象建立随行文件，对产品自下而上的、连续进行的装配、调试、检验和试验等作业活动进行记录，形成相应的记录文件，并且随产品作工序周转，逐步积累形成产品记录数据包，最终整理形成归档文件。

产品随行文件的主要内容包括：

（1）标题页；

（2）目录；

（3）产品配套表；

（4）配套件明细表；

（5）偏离和不合格品明细表；

（6）装配卡（成品、组件、分组件的装配卡）；

（7）测试卡（成品、组件、分组件的测试记录）；

（8）入厂检验试验结果、合格证/可使用标签、成件原始合格证；

（9）不合格品报告（不合格品审理委员会（MRB）报告、FRACAS 报告）；

（10）各种试验报告、交付试验记录；

（11）与该产品有关的其他文件记录（如返修记录等）。

产品随行文件既是产品在生产、装调、试验过程中与产品质量有关的文件和记录的汇集，也是产品设计要求、工艺实现、工人操作、检验控制的表格化反映，是在产品投产之前就确定了的生产作业内容、要求和质量检验与控制要求，是产品技术状态的具体体现，是工人和检验人员的工作路线和依据。

产品随行文件实际是伴随产品物流过程形成的信息流，是产品工艺设计的重要内容，也是生产过程规范化、生产记录表格化的具体体现。产品随行文件的记录要求应在工艺文件中做出具体规定。根据生产和质量控制路线，产品随行文件应符合以下要求：

（1）以产品组件为单位，建立一本随行文件，组件级随行文件由该组件的随行文件内容，外加构成其物理状态的各个分组件的装配卡、测试卡（或测试记录）、检验卡、“可使用标签”一起组成；所有组件和随行文件的叠加，与最终产品装配、测试、试验过程形成的所有记录一起，即构成最终产品的随行文件。

（2）随行文件按批归档，一批产品共用的内容如不合格品报告、“可使用标签”等可收集在本批产品的第一个顺序号的随行文件里。

随行文件的核心部分是装配卡、测试卡，制定装配卡、测试卡的依据分别是产品的工艺文件和设计文件。产品在装调过程中的质量检测点均在装配卡、测试卡中做出规定，由检验人员实施操作，进行控制。

在生产过程中，通过随行文件的形式，建立了一套产品质量追溯系统，可以使产品的质量形成过程追溯到各组件的性能，所安装的零件、元器件的性能状态，零件所使用的原材料，生产环节的操作人员、检验人员，以及所使用的工具、设备等。当产品完成最终检验及顾客代表验收后，随行文件即由生产部门办理归档手续，转入产品档案库。随行文件在产品的整个使用寿命期内，均可提供查询和追溯。

5．不合格品报告、分析与纠正

对在产品研制及生产的各个过程（包括采购、贮存、生产、装配、检验、试验等）中发现的任何不合格品都必须报告，并由发现者提出并填写“不合格品报告表”。

不合格品报告的目的是记录有关不合格品的现象和数据，并向各有关方面进行报告，不合格品的分析由责任者或责任单位进行，特别要说明不合格品产生的原因。质量工程师负责提出对不合格品的审理意见和纠正措施建议，一般要落实到不合格的产品或生产过程的某个要素中，如提出对不合格产品的超差处理意见、对工具材料、图纸及工艺细则的更改建议等。建议的纠正措施必须具有防止不合格品重复发生的功能或作用。

对不合格品有严格的审理程序，具体如图 9-18 所示。当质量工程师（QE）接到不合格品报告后，首先按其是否影响功能、结构、适用性及可靠性、维修性、测试性等要求，将不合格品分为轻度、严重两级。属于轻度的不合格品由质量工程师负责审理，属于严重的不合格品提交不合格品审理委员会（MRB）审理。不合格品必须和同批的其他产品分开，并有明显标识，在不合格品报告被批准之前，不允许对上述不合格品采取任何行动。

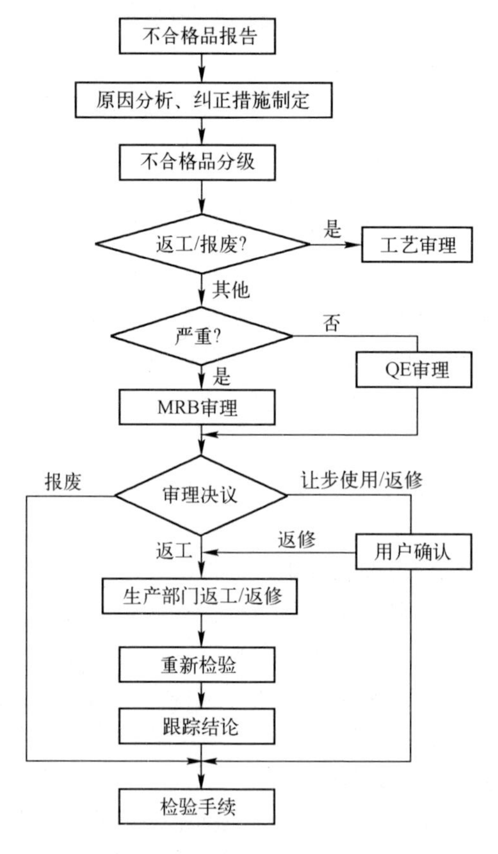

图 9-18　不合格品审理流程

6．生产线“生产条件相符性检查”

为了验证生产线的批产能力和质量保证能力，确认其符合稳定批产的要求，在生产线建成开工前，均要组织“生产条件相符性检查”，并在此基础上，对生产线及生产能力、质量保证能力进行授证、授权。

首先，生产单位按照规定的标准，对新建成的生产线进行自查，确认满足要求后提出对生产条件进行相符性检查的申请。“生产条件相符性检查”小组一般由与生产要素相关的各职能部门组成，检查内容包括生产线的厂房设施、工具、设备、材料、元器件、成件、成套技术资料、人员、专项技术等。在依据规定的程序对上述内容进行逐项检查、确认合格并形成专项报告以后，即可对生产线进行授证，对产品的制造、装配、检验、试验等质量保证能力进行授权。

需要特别指出的是，对质量保证组织所进行的独立授权，其目的是确认生产单位在生产过程中，具备了指导和实施全部质量保证活动所要求的能力，能够按照规定的质量保证程序生产出合格的产品。

9.5.4 “过程控制”的实际效果

实践证明，某型产品生产过程的质量保证模式是先进有效的，它采用以技术状态控制为核心的“过程控制”模式，成功地控制了产品质量的形成过程，产品在经最终检测确认合格后，即可提交军检验收入库或发运部队列装。经部队使用证明，产品质量稳定，性能可靠，明显优于其他型号的产品，受到部队的一致好评，从而取得了用户对产品质量的信任。

需要指出的是，强调“过程控制”，并不意味着减轻了承制方的负担，取消了产品的验证考核试验。相反，“过程控制”是把对产品的最终检验、试验等分解、提前到产品生产过程中进行，使只对部分被抽检产品进行的试验，变成对全数产品 100%进行的试验。因此，“过程控制”的真正意义在于提高并确保了产品的过程质量，并以此保证产品的最终质量，同时降低了承制方和使用方双方的风险。

9.5.5 关于贯彻“过程控制”模式的思考

按照巩固、坚持、扩展、延伸“过程控制”质量保证模式的要求，在复杂装备工程研制、生产及交付工作中应该做到：

（1）研制阶段即应考虑设计工程化及转产要求。鉴于复杂装备工程研制普遍具有的时间紧、任务重、超常规、跨阶段、研制带交付等特点，在研制未及定型即要组织批产交付的运行状态下，更要加强设计工程化的工作，同时尽快启动生产线的建线工作，使产品在设计定型阶段，甚至在工程试样阶段，其技术状态即能达到转批生产要求，生产条件即能满足上线运行要求。

（2）按照过程控制要求确定产品验收交付的技术条件，并将其纳入研制总规范。严格的过程控制可以确保过程质量，剔除早期失效，消除使用隐患。产品在经严格的工序控制流程之后，形成的最终产品经最终检测、测试合格后即可包装发运，无须组织例行试验和批检靶试，既保证了产品的实物质量又加快了研制交付进度，同时缩短了部队形成装备的周期。

（3）坚持元器件级、组件级、成品级的 100%环境应力筛选，并将其设计到产品的技术条件中，设计到产品定型的配套资料中，设计到产品的工艺总路线中。事实上，“过程控制”就是提前进行的工序环境考核试验，它将问题提前暴露，避免了可能的故障或缺陷传递，使工序制品都能以合格的状态在生产线上传递，从而隔绝了故障链的形成，保证了过程产品质量以及最终产品质量。环境应力筛选的技术条件应该纳入产品技术规范中。

（4）科研保障条件建设和生产线技术改造项目一定要充分兼顾所选定的产品验收交付模式，换句话说，按“过程控制”思路建立起来的生产设施、设备一定要充分强化过程产品的检验、试验和筛选能力，并将其配置到工序能力指数中。反之，按最终检验、试验模式考核和交付产品，则要组织复杂庞大的环境试验设备、设施建设。由此，生产过程质量保证模式的选择决定了投资的取向。

9.6 供应商产品保证管理

为武器装备研制项目提供配套的供应商，特别是为装备型号配套研制的成件、部件、组件、器材等重要供应商，应全面承接和满足装备研制单位提出的产品保证要求。这些供应商应按要求建立产品保证队伍，明确各级产品保证人员的职责与权限，明确各级承研单位的责任和权利，严格执行相关国家标准、国家军用标准、行业标准、企业标准及上级单位的规章制度，并根据配套研制产品及研制过程特点，结合装备研制单位提出的产品保证要求，在规定本单位产品保证的相关制度和要求的基础上，提出本级产品和下一级产品的产品保证要求，规划产品保证工作项目，并使各项要求逐级传递、落实到各研制阶段的产品保证计划、管理和技术文件中，将工作项目纳入配套产品研制流程予以实施，共同提高武器装备系统的产品质量。

装备研制单位应在明确各级配套供应产品研制要求的基础上，对供应商提出明确的产品保证要求。应制定对供应商实施产品保证监督检查的制度方案，明确监督检查的方式、内容、工作程序及要求等。应根据研制计划及研制合同要求，明确关键项目和关键检查节点，通过组织或参与供应商的设计评审、工艺评审、器材选用评审、生产准备评审、首件鉴定、重要试验项目、技术文件会签、关键节点下厂监制、产品验收、产品鉴定、质量问题归零评审、技术状态专项审查等活动，开展对配套产品研制过程的质量控制及产品保证工作的监督检查。

装备研制单位对于供应商的管理活动主要有：供应商的准入与选择、监督与控制、评价与追责、培育与退出等。特别是，对于新增的、首次采购的关键、重要器材供应商（主要是配套研制）应组织进行产品保证能力评价，只有通过产品保证能力评价，该供应商才能经确认后成为型号的合格供方。

本节主要重点说明供应商的准入与选择，以及开展供应商产品保证能力评价方面的工作和要求。

9.6.1　供应商的准入与选择

1．准入条件

供应商准入的基本条件包括：

（1）遵守国家相关法律、法规，在经营活动中没有严重违法、失信行为；

（2）具有法人资格、健全的组织机构和完善的管理制度，提供的产品范围与经营业务范围相符；

（3）具备履行合同所必需的技术能力、生产能力、质量保证能力、售后服务能力和经济实力等；

（4）具备相应的设备、设施条件及环境和安全生产条件；

（5）具有良好的商业信誉和健全的财务会计制度；

（6）具有相应的保密资格；

（7）符合廉洁从业相关规定的要求，无通过不正当手段取得资质或合同任务等记录；

（8）研制产品应是承制单位的主要产品，且同类产品已在国防武器装备的重点工程中有成功应用；

（9）对于国家和军队有特殊要求的军品供应商，应具备相应资质。

2．准入程序

1）书面审查

装备研制单位根据国家和军队有关法律法规，依据供应商准入条件，对有合作意向的潜在供应商进行资格（资质）审查，对研制生产能力、产品保证能力、相关产品供货与质量状况、信用情况、经营情况、法律风险等信息进行审查并备案。

2）初始能力评估

装备研制单位在供应商通过书面审查后，根据供应商所承制产品性质和重要度，填写供应商分类建议，进行初始能力评估。

装备研制单位型号项目管理部门（一般为项目办公室）应组织设计、质量、工艺、检验等部门人员成立初始能力评估小组，必要时应邀请顾客代表参加，组长由装备研制单位负责研制配套或采购供应的负责人担任，成员由具备工程师以上专业技术职务的各部门主管人员组成，特别地，与该配套项目相关的型号主任设计师、主任质量师必须参加初始能力评估。初始能力评估前应组织召开预备会议，明确人员、初始能力评估内容及分工，初始能力评估应根据情况，可采用书面评估或现场审核方式进行。

初始能力评估小组根据供应商提供产品类别，分别依据元器（成）件、原材料、标准件、生产外协等供应商初始能力评价表要求，对供应商的研制生产能力、产品保证能力、资源保障能力、经营管理能力等方面进行初始量化评估。识别供应商的技术、管理等方面的薄弱环节，评估可能存在的风险并形成初始能力评估报告。

3）产品评定

对通过初始能力评估的供应商，业务主管部门应对供应商的产品进行评定并形成记录，以确定供应商是否满足要求。产品评定可包括设计方案评审，典型件评价、入厂复验、试验验证、首件鉴定，产品定型/鉴定评审等方式。具体根据元器（成）件、材料、标准件、生外协加工等类别供应商由相应的业务主管部门采取不同方式进行。

4）准入决策

为型号配套且各阶段能够持续提供关键、重要产品的新增供应商、首次采购（协作）产品供应商及启用的储备供应商还要组织进行产品保证能力评价。

基于上述评估和评定过程记录及结论等，需要时，还应根据产品保证能力评价结果，组织供应链管理专家组进行供应商准入决策，将通过准入决策的供应商列入型号合格供方目录。

9.6.2 供应商产品保证能力评价

对供应商实施产品保证能力的评价，其目的是检查和确认供应商是否具备研制和批产所需的产品保证能力，重点是质量保证、稳定生产和持续供货的能力。对供应商产品保证能力的评价内容包括组织保证、管理体系、设计保证、工艺保证、采购保证、软件产品保证、生产过程控制、技术状态管理、检验试验保证、仪器设备控制、不合格品及质量问题处理、客户支持与服务等共 12 个方面，以此综合评定供应商的设计开发、稳定生产、质量保证和持续供货的能力。

供应商产品保证能力评价的具体内容见本节附录 D。供应商产品保证能力评价流程如图 9-19 所示。

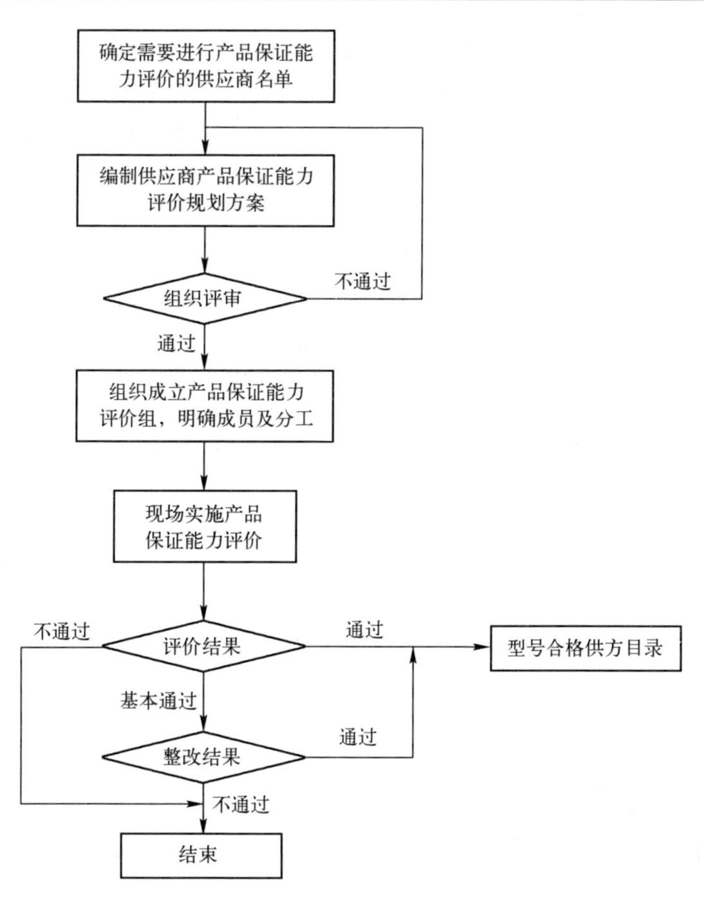

图 9-19 供应商产品保证能力评价流程

1．评价规划

型号在根据型号研制要求制定供应商产品保证能力评价规划，组织评审，通过后在工程初样研制阶段前完成初始能力评估，在设计定型阶段（D）前组织完成最终评价工作。

2．评价组织

产品保证能力评估工作一般在供应商现场进行审核。评价工作启动前，组织召开预备会议，明确日程、组成评估专家组。对用户要求控制的配套产品或器材，应邀请顾客代表参加。评估过程依据“供应商产品保证能力评价表”（附录 D）规定的评估项目和内容分工进行。各位评估专家依据分工，采用文件查阅、质询访谈、现场考察、实物演示等形式，获取相关素材或证据，对每个评估项目逐一作出评估判断，给出分值，由组长汇总各评分结果，经评议后形成供应商产品保证能力评价报告。

3．评价结果应用

对供应商产品保证能力的评估结果分为“通过”、“基本通过”和“未通过”三个等级，具体是：

（1）评估结果为“通过”的，允许供应商继续提供产品进行装机试用，后续经确认可以列入型号合格供方目录。

（2）评估结果为“基本通过”的供应商，须在规定限期内对不符合项进行整改，评估小组应对问题的整改措施及实施效果进行书面或现场验证，验证通过，允许供应商继续提供产品进行装机试用，后续经确认可以列入型号合格供方目录。

（3）评估结果为“未通过”的供应商不予采用，并视情况重新选择供应商或启用储备供应商。

9.6.3 产品保证要求的提出与传递

装备研制单位针对研制产品特点和要求，制定专项产品保证要求，作为研制合同的附件传递到供应商，并要求供应商逐条确认落实。研制过程中，装备研制单位应采用适当方式，检查、督促和支持供应商开展产品保证工作。

供应商应针对所承担的研制项目及研制合同要求，明确产品保证负责人和相应产品保证岗位，对产品保证要求逐条确认，然后逐一分解，编制产品保证大纲、产品保证计划。供应商应将产品保证计划纳入本单位科研生产计划进行管理，确保产品保证要求得到有效落实。同时，供应商应根据任务特点和要求，将上一级和本单位的产品保证要求逐级延伸向下传递直至最末端供应商，并实施闭环管理。

第10章

产品保证发展趋势与应用思考

产品保证作为项目管理体制下的跨行业、跨单位的一种综合、有效的质量管理模式，是随着大型、复杂工程系统的研制、开发和管理要求而诞生的，其作用及其有效性已在国内、外众多的工程实践中得到证实。伴随产品保证实践成功的同时，产品保证的相关理论、方法、技术与管理内涵等也在不断地得到扩充、丰富和完善。随着装备战术技术性能的持续升级、技术复杂系数的日渐提高，以及装备研制、生产及配套关系的日趋复杂，产品保证日渐引起国防军工科研院所的关注，并在装备研制、生产的实践中逐步得到应用与发展。

综观国防科技工业对产品保证的研究与应用现状，除了中国航天在产品保证方面的理论研究、工程实践、标准体系建设、项目应用独树一帜、自成体系，并有众多大型、复杂工程项目的成功实践以外，国防科技工业从整体上对产品保证的管理模式尚未形成共识，在产品保证理论、方法、工程实践、体系建设等方面的研究和应用有待深入，产品保证技术在项目运行和管理中的应用，特别是在大型、复杂装备研制中的研究和应用鲜见报道。

本书针对国防科技工业现有管理体系和复杂装备工程的研制特点，按照系统工程的原理和方法，进行了基于项目管理体制下的产品保证理论方法、策略原则、工程实践与应用方法等方面的研究，与此同时，以某型装备研制为应用背景，将相关的研究成果付诸工程实践、运用于实际项目过程，取得了较为满意的成果。本书的形成伴随整个工程研制过程，其相关的研究结论对于复杂装备工程项目的研制与管理均具有借鉴意义和参考价值。实践证明，产品保证同样适用于装备的研制过程和项目管理过程，对于复杂装备的研制过程，不失为是一种先进、有效的质量管理模式。

10.1 产品保证的发展趋势

产品保证伴随装备研制需求的牵引，走出了一条引进、借鉴、探索、创新的发展之路，初步形成了专业配套、功能齐全、管理协调、运行有效的工作体系，在装备研制工作中发挥了重要作用。随着科学技术与管理体制的进步，以及装备建设要求的持续升级，产品保证要不断适应新时期、新任务的要求，以求跟进装备建设和发展的需求。产品保证作为装备研制不可或缺的工程技术与管理领域，作为相对独立的技术与管理体系，应积极探索未来的发展之路，努力创新，务求实效，为适应装备高质量发展奠定基础，为支撑装备研制、生产搭建共性的技术与管理平台。

10.1.1 体系化

系统工程是确保复杂装备研制一次成功的科学方法，是对影响装备研制的各相关要素实施系统化管理的运营模式。系统化目标往往又借助于体系化的手段来实现。产品保证作为装备研制的重要组成部分，应该纳入装备研制过程，按照装备研制的系统工程管理要求，在对接装备研制的技术过程与技术管理过程的基础上，系统进行装备研制产品保证工作的需求分析和工作结构分解，建立和形成产品保证的工作体系，据此实施产品保证的体系化管理。

一般而言，装备研制的产品保证工作体系包括产品保证目标体系、产品保证组织体系、产品保证规范体系和产品保证评价体系。其中，产品保证的目标体系应以实现装备研制总要求为产品保证工作的总目标，通过对其在装备各产品层次、各相关业务领域、各相关技术与管理活动进行自上而下的目标分解，建立并形成产品保证的目标体系。产品保证的组织体系重点解决装备研制产品保证的组织机构和队伍建设、职能分配与职责分解、工作接口和管理关系等问题，特别是建立装备研制产品保证的责任体系，明确各层、各级产品保证工作责任，明确各项产品保证活动的责任主体。产品保证规范体系作为开展各项产品保证工作的依据，提供了产品保证各相关活动的工作要求、方法、程序、标准等，用于解决产品保证各相关技术与管理工作的规范和统一问题。最后，通过产品保证评价体系的作用，完成对装备研制产品保证各相关工作的绩效评价，至此实现装备研制产品保证管理的闭环。

事实上，装备研制工作中的专业工程综合就是一个系统化的综合过程，而工作结构分解又是一个体系化的分解过程。产品保证涵盖了专业工程综合的各技术领域，有必要按照专业工程的思路进行综合集成，按体系化的思路进行工作分解，以此形成系统、配套、协调、互补的产品保证工程技术体系。

10.1.2 规范化

产品保证从其覆盖的专业领域和分布的活动项目而言，需要进一步实施规范化运作与管理，特别是对产品保证过程与活动的分解，其做法类似于质量保证工作的规范化。装备研制产品保证的本质是向用户提供信任，源于对用户需求的分解。为此，有必要在确认用户需求（即装备研制合同或研制总要求）的基础上，按照产品保证的工作目标和原则，系统识别和梳理产品保证需求，准确界定产品保证业务范围和构成要素，合理确定产品保证的工作项目、工作要求和控制要求，细化分解产品保证在实施层面的技术与管理活动，在此基础上建立产品保证树，建立产品保证规范体系，针对共性的产品保证技术与管理活动，编制形成（或采用）产品保证的相关规范和标准。应建立国防科技工业通用的产品保证制度文件和工作程序文件，以此统一产品保证的工作要求，明确诸如产品保证在项目研制工作中的定位，与项目管理的关系，产品保证专业、过程与活动的分解，产品保证关键项目及风险控制原则，评审、审核、验证、确认等各类产品保证活动的程序及要求等，建立和形成配套协调的产品保证制度体系。

特别强调的是，产品保证规范体系的建立，应在提取产品保证共性需求的基础上，按照产品保证系统管理、产品保证专业分工的原则，分别形成相应的产品保证管理的制度体系和专业规范体系，两者的作用都是体现为对产品保证的技术与管理活动进行规范和约束。从装备研制角度而言，一般应以装备研制工作所明确的技术状态项目为对象，利用工作结构分解（WBS）、工作说明（SOW）等工具方法，建立产品保证工作包（或任务包），实施任务包和数据包管理。

10.1.3　专业化

从装备研制产品保证的本质属性而言，产品保证既属于工程技术的应用研究范畴，又属于共性技术基础学科领域。装备研制产品保证的专业化发展涵盖两方面内容：一方面产品保证本身作为一门综合性的工程技术方法，应得到国防科技工业的普遍认同，从装备研制技术、质量保证技术、共性基础技术等方面纳入国防科学技术研究范畴，结合装备研制实际需求设立专项研究，及时组织成果转化并推广应用于装备研制工作；另一方面，产品保证各技术领域作为一个独立的学科分支，应适应技术发展趋势，努力跟踪该学科领域的前沿技术，力求将先进、适用的技术方法推荐给装备研制队伍，应用于装备产品保证过程。总之，按照“需求牵引、技术推动”的原则，加速产品保证保证技术的进步，加速产品保证专业化的发展。

值得提出的是，产品保证专业化发展需求：①要服务于装备研制需求，跟进装备研制技术的发展；②要适应数字化的发展需求，通过数字化、信息化手段实现产品保证功能；③要建立健全产品保证专业机构，建立建强产品保证专业队伍，以实现对装备研制过程提供专业化的技术支持。

10.1.4　工程化

产品保证的对象是产品，产品保证的作用体现在对产品实现过程中的技术风险能实施有效的控制，产品保证的目标是实现规定的产品技术状态，这就决定了产品保证从本质上属于一个工程问题。为此，装备研制产品保证不能只追求理论及方法的研究开发，而要结合装备研制实际、工程研制特点及产品保证要求，开展以适用性、有效性为目标的工程应用技术研究。产品保证本质是“质量管理的工程化”。鉴于此，在现有管理体制及资源的约束条件之下，实施产品保证的有效途径就是提高质量管理的技术含量，加速质量管理部门的职能转变，推进质量管理体系的技术进步，使质量管理从单纯的业务管理向工程管理方向转移，向技术与管理并重的工程领域发展，以此推进质量管理的技术变革，逐步推进“质量管理工程化”目标的实现。

工程化的本质体现在技术与管理并重，技术过程与技术管理过程的互耦。因此，推进产品保证的工程化进展，一定要坚持技术与管理的“双轮驱动”，从技术与管理两个维度，系统策划产品保证的运行模式，分解产品保证的工程过程，建立产品保证的工程规范体系和工作机制。

10.1.5 数字化

国防装备信息化、数字化的发展需求，一方面加速了国防科技工业制造业的智能化、数字化转型升级；另一方面也改变了传统的装备设计制造模式，促进了装备产品设计制造手段的数字化、信息化、模型化、异地化的快速发展，以需求为牵引，模型驱动为核心，风险与故障控制为主线，电子数据包为基础的基于 MBSE 设计制造技术的发展，成为现代装备设计制造的基本模式。装备研制的产品保证也应适应这种发展趋势，探讨基于数字化设计制造环境下的产品保证模式，目的是基于正向设计的需求牵引，依托模型识别影响装备质量的风险因素和事项，确定产品保证的相关活动和措施要求，据此建立产品保证的 IT 架构，形成适应数字化设计研发要求的、与产品研发过程并行、专业协同的产品保证业务模式与工作流程，以此提高设计效率，保证设计质量。

作为对型号研制产品保证的有效支撑，一个适用有效的方式是建立型号研制与产品保证一体化设计的协同平台，在确保与产品设计模型统一、数据同源的前提下，将相应的产品保证活动和要求嵌入产品设计研发流程，依据实际装备研制需求定制产品保证的 IT 架构，开发相应的产品保证数据库，包括产品保证的专业规范库、设计准则库、工具库、基础产品数据库、故障模式与失效数据库等，以此支撑型号设计开发工作。

10.2 装备研制产品保证模式的应用思考

装备研制产品保证作为项目管理的重要支柱，作为项目研制的重要组成部分，已越来越受到广泛的关注和重视。原国防科工委在充分研究、总结和吸取国际航空、航天界成功经验的基础上，正式提出在国防军工行业推进产品保证的工作要求，特别是把它作为复杂装备项目研制与管理的先进方法，列入《关于加强国防科技工业质量工作若干问题的决定》。国家军用标准 GJB 9001 在等同采用国家标准的基础上，作为对军工产品研制、生产实施质量管理的特殊要求，也将产品保证的有关工作项目予以引入，以此强化军工产品的质量管理与质量保证工作。鉴于产品保证在中国航天重大工程项目中的成功实践，产品保证在保证重大工程项目中的有效作用，国防科工局正式提出在全行业推进产品保证的工作模式，以此提升国防科技工业质量管理能力，助力装备质量建设与发展。

相信随着军品质量管理体系建设与认证工作的持续推进，产品保证的工作模式将会得到越来越广泛的认同和接受，产品保证的技术含量亦将会伴随科学技术和管理技术的进步，得到持续的进步和升级，其内涵也将得到不断扩充。为适应装备研制与管理策略的转变，更好地满足复杂装备工程研制、生产的需要，为追赶国际先进水平，国防科技工业急需加速观念的更新、方法的转变、机制的调整、手段的建设，推进产品保证技术的应用和发展，促使装备质量建设工作在技术水平、管理模式两方面再上新台阶。

1．产品保证在装备研制中的地位与作用

装备研制作为典型的工程系统工程过程，它与项目管理、工程研制及产品保证的关系已如第 3 章之所述。产品保证作为装备研制工作的重要组成部分，既是拓展装备研制技术、支撑装备实现过程、抵御装备技术风险的重要基石，又是实施装备技术监督、提供装备质量保证的有效途径。在装备研制工作中，应正确评价产品保证在装备研制工作中的地位和作用，将产品保证工作与产品设计工作等同对待，做到同步策划、同步实施、同步验证与考核。应将产品保证队伍纳入型号组织体系管理，将产品保证技术纳入型号研制技术发展，将产品保证计划纳入型号研制计划并实施考核，使产品保证真正成为装备研制的、不可或缺的组成部分，从而克服可能存在的“两张皮”现象。

事实上，装备研制是一个复杂的系统工程，涉及众多业务领域与专业技术的综合。为此，装备研制工作要创建“开放式”的环境，要有合理的专业分工，以求调动各方面的技术优势，利用各方面的组织资源。产品保证拥有自己的专业领域和技术优势，正好从这方面弥补了型号研制队伍的不足，特别适用于科研、生产一体化的军工企事业单位，以及型号研制、生产高度并行交叉的工作状态，对于提高组织绩效、提升运行效益、追求型号研制进度、质量、成本及客户支持与服务（TQCS）最优组合均具有积极的意义。

2．产品保证专业体系建设

装备综合效能的实现，很大程度依附于决定装备使用性能的通用质量特性要求的实现，诸如可靠性、维修性、测试性、安全性、保障性及环境适应性等，而装备的本质质量往往又取决于原材料、元器件、机械零件、软件等基础产品的质量，产品的实物质量与可靠性水平在很大程度上，又取决于制造过程的工艺技术与质量控制技术。以上这些，恰恰均属于产品保证的技术范畴，并且具有强烈的内在联系和技术耦合。为此，应拓展传统的专业工程内涵，将诸如元器件工程、软件工程、制造工程、质量工程等装备研制的共性技术，与传统的专业工程所拥有的通用质量特性技术进行深度融合，实现专业协同、技术互补，以此构建装备研制产品保证的共性技术体系。

必须指出的是，产品保证专业技术体系要适应装备研制技术的发展，跟进装备产品设计制造手段的进步，融合需求牵引、模型驱动、流程主导、信息化支撑的新时代质量管理体系建设要求，拓展新的业务领域和研究课题，创建新的业务模式和工作流程，形成新的应用实践成果和工具方法，并充分吸收和借鉴国外先进的设计思想，总结形成配套齐全的设计指南、准则、手册等，力求形成覆盖全面、专业配套、适用有效的产品保证规范体系，用以指导和规范装备研制及产品保证工作。

系统工程中的专业工程综合，给产品保证的体系化建设，以及产品保证专业之间的融合、产品保证专业与设计工程的融合，提供了有效的实施途径和工程方法。为此，应加强产品保证的体系建设和专业融合，创建与产品设计开发协同互动的工作模式，组建包括产品保证工程师的综合设计开发团队（IPT），适时、恰当地将产品保证的相关准则（如产品可靠性设计准则、工艺可生产性评价准则）和活动（如元器件选用符合性审查、软件配置管理状态审核）与设计工程融为一体，使产品保证要求真正成为设计的约束条件，成为型号研制必须实现的工作目标。

3．产品保证与质量管理体系的融合

质量始终是装备建设与发展的核心，保证装备质量是研制单位的首要任务。目前，装备质量保证主要有两种模式：①基于组织层面的质量管理体系保证模式；②基于项目管理的产品保证模式。尽管两者的研究对象、适用范围不尽相同，但均统一于控制过程风险、保证产品质量、为用户提供信任等主要方面。

20 世纪 90 年代中期至今，装备质量保证采用质量管理体系模式成为主流，国防科技工业普遍接受 GJB 9001 质量管理体系认证，装备使用方也通过对质量管理体系的认证注册，赋予工业部门装备承制资格。相对而言，基于项目管理的产品保证模式在装备研制的实际应用中认同度较低。

装备质量本身是个工程问题，具有工程技术和管理的双重属性。质量管理体系作为产品技术要求的补充，在系统阐述质量管理要求的同时，相对忽视了工程技术对质量管理的牵引和助推作用，故在实际运行中面临着一系列深层次矛盾问题，单纯依靠质量管理体系模式保证产品质量，日渐暴露出其不足与弊端，其有效性逐步受到质疑与挑战，迫切需要构建适应时代特征、满足装备建设要求的质量管理新模式。

随着装备质量建设要求的升级，技术与管理的相互融通，采用技术手段实现管理升级不失为是一种行之有效的方法。产品保证作为技术与管理并重的运作模式，在实施权威监督管理的同时，更多的是提供特殊的专业支持，因而更能贴合装备工程实际，从而发挥自己的影响，体现自己的价值。产品保证从技术层面弥补了质量管理体系的不足，可有效促进质量管理的工程化进程。推进产品保证，将有助于通过先进的质量工程技术和方法，带动质量管理能力的提升，促进产品实物质量的提升。

如前所述，产品保证起源于大型、复杂的国际合作项目的研制、建造与质量保证需求。国家标准化组织发布的 ISO 10016:2003《质量管理体系 项目质量管理指南》，事实上已对项目质量管理体系的建设起到了积极的规范和推进作用。为此，国防科技工业应努力创造条件，力促质量管理体系与产品保证体系的融合。具体可以现有质量管理体系为依托，以项目管理模式为平台，以系统工程方法为支撑，贯彻“需求牵引、技术推动、系统管理、整体运作”的原则，从体制建设、机制优化、流程改进、资源共享入手，从技术、管理两个维度综合施策。①对现有质量管理体系实施技术革新，聚焦技术风险管理、通用质量特性设计、质量工程技术应用等短板弱项，融入项目管理和产品保证的相关要求，以期提高质量管理的精细化水平，提升质量管理体系的预防能力，打造质量管理体系升级版本；②聚焦装备研制的项目管理及质量管理要求，组织研究 ISO 10006 国际标准，进行适于国情特色、符合国防科技工业实际运行状况的适应性转化，在此基础上，编制和发布国家军用标准，以此统一装备研制的质量管理体系要求。在现有质量管理的基础上，转变观念、创新理念、优化重构资源，实现质量保证向产品保证的转变，起到事半功倍的效果。

4．产品保证通用实验室建设

型号科研保障条件建设和生产线技术改造项目的实施，为产品保证手段的建设提供了一个良好的契机。为此，要充分利用型号条件保障建设与技术改造投入，打好型号研制、生产的技术基础。在实施型号技术引进、条件保障建设与生产技术改造项目时，充分考虑与产品保证技术领域相关的手段建设，加强产品保证实验室能力建设，加强数字检测、特种计量、软件评测、元器件应用验证、可靠性与环境试验、质量信息等质量保障条件建设，必要时设立专项予以保障。逐步改变装备研制、生产中实际存在的质量控制与检测手段缺项较多、可靠性差、技术状态落后的面貌，建成满足武器装备研制、生产要求的产品保证试验检测中心。在技术手段的建设上，实验室资源的配备应重点跟踪信息技术、网络技术的发展，朝着系统、综合、动态、自动化、智能化的方向过渡；

在管理措施上，按照与先进标准接轨的思想，积极推进实验室的标准化建设和规范化运行，努力创造条件，通过国家、国防实验室认证注册。

作为建议，本书提出如图 10-1 所示的国防区域产品保证检测试验组织的构建模型。

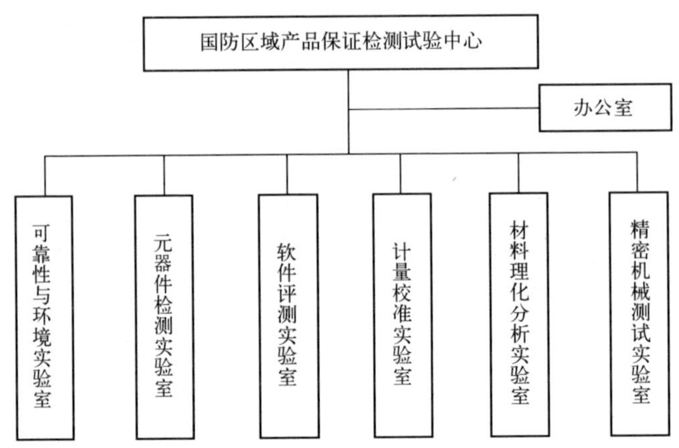

图 10-1 国防区域产品保证检测试验组织的构建模型

5. 产品保证队伍建设

产品保证是一个涉及多学科、多专业的技术和管理系统，整体的知识结构和人才群体是开展产品保证相关技术与管理工作的重要条件。基于产品保证特有的工作性质及其服务对象，决定了产品保证人员应具备的基本素质。人才是发展和创业的基础，要结合型号共性的技术与管理需求，采取多渠道的培养途径，建立一支知识结构合理、专业门类齐全、工程经验丰富、业务能力精湛的产品保证专业技术队伍，造就一支热爱国防事业、通晓国防法规、精通技术业务、擅长组织协调的技术管理队伍，提高产品保证队伍的整体水平。与此同时，要特别注意采取相应的激励措施，正确评价产品保证工作的技术含量，正确评价产品保证人员的绩效和贡献，以此吸引和稳定产品保证队伍。

6. 产品保证专家系统建设

产品保证属于“经验型”的技术与管理领域，在很大程度上借助于知识的积累和经验的总结，通过知识与经验的积累、组织与重构，形成各相关专业的设计准则、选用指南、标准规范等，从而给产品设计工作提供了指导和借鉴。事实上，产品保证所属的技术专业，是从事产品设计的基本功，是设计能力的体现、设计水平的象征，型号研制工作中的设计反复和产品质量变异，其原因多可追根于设计能力不足、基础内功不扎实、技术储备跟不上，从而导致“边学边干”的状态，降低了设计质量，延误了计划进度，造成质量损失。产品保证所属的专业工程领域，在几十年的发展过程中积累了丰富的经验和数据，足以对后续型号研制、产品设计等工作提供借鉴，另外，专业工程的共性技术特征又为产品保证技术的推广应用和相互借鉴提供了共享的条件。事实上，瞄准装备研制的共性技术需求，建设产品保证专家支持系统，构建产品保证各领域、各专业数据库，对提高设计起点、降低设计风险、缩短研制周期、保证设计质量等，更进一步地，对促进型号之间的沟通、共享型号研制的成功经验，避免失误，均具有极其重要的现实意义和实用价值。

10.3 小　结

科学技术和管理体制的进步，已经使装备的研制在设计、开发与管理策略上发生了根本性的变革，装备质量建设与发展、复杂装备研制项目的迫切需求，更是呼唤着与之相适应的管理模式的出现。我们应从战略的高度，重新审视当前装备研制的任务需要，以及装备质量与可靠性工作所面临的实际现状，锐意进取，求实创新，以适应新形势、新任务的需要。产品保证作为贯穿装备研制全过程的且为实践证明是成功有效的综合技术与管理方法，正在为国防科技工业所广泛认同，并在复杂装备研制项目中日渐显示其价值。有理由相信，会有更多的同仁关注、研究产品保证的理论和技术，会有更多的单位在装备研制中推进产品保证工作。我们应该适应装备研制和发展要求，特别是正视装备研制所面临的严峻形势和实际问题，积极借鉴和应用产品保证的先进理念和方法，采取有效的政策和措施，从顶层策划做起，从基础工作抓起，在坚持“军工产品、质量第一”方针的前提下，贯彻“源头控制、预防为主”的指导思想，强化“需求牵引、技术推动”的原则，改变过去“只重型号、忽视基础研究工作”的倾向，树立长远的战略眼光和规划，调整思路、勇于实践，系统优化、整体推进，努力创造一个运行产品保证模式的有效环境，从根本上改进装备研制、生产的整体素质和产品保证能力，提高装备的质量与可靠性水平。

事实上，国防军工企事业单位在建立和运行 ISO 9000 质量管理体系系列标准的实践过程中均有成功的范例，在实施以 GJB 9001C—2017 为基础的质量管理体系策划、机构设置、职能分配、资源配备、运行管理、持续改进等方面均积累有丰富的经验。在借鉴质量管理体系成功经验的基础上，结合装备研制的项目管理要求发展创新，不失为是一条加速推进产品保证工作的有效途径。我们可以参照质量管理体系标准所确立的质量管理原则、质量管理要素、过程和活动等，对覆盖装备研制周期的所有工程技术与管理过程进行工作结构分解，并对其实施系统管理和规范运作，据此组织和推进产品保证的各项技术与管理工作，力争走出一条产品保证的发展之路、创新之路、成功之路，助力装备的质量建设与发展，助力装备本质质量的有效提升，以此适应装备高质量发展要求，推进国防科技工业质量与可靠性工作再上新台阶。

附　　录

附录A　装备全寿命周期通用质量特性保证工作要求

1．工作原则

（1）应在对装备需求进行充分论证的基础上，提出通用质量特性的设计指标和定性、定量要求，并将其纳入装备战术技术指标体系。

（2）应按系统工程要求，对装备全寿命周期内的通用质量特性工作进行科学规划，制定装备通用质量特性工作大纲/计划，明确规定装备论证、方案、工程研制、定型、生产各阶段的通用质量特性主要工作项目和要求。

（3）应将通用质量特性工作纳入装备研制计划，做到与装备研制工作同步进行，与其他各项工作协调安排，通过装备设计过程确定、生产过程实现、使用和维护过程保持，实现装备全寿命周期的最佳费效比。

2．研制各阶段主要工作

1）论证阶段

依据通用质量特性相关国家军用标准，按照装备作战需求，研究提出装备研制初步的通用质量特性定量、定性要求，编制装备通用质量特性论证分析报告。主要工作内容包括：

（1）依据装备研制需求，确定通用质量特性定量、定性要求的依据，论证所选通用质量特性参数的适用性，寿命剖面、任务剖面的确认和故障判据，维修保障约束条件等。

（2）根据装备战备完好性及任务成功性要求，对比国内外同类装备现有水平，经综合权衡后确定初步的通用质量特性要求，以及贴近实战条件的验证考核要求。

（3）根据装备通用质量特性要求及采用的新技术，初步确定采取的通用质量特性措施和工作项目，概算所需经费，估算研制进度。

（4）编制装备通用质量特性论证分析报告，完成论证报告的撰写，组织专题评审确认。

2）方案阶段

依据确定的通用质量特性要求进行方案设计，确定装备通用质量特性指标体系，以及技术方法、工作方案和设计保证措施等。主要工作内容包括：

（1）依据论证确认的装备通用质量特性要求，确定通用质量特性指标、寿命任务剖面、维修保障约束条件、初步考核验证方案等，提出实现要求的技术途径和保证措施等。

（2）进行装备通用质量特性要求的分解和分配，提出装备各分系统的通用质量特性要求和工作项目要求。

（3）建立型号通用质量特性工作系统，制定和发布型号通用质量特性顶层技术及管理文件，包括软件、元器件、零部件、原材料等质量控制要求，型号元器件优选目录等。

（4）制订装备通用质量特性工作计划，在分解总体要求的基础上，结合研制产品制订通用质量特性工作方案；应将通用质量特性工作统一纳入型号研制计划，保证必要资源，并对通用质量特性工作的进展情况进行考核和检查。

（5）根据产品通用质量特性要求、特点和类似产品的经验，制定产品通用质量特性设计准则，用于方案设计，并随方案设计的深入修改完善。

（6）依据相关标准规范要求，识别并开展相关通用质量特性的建模、预计与分配工作，开展功能故障模式、影响及危害性分析（FMECA）等工作，找出设计的薄弱环节并进行设计改进，迭代优化设计方案，并适时组织通用质量特性评审。

（7）依据装备研制要求，对系统、分系统和关键重要设备制订通用质量特性增长计划，安排增长试验，尽可能利用各项资源与信息发现设计缺陷和薄弱环节，以便采取改进措施，促进设计成熟。

（8）制定和发布装备元器件、原材料管理规定及优选目录，提出元器件、原材料从设计选用、检验验收、故障处理、失效分析等全过程的管理要求，规定元器件、原材料选用范围，提出控制措施。

（9）建立装备研制故障报告分析和纠正措施系统（FRACAS），建立故障审查委员会（FRB），建立工作职责与程序，负责产品研制过程中质量问题的处理与归零。

（10）组织装备研制系统、分系统技术方案评审，审查并确认装备通用质量特性要求的设计方案或实现方法，必要时组织专题评审。

（11）组织通用质量特性工作经费估算。

3）工程研制阶段

依据装备通用质量特性工作计划，开展装备工程样机通用质量特性的设计分析、试验评价以及监督管理工作。主要工作内容包括：

（1）根据装备通用质量特性总体要求及对各级产品的分配结果，确定对工程样机各级产品的通用质量特性定性、定量要求及工作项目要求，并将其纳入技术协议、工作说明（SOW）及相关合同文件中。

（2）制定型号各级产品的通用质量特性设计准则，并随型号研制进程适时修改、补充和完善，设计人员进行产品设计时应予贯彻实施，并完成通用质量特性设计准则符合性检查。

（3）根据产品通用质量特性要求及相关设计准则、标准规范等，运用冗余设计、降额设计、环境防护设计等可靠性设计技术，以及维修性、安全性、保障性、环境适应性、电磁兼容性设计技术，开展产品技术性能与通用质量特性的同步设计和综合优化，迭代进行功能（或硬件）FMECA，完善通用质量特性模型，修改通用质量特性分配和预计报告。

（4）按照元器件、原材料管理规定开展工作，严格控制目录外元器件、原材料设计选用；选用的元器件装机前应 100%进行二次筛选或补充筛选，原材料应 100%进行入厂复验；关键重要元器件应开展破坏性物理分析；新研元器件应进行鉴定评价并确认满足型号装机使用要求。

（5）制定装备软件工程化管理规定及软件开发规范，进行软件可靠性设计与分析；建立软件的开发库、受控库和产品库，严格软件配置管理及更改管理；加强软件测试工作，关键、重要软件应经独立的第三方测试。

（6）对转承制方及转承制产品实施监督、检查与控制，重点突出对研制合同、技术协议所明确的通用质量特性要求的分解、落实与验证情况，保证其通用质量特性工作与装备总体要求及研制计划相协调，产品满足规定的通用质量特性要求。

（7）依据装备通用质量特性试验总案，分解制定各级产品的通用质量特性试验方案，充分开展通用质量特性工程试验，利用性能试验、环境试验、可靠性研制试验、维修性核查试验等暴露设计缺陷并及时加以纠正。

（8）按照研制总要求和合同要求，在装备研制过程中，同步开展保障资源研制，通过装备保障性分析工作，全面提出保障资源需求，细化装备的初始保障方案。

（9）建立和运行故障报告、分析和纠正措施系统（FRACAS），制定管理方法和工作程序，对研制过程发生的故障和问题实施归零管理，收集产品研制、试验过程中的故障信息，建立故障数据库。

4）设计定型阶段

依据装备设计定型程序和要求，策划和实施装备通用质量特性的考核和评价工作，以确认其实现了研制总要求和合同规定的通用质量特性要求。主要工作内容包括：

（1）提出装备设计定型要求，确认及编制“装备设计定型技术状态”，明确装备通用质量特性指标要求，经批复后正式下达。

（2）依据装备研制总要求及合同要求，以正式批复的装备设计定型技术状态为基线，组织定型样机试制工作，安排必要的通用质量特性增长试验与评估工作，以确认装备通用质量特性的实现情况，提供符合设计定型/鉴定状态的产品。

（3）根据设计定型/鉴定要求，制定通用装备质量特性定型/鉴定试验大纲，并组织评审、报批。

（4）按照装备设计定型/鉴定试验大纲的相关规定，开展通用质量特性定型/鉴定试验，根据试验结果给出试验结论，编制装备设计定型/鉴定试验报告。

（5）开展装备试用工作，将装备相关通用质量特性的考核验证纳入装备试用程序，给出相关结论。

（6）依据装备设计定型/鉴定程序，组织装备通用质量特性审查确认工作，提供相关的通用质量特性设计、分析、试验、评估报告。

（7）运行故障报告分析和纠正措施系统（FRACAS），及时收集装备研制、生产、试用过程产生的各种通用质量特性信息，为评价装备通用质量特性能力提供依据。

5）生产定型阶段

依据装备生产定型程序和要求，策划及考核装备生产工艺及各生产条件的可靠性和稳定性，以确认其达到了规定的批生产能力和合同要求。主要工作内容包括：

（1）按需提出装备生产定型要求及计划安排，经批复后正式下达。

（2）根据生产定型要求、合同规定及计划安排，制定生产质量保证大纲，明确生产定型工艺、工序及产品质量控制要求和措施，严格按照设计定型状态组织生产定型样机的小批试生产工作。

（3）采取有效措施，解决产品试制及设计定型遗留的技术与质量问题，并将其纳入相应的设计图样、设计文件和质量管理文件中，由此发生的设计更改和工艺更改，应经充分论证并按规定程序审批。

（4）开展工艺故障模式、影响及危害性分析（PFMECA），消除工艺缺陷，提高工艺可靠性和稳定性；采用统计过程控制（SPC）、六西格玛（6σ）等过程控制技术，以此提升过程能力，减少质量波动；开展工艺改进和优化工作，持续提升工艺稳定性，提高制造成熟度。

（5）根据生产定型要求，制定通用装备质量特性生产定型试验大纲，经评审、批准后，按大纲规定开展通用质量特性生产定型试验工作，编制试验报告。

（6）开展生产定型批装备试用工作，结合装备通用质量特性要求，合理确定相关考核验证项目，安排试用程序，给出试用结论。

（7）依据装备生产定型程序，组织装备通用质量特性审查确认工作，重点审查生产定型工艺的可靠性设计和验证情况，考核评估生产定型批产品的质量稳定性，提供相关的通用质量特性设计、分析、试验、评估报告。

（8）运行故障报告分析和纠正措施系统（FRACAS），及时收集装备生产、试用过程产生的各种通用质量特性信息，将生产定型试验及试用中发现的通用质量特性问题及时归零，为评价装备通用质量特性能力提供依据。

6）生产阶段

采取有效措施，保证装备相关通用质量特性要求在批生产中得到实现或保持。监督和检查生产过程的质量控制情况，确认产品的质量与可靠性状态。主要工作内容有：

（1）依托质量管理体系运行基础，制定并实施产品质量保证大纲，明确批生产的质量与可靠性保证要求、生产阶段应开展的通用质量特性工作项目，经批准、会签后生效。

（2）采取各项质量与可靠性措施，严格控制“人、机、料、法、环、测（5M1E）”各生产要素的波动和变化，保持生产过程稳定。进一步开展工艺故障模式影响及危害性分析（PFMECA），识别影响产品质量与可靠性的工艺缺陷和薄弱环节，并及时采取改进措施。

（3）加强生产过程通用质量特性的控制与检查，重点跟踪关键件、重要件通用质量特性的实现情况，检查关键过程和关键工艺参数的稳定性，评价关键特性的过程能力控制情况。

（4）针对生产过程涉及的产品技术状态更改、工艺方法调整、工艺装备更新、关键重要器材代用等更改事项，分析其对产品通用质量特性的影响，并按有关规定履行审批手续。

（5）在装备交付使用方的同时，按合同要求同步交付保障资源，包括装备使用、维护、修理需要的技术资料、备品备件、检测及修理工具和设备、人员培训资料及设施、计算机资源等，以使尽快形成保障能力。

（6）建立和运行故障报告分析和纠正措施系统（FRACAS），将批生产中发现的技术问题、管理问题及时归零。应对装备生产、交付使用中发生的故障、缺陷进行分析，采取纠正措施，并对产品通用质量特性的影响进行评价。

7）使用维修阶段

结合装备的使用维修，进一步考核、验证装备通用质量特性能力，并对使用效果做出评估，采取技术与管理措施，保持和恢复装备固有通用质量特性水平。主要工作内容有：

（1）按装备综合保障要求及合同要求，做好装备使用、维修的保障工作，及时提供各类保障资源，按规定委派技术服务实施现场排故、演训保障，收集和分析装备使用过程的通用质量特性信息，及时处理装备使用过程暴露的通用质量特性问题和缺陷。

（2）依据装备修理合同（或技术文件）规定的通用质量特性要求，开展与装备修理业务相关的通用质量特性设计、试验、检测技术研究、标准规范制定、手段建设、资源配置等工作，采取有效的技术与管理措施，力求恢复装备的固有能力，保持装备的通用质量特性水平。

（3）依据装备使用维护说明书，制定和实施装备日常操作使用、检测维护等制度和规程，以确保装备的战备完好性。特别关注装备使用体现出的各通用质量特性水平，及时报送装备使用信息及存在问题，制定和实施问题处置方案。

（4）按要求开展装备在役考核，给出包括装备通用质量特性在内的考核结论。

（5）制定通用质量特性评估方案，根据装备使用过程出现的故障和改进情况以及外场试验情况，定期对装备通用质量特性水平进行评估，提出通用质量特性优化的建议或措施。

（6）建立装备使用信息管理制度，明确信息收集、交流和反馈机制，按规定组织产品使用、维修和贮存期间的通用质量特性信息的报送工作，定期评估装备通用质量特性水平，提出装备通用质量特性优化的建议和措施。

附录 B　装备研制阶段划分更新前后对应关系图

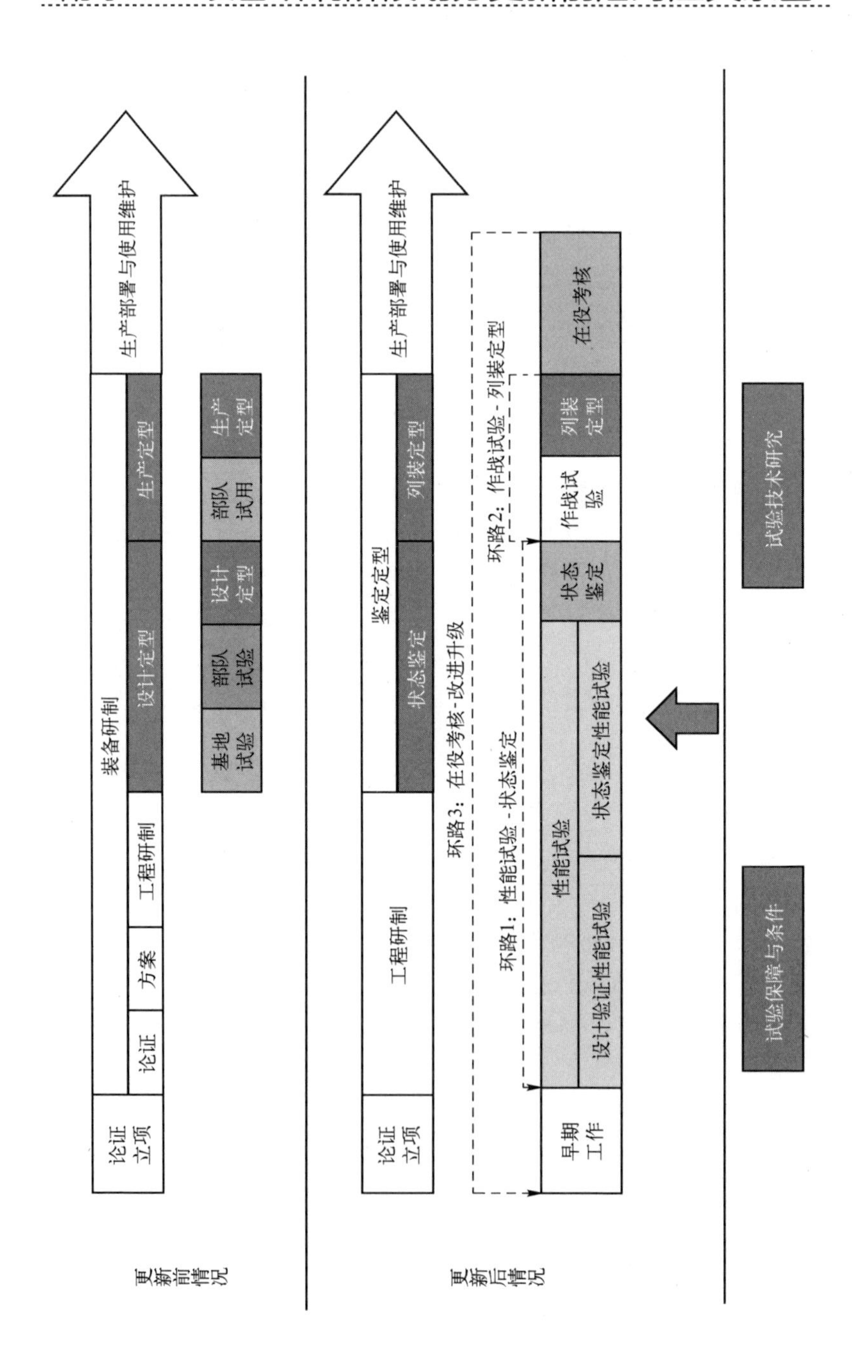

附录C　装备研制过程技术状态管理活动一览表

序号	技术状态管理活动	阶段				
		立项论证	方案设计	工程研制	设计定型	生产定型
1	顶层策划					
1.1	建立（/完善）技术状态管理机构（CCB）	√	○	（○）	（○）	○
1.2	确定（/调整）各相关方技术状态管理职责	√	○	（○）	（○）	○
1.3	制订（/完善）技术状态管理制度并培训	√	（√）	（√）		（√）
1.4	制订（/完善）技术状态管理计划		√	（√）	（○）	（○）
1.5	确定（/完善）技术状态管理内容		√	（√）	（○）	（○）
1.6	建立（/完善）技术状态管理监督体系		√	（√）	（○）	（○）
2	技术状态标识					
2.1	定义产品分解结构，提出技术状态项目建议		√	√		
2.2	确定技术状态项目，编制技术状态项目清单		√	√		
2.3	确定每个技术状态项目的接口		√	√		
2.4	确定技术状态文件，编制技术状态文件清单		√	√	√	√
2.5	确定技术状态项目和技术状态文件标识方法		√	√		
2.6	建立技术状态基线		√	√	√	
2.7	编制和发放技术状态文件		√	√	√	√
2.8	保持技术状态文件标识、文件原件归档		√	√	√	√
3	技术状态控制					
3.1	建立（/完善）技术状态控制流程		√	（√）	（○）	（○）
3.2	评价分承制方/供应商的技术状态控制流程		√	√	○	○
3.3	提出技术状态更改建议及偏离许可、让步申请			○	○	○
3.4	审查及批准技术状态更改建议			√	√	√

续表

序号	技术状态管理活动	阶段				
		立项论证	方案设计	工程研制	设计定型	生产定型
3.5	实施技术状态更改			√	√	√
3.6	审查及批准偏离许可、让步申请			√	√	√
3.7	采取措施纠正偏离许可、让步			√	√	√
3.8	批准权限范围内的分承制方/供应商提出的技术状态更改建议			√	√	√
4	技术状态记实					
4.1	评价分承制方/供应商的技术状态记实流程			√	○	√
4.2	建立技术状态项目与技术状态文件的链接		√	√	√	√
4.3	记录并报告产品技术状态实现情况		√	√	√	√
4.4	统计和分析产品技术状态实现情况			√	√	√
4.5	记录并报告更改、偏离许可、让步情况			√	√	√
4.6	建立技术状态更改、偏离许可、让步实施与控制情况追踪索引			√	√	√
4.7	整理技术状态记实文件，进行归档和维护			√	√	√
5	技术状态审核					
5.1	编制技术状态审核计划		○	√	√	√
5.2	与用户沟通技术状态审核事项		○	√	√	√
5.3	进行技术状态审核各项准备工作，建立审核组、制定审核检查表、准备审核资料、产品等		○	√	√	√
5.4	进行功能技术状态审核		○	√	√	√
5.5	进行物理技术状态审核		○	√	√	√
5.6	编制审核报告，形成审核结论		○	√	√	√
5.7	审核问题的跟踪管理		○	√	√	√

注：1. “√”表示需要开展；“○”表示根据需要进行；

2. 符号带小括号表示对应活动名称中小括号内的内容。

附录D　供应商产品保证能力评价表

序号	检查内容	评定等级				备注
		A	B	C	D	
		符合要求	基本符合	不符合	不适用	
一、组织保证						
1	具有法人资格，能够独立承担法律责任					
2	具有装备承制资格证书，或科研生产许可证					
3	建有科研、生产、物资、质量等业务部门，组织机构健全，责任明确					
4	建有专业的设计、工艺、生产和质量队伍，水平和技能满足装备研制单位下达的型号任务要求					
5	设有研制项目技术主管，全面负责产品技术工作和提供研制所需的资源					
6	设有研制项目质量主管，全面负责产品质量工作，保证研制项目质量与可靠性要求的落实，以及与装备研制单位的沟通。质量主管应有直接渠道接触其单位决定政策或资源的最高管理者					
7	建有技术状态管理机构（CCB）、故障审查机构（FRB）、不合格品审理机构（MRB），明确了相应的工作职责、程序和接口，质量工作体系健全					
8	建有培训制度，确保组织内相关人员理解产品质量与可靠性的重要性，以及他们工作的相互关系和重要性					
二、管理体系						
9	建立、实施和保持与其工作范围相适应的质量管理体系，通过认证，运行有效					
10	通过了相应等级的保密资格认证，承担与其等级一致的任务					
11	必须时，通过了特殊专业认证					
12	依据装备研制单位任务要求，制定有研制项目的“质量保证大纲”，以及相应的质量控制文件，经批准发布执行					
13	建立并落实了研制项目的各层、各级质量责任制					
14	研制项目的质量控制文件、质量控制要求应传达至有关人员，并被理解、获取和执行					
15	依据合同要求，制订有研制项目的质量工作计划，并纳入研制计划管理					

续表

序号	检查内容	评定等级				备注
		A	B	C	D	
		符合要求	基本符合	不符合	不适用	
三、设计保证						
16	建有专门的设计师队伍，能承担装备研制单位下达的研制项目，设计开发满足要求的研制产品					
17	依据合同或研制任务书中的性能、可靠性等定量、定性要求，识别确定了设计输入，并组织了评审确认					
18	制定有产品设计准则，包括可靠性、维修性、测试性、安全性、环境适应性等设计准则，并通过评审确认					
19	结合功能性能设计，同步开展可靠性、测试性、安全性、环境适应性等设计分析工作，形成相关设计分析报告？					
20	开展产品特性分析，识别了关键特性、重要特性、确定关键件、重要件，编制关键件（特性）、重要件（特性）项目明细表，并有可靠、明确的质量控制措施					
21	对产品关键件、重要件进行单点故障分析，对Ⅰ、Ⅱ类单点故障采取控制措施，控制措施全面有效					
22	制定产品试验验证计划和方案，分解试验项目、试验条件、方法、判据等相关试验要求，形成试验大纲、细则等相关技术文件					
23	根据产品特点和使用条件（特别是针对关重件），安排相关考核试验，对产品适应各种极限工况的能力进行相关设计评估或试验验证					
24	采用特性分析、FMEA、裕度分析、仿真分析、危险分析等技术方法进行技术风险分析，识别设计薄弱环节并采取改进措施					
25	按产品研制阶段及产品功能级别和管理级别，实施分级、分阶段的设计评审，并根据需要进行可靠性、维修性、安全性、保障性以及元器件选用和软件等专题评审					
26	采用的新技术、新工艺、新器材应进行充分的论证、试验和鉴定并履行审批程序					
27	建立图纸和技术文件的校对、审核、批准三级审签制度，工艺和质量会签制度，标准化检查制度，且执行情况良好					
28	开展设计的可生产性审查，并形成审查报告					
29	形成了完整的设计输出资料，包括设计图样、技术文件、产品规范、器材明细等设计输出满足输入要求					

续表

序号	检查内容	评定等级				备注
		A	B	C	D	
		符合要求	基本符合	不符合	不适用	
30	建立成套技术资料管理制度，成套技术资料的内容、范围应完整、齐全在初样阶段、正样阶段和技术鉴定后（或方案阶段、工程研制阶段、设计定型阶段）均形成相应的技术文件					
四、采购产品保证						
31	对外协、外购器材的供应商应进行产品保证能力和产品质量的评价，并编制合格供应商名录和采购产品优选目录合格供应商名录应实行动态管理，经过顾客代表审签					
32	贯彻型号要求，明确规定研制产品可选用的元器件、原材料的品种、规格和供货渠道，优先推荐选用能满足质量要求的国产元器件原材料，严格禁止使用已禁用、淘汰及质量等级不符的元器件、原材料					
33	研制合同和采购合同中，应明确规定配套产品的产品保证要求、技术规范、验收准则和验收方法以及合同双方的质量责任，并按合同规定的产品保证要求和验收程序进行验收或入厂复验					
34	所使用的元器件，装机前应百分之百进行二次筛选或补充筛选，原材料应进行百分之百入厂（所）复验					
35	关键重要元器件应开展破坏性物理分析（DPA）					
36	装机器材出现失效应进行失效分析，并举一反三					
37	使用的新研制器材应通过技术鉴定，满足型号质量与可靠性要求					
38	制订配套器材清单，当配套器材变更、复验规范变更时，应进行评审和确认					
39	配套器材质量与供货稳定，进口原材料、元器件及成品件后续研制生产供应渠道畅通					
40	建立并执行了生产过程外协质量管理制度，对外协作的产品和工序，应签订外协技术协议和产品保证协议，定期进行外协件质量评定					
41	外协加工件技术状态受控，批次管理清楚，不合格品按要求进行了审理					
42	制订了外协产品和工序的入厂复验技术条件，复验记录齐全完整					
43	外协试验过程受控，有明确的技术及质量保证要求，记录清晰完整，具有可追溯性					
44	代用器材应经过验证试验，经批准后方能使用					

续表

序号	检查内容	评定等级				备注
		A	B	C	D	
		符合要求	基本符合	不符合	不适用	
45	制订器材的贮存和保管条件，对超过有效贮存期的器材制定复验要求，并进行超期复验					
46	器材管理应做到：不合格器材已隔离，并有明显标识					
五、软件产品保证						
47	贯彻装备研制单位提出的软件工程化要求，结合研制项目，建立软件工程规范或编制相关技术与管理文件					
48	分解项目研制任务，开展软件需求分析，编写软件需求规格说明					
49	进行软件可靠性、安全性分析，明确了失效模式并采取改进措施					
50	实施软件需求管理，对软件需求的产生、变更、实现、验证进行控制和确认，对软件需求的状态进行双向跟踪					
51	制定软件质量保证计划，质量保证人员按计划实施软件质量保证活动					
52	按软件开发阶段编制形成相关的软件文档，文档编制格式符合 GJB 438 的规定要求					
53	对所有软件开发文档组织内部审查、评审，对审查、评审发现的问题实施闭环管理，并有审查、评审的记录和签字					
54	开展软件内部测试，包括部件测试、配置项测试和系统测试，形成相应测试文档和测试记录，做到完整、准确					
55	关键、重要软件进行第三方测试，根据软件需求安排必要的功能测试、边界测试、强度测试、性能测试、安全性测试、接口测试等					
56	进行软件的测试覆盖（包括需求、语句、分支覆盖）分析并有明确结论，对未覆盖部分进行风险分析，形成相关报告和结论					
57	进行软件测试环境与真实运行环境的差异性分析，并对软件测试的有效性做出评估					
58	制定软件配置管理程序，建立了软件配置管理系统，实施软件开发库、受控库和产品库管理					
59	制定和执行软件设计更改控制程序，软件更改前应进行影响域分析，更改后应进行回归测试					
60	关键、重要软件参数的设计更改应组织评审，并报装备研制单位审批					

续表

<table>
<tr><td rowspan="3">序号</td><td rowspan="3">检查内容</td><td colspan="4">评定等级</td><td rowspan="3">备注</td></tr>
<tr><td>A</td><td>B</td><td>C</td><td>D</td></tr>
<tr><td>符合要求</td><td>基本符合</td><td>不符合</td><td>不适用</td></tr>
<tr><td>61</td><td>软件载体应纳入外购清单，软件载体供应商应纳入合格供方目录</td><td></td><td></td><td></td><td></td><td></td></tr>
<tr><td>62</td><td>应有软件复制、固化和介质保证的管理规定，应有软件复制、固化和装订过程的记录</td><td></td><td></td><td></td><td></td><td></td></tr>
<tr><td>63</td><td>建立有软件故障审查程序，对软件研制过程出现过质量问题实施归零管理</td><td></td><td></td><td></td><td></td><td></td></tr>
<tr><td colspan="7">六、技术状态管理</td></tr>
<tr><td>64</td><td>制定技术状态管理程序，成立技术状态管理组织（CCB），履行产品技术状态管理及更改控制的职责</td><td></td><td></td><td></td><td></td><td></td></tr>
<tr><td>65</td><td>依据总体要求及研制项目设计方案，选择技术状态项目，确定技术状态项目的分配基线、产品基线，规定描述上述基线的文件清单</td><td></td><td></td><td></td><td></td><td></td></tr>
<tr><td>66</td><td>随研制阶段进展，与产品研制同步进行基线文件的编制、审查和发布，形成能全面反映产品技术状态的文件</td><td></td><td></td><td></td><td></td><td></td></tr>
<tr><td>67</td><td>贯彻“充分论证、各方认可、试验验证、审批完备、落实到位”的技术状态更改原则，按规定的更改类别及审批权限实施控制，报备</td><td></td><td></td><td></td><td></td><td></td></tr>
<tr><td>68</td><td>产品技术状态更改应征得装备研制单位同意，评审通过后方可更改，并具有可追溯性，必要时应报上级机关</td><td></td><td></td><td></td><td></td><td></td></tr>
<tr><td>69</td><td>规定技术状态记实范围及工作要求，及时记录、报告和跟踪产品技术状态标识，更改、偏离、超差以及技术状态审核等情况，报告装备研制单位所要求的技术状态信息和报告</td><td></td><td></td><td></td><td></td><td></td></tr>
<tr><td>70</td><td>研制转阶段、产品交付用户前，组织技术状态审查和清理工作，确认技术状态更改的有效性，配合用户组织产品技术状态审核工作</td><td></td><td></td><td></td><td></td><td></td></tr>
<tr><td colspan="7">七、工艺保证</td></tr>
<tr><td>71</td><td>应建立工艺管理组织机构和相应的工艺管理制度，具有专职的工艺师队伍和稳定的工艺主管人员</td><td></td><td></td><td></td><td></td><td></td></tr>
<tr><td>72</td><td>按有关标准制定产品的工艺总方案、工艺说明书和成套工艺规程</td><td></td><td></td><td></td><td></td><td></td></tr>
<tr><td>73</td><td>工艺文件应规范、细化，具有可操作性和可检测性，特种工序检验控制点设置合理，控制参数要求明确，落实到位</td><td></td><td></td><td></td><td></td><td></td></tr>
<tr><td>74</td><td>识别并明确工艺过程存在的影响产品质量的薄弱环节，并采取措施，消除隐患</td><td></td><td></td><td></td><td></td><td></td></tr>
</table>

续表

序号	检查内容	评定等级				备注
		A	B	C	D	
		符合要求	基本符合	不符合	不适用	
75	工序检测内容及要求、采用的工艺设备、工艺装备和检测器具要求等具体、明确，可操作、可检查					
76	对零部件和产品在周转、贮存等环节中的包装和防护制订工艺措施，并在工艺规程中明确					
77	对工作场地的环境条件有特殊要求的，在工艺规程中明确					
78	依据设计确定的关键特性（件）、重要特性（件），识别确定了关键过程（关键工序）和特殊过程（特种工序），并制定有相应的质量控制措施					
79	关键件、重要件、关键工序的工艺文件应有明确标识					
80	专检点设置合理，并在工艺规程上明确检验项目和要求					
81	检验试验工序需经检验试验主管技术人员会签					
82	检验标准符合要求，并有关键工序的制品、成品的合格率控制标准					
83	识别并标识特殊过程，对特殊过程所用设备仪表、工作介质、工作环境进行周期检定或鉴定，检定或鉴定记录齐全，标识醒目					
84	明确了记录要求，并具有可追溯性，即从产品上的标识可逐一查出该产品的性能试验报告、无损检测报告、原材料及辅料的化验报告等，以及相关操作人员					
85	制定工艺纪律检查制度，对生产现场工艺规程实施有效的监督和管理					
86	工艺规程所选用的生产加工设备、工艺装备、检验试验设备的功能、性能、精度符合产品技术和质量等级要求					
87	关键工序操作人员和检验人员上岗前应经过技术业务培训并有操作证					
88	国家明令淘汰和标准规定禁用的工艺技术和设备，应停止使用					
89	应建立工艺评审制度，按规定要求进行分级分阶段的工艺评审，并实施跟踪管理					
八、生产过程控制						
90	应具有相应的生产线并配有足够的人力和设备，生产能力应能满足装备研制单位配套需求					

续表

序号	检查内容	评定等级				备注
		A	B	C	D	
		符合要求	基本符合	不符合	不适用	
91	生产现场所使用的设计文件、工艺文件、质量控制文件和检验试验文件等现行有效、文文相符各种质量原始记录齐全，可追溯					
92	建立并严格执行生产的批次管理制度，对器材采购、库存、保管及发放，产品加工、装配、检验验收，成品保管、包装、贮存、交付等环节应实行有效的批次管理					
93	交付产品的批次标记与原始记录保持一致，保证产品的可追溯性					
94	关键、重要工序的工艺文件应有标识					
95	根据产品特点和性能制定并执行多余物控制办法，采取多余物控制措施，以有效的预防和控制多余物					
96	电子产品应进行抗静电能力测试					
97	生产过程的关键工序应实行三定（定工艺、定人员、定设备）					
98	从事特种工艺的生产、检验人员应经过专业培训并考核合格，持证上岗					
99	凡工艺规程和质量控制文件有环境要求的工序，如温度、湿度、含尘量、压缩空气、真空度、电网电压等，都应配备专门设施和测量仪器，以便对环境条件进行监测与控制，并指定专人监控、记录					
100	现场实际情况应与工艺规程和质量控制文件相一致，其原始记录应做到可追溯，即从产品上的标识可逐一查出该产品的性能试验报告、无损检测报告、原材料及辅料的化验报告以及相关操作人员					
九、检验试验控制						
101	建立了产品检验、检验印章管理制度					
102	具有专职的检验师队伍，能独立行使检验职能					
103	应在产品规范中明确产品的检验项目、程序方式、方法、接收及拒收判据，相关检验记录应齐全有效					
104	编制了产品的检验准则（规程）检验技术文件现行有效					
105	最终产品检验记录清晰、完整，并按规定要求保存					
106	交付产品的合格证、履历本等质量证明文件齐全，签署完整					

续表

序号	检查内容	评定等级				备注
		A	B	C	D	
		符合要求	基本符合	不符合	不适用	
107	产品随行文件应能清晰表明产品做了哪些试验、测试及其结果，以及测试人和日期，产品放行授权人员					
108	交付资料和备件、附件完整齐套，包装符合规定的要求					
109	严格进行批检试验，保证批生产产品质量稳定，凡批检试验不合格的产品不得交付					
十、仪器设备控制						
110	建立了生产设备管理制度和计量器具管理制度					
111	非标准设备制定了校准规程					
112	设备配置满足研制生产的需要，按要求进行了维护保养，对检测设备校准结果进行了确认					
113	质量一致性检验和筛选用设备仪器符合要求（指性能、精度、原理等）					
114	操作关键设备岗位人员的数量、素质与产品相适应，并持证上岗					
115	配备的最高计量标准器具能满足本单位承担任务的需要，可追溯到国家（或国防）计量基准，并执行了强制检定，周检率达到 100%，其使用和保管环境条件符合规定					
116	试制、试验、生产中，现场使用的计量器具按规定进行定期检定，对生产、检验共用的计量器具按规定进行检定					
117	理化试验的环境，设备、仪器、仪表，试样，理化试验用原材料、试剂（含关键性辅助材料）、标准物质，理化试验方法和操作规程、理化试验人员等管理应符合要求					
十一、不合格品及质量问题处理						
118	按国家军用标准要求制定了不合格品控制程序，成立不合格品审理机构，并按要求和程序进行不合格品审理，顾客代表应参加不合格品审理					
119	建立不合格品审理机构，人员配置满足要求					
120	不合格品审理人员应经最高管理者授权批准并经顾客代表确认					
121	不合格品审理应执行“三不放过”原则，审理记录应齐全、规范，批次不合格、严重不合格品审理结果应通知顾客					

续表

序号	检查内容	评定等级				备注
		A	B	C	D	
		符合要求	基本符合	不符合	不适用	
122	交付的产品发生由于设计、生产原因造成的质量问题，应当进行失效分析，并在失效分析的基础上按要求进行归零					
十二、客户支持与服务						
123	建立了专门的售后服务机构，制定并落实了售后服务工作制度					
124	建立了用户档案，有用户访问制度，并开展技术服务活动					
125	按照售后服务的管理制度要求，定期走访客户，及时为客户提供技术支持和服务保障，收集产品在使用过程中的质量和可靠性、保障性等信息，并及时处理					
126	已交付产品发生重大或重复性、批次性质量问题，应快速响应，及时有效解决					
127	建立了厂内外质量、可靠性信息反馈机制，有专人负责，厂内外信息的分类、收集、传递、反馈、分析和处理制度健全，信息渠道畅通，档案资料齐全，保证产品质量的可追溯性					
128	及时妥善处理顾客意见，对于顾客反馈的产品故障及时组织质量复查，查明原因，落实纠正措施，给出结论性意见和已交付产品的处理意见					

参 考 文 献

[1] 中国人民解放军总装备部. 装备可靠性工作通用要求：GJB 450A—2004[S]. 北京：总装备部军标出版发行部，2004.

[2] 国防科学技术工业委员会. 产品质量保证大纲要求：GJB 1406A—2005[S]. 北京：国防科工委军标出版发行部，2005.

[3] 中国人民解放军总装备部. 武器装备研制项目工作分解结构：GJB 2116A—2015[S]. 北京：总装备部军标出版发行部，2015.

[4] 国防科学技术工业委员会. 武器装备研制项目管理：GJB 2993—1997[S]. 北京：国防科工委军标出版发行部，1997.

[5] 中国人民解放军总装备部. 技术状态管理：GJB 3206A—2010[S]. 北京：总装备部军标出版发行部，2010.

[6] 中国人民解放军总装备部. 技术状态监督管理要求：GJB 5709—2006[S]. 北京：总装备部军标出版发行部，2006.

[7] 中国人民解放军总装备部. 武器装备研制系统工程通用要求：GJB 8113—2013[S]. 北京：总装备部军标出版发行部，2013.

[8] 中央军委装备发展部，质量管理体系要求：GJB 9001C—2017[S]. 北京：国家军用标准出版发行部，2017.

[9] 中国人民解放军总装备部. 武器装备研制项目风险管理指南：GJB/Z 171—2013[S]. 北京：总装备部军标出版发行部，2013.

[10] 中国航天工业总公司. 航天产品保证要求：QJ 2171A—1998[S]. 北京：中国航天工业总公司，1998.

[11] 国防科学技术工业委员会. 航天产品保证大纲编写指南：QJ 3187—2003[S]. 中国航天标准化研究所，2003.

[12] 钱学森，等. 论系统工程[M]. 长沙：湖南科技出版社，1988.

[13] 杨为民. 可靠性·维修性·保障性总论[M]. 北京：国防工业出版社，1995.

[14] 栾恩杰，陈红涛，赵滟，等. 工程系统与系统工程[J]. 工程研究——跨学科视野中的工程，2016，8（5）：480-490.

[15] 袁家军. 中国航天系统工程与项目管理的要素与关键环节研究[J]. 宇航学报，2009，30（2）：428-431.

[16] 康锐，屠庆慈. 可靠性维修性保障性工程基础[M]. 北京：国防工业出版社，2012.

[17] 康锐，王自力. 装备全系统全特性全过程质量管理概述[J]. 国防技术基础，2007（04）：25-29.

[18] 康锐，石荣德，肖波平，等. 型号可靠性维修性保障性技术规范[M]. 北京：国防工业出版社，2010.

[19] 李瑞莹，潘星. 系统工程与分析[M]. 北京：国防工业出版社，2014.

[20] 杨多和. 当前航天工程推行产品保证的制度障碍与对策[J]. 质量与可靠性，2008（04）：15-18.

[21] 杨双进. 航天产品保证与产品质量保证应用研究[J]. 质量与可靠性，2020（01）：1-5.

[22] 中国航天科技集团公司. 产品保证[M]. 北京：中国宇航出版社，2017.

[23] 余后满. 航天器产品保证[M]. 北京：北京理工大学出版社，2018.

[24] 龚庆祥，赵宇，顾长鸿，等. 型号可靠性工程手册[M]. 北京：国防工业出版社，2007.

[25] 宋太亮，李军. 装备建设大质量观[M]. 2 版. 北京：国防工业出版社，2017.

[26] 樊会涛，张同贺. 型号研制十二准则[J]. 系统工程与电子技术，2012，34（12）：2485-2491.

[27] 洪德彬. 质量认证实用全书[M]. 北京：企业管理出版社，1995.

[28] 金先仲，任宏光，李建军. 空空导弹研制系统工程管理[M]. 北京：国防工业出版社，2007.

[29] 李建军，杨为民. 型号研制中的产品保证策略研究[J]. 宇航学报，2003，24（6）：656-660.

[30] 赵少奎，杨永太. 工程系统工程导论[M]. 北京：国防工业出版社，2000.

[31] 防务系统管理学院. 工程项目管理手册[M]. 北京：航空工业出版社，1992.

[32] Project Management Institute（PMI）. A Guide to the Project Management Body of Knowledge[Z]. Project Management Institute，Inc. ，2000.

[33] 符志民. 项目管理理论与实践[M]. 北京：中国宇航出版社，2002.

[34] 中国航天工业总公司质量技术监督局. 德国宇航公司产品保证培训讲义（修订本）[Z]. 1997.

[35] 卿寿松. 欧洲航天局产品保证管理的机构、职能及运行模式[J]. 质量与可靠性，2000（02）：41-45.

[36] 卿寿松，周海京. 航天产品研制项目的产品保证策划[C]//第八届亚太质量组织（APQO）会议论文集，2002：733-738.

[37] 曾声奎. 系统可靠性设计分析教程[M]. 北京：北京航空航天大学出版社，2001.

[38] 焦景堂，李铁柏. 航空可靠性工程进展[M]. 北京：北京航空航天大学出版社，2003.

[39] 胡昌寿. 航天可靠性设计手册[M]. 北京：机械工业出版社，1999.

[40] 郑志伟. 空空导弹系统概论[M]. 北京：兵器工业出版社，1997.

[41] 朱永根，吴勇. 导弹武器系统全寿命 R&M 管理工程[M]. 北京：国防工业出版社，1998.

[42] 张性原，邵家俊. 设计质量工程[M]. 北京：航空工业出版社，1999.

[43] 久米均. 质量经营[M]. 马林，译. 上海：上海科学技术出版社，1995.

[44] 周海军，江雅芬. 航天型号产品保证工作研究[J]. 上海航天，2014，31（S1）：116-121.

[45] 曹立思，郝剑虹，刘子先，等. 产品保证策略研究现状与前景展望[J]. 管理评论，2015，27（03）：133-141.

[46] 高宗强，郭海霞，徐居明. 航空新研元器件质量与可靠性控制要求研究[J]. 航空标准化与质量，2015（03）：44-46，56.

[47] 史玉琴，周婕，徐居明，等. 空空导弹新研元器件可靠性保证方法研究[J]. 航空兵器，2014（02）：61-64.

[48] 牛焕生，李建军，高世平. 嵌入式军用软件验收质量管理方法探讨[J]. 航空兵器，2002（04）：18-20.

[49] 付春岭，张熇，吴学英. 基于嫦娥四号探测器任务特点的产品保证工作实践[J]. 航天器工程，2019，28（04）：12-15.

[50] 邵佳红. 以质量管理体系换版为契机落实航天型号产品保证要求[J]. 质量与可靠性，2019（01）：39-42，47.

[51] 李德武. 国内外产品保证建设的经验与启示[J]. 质量与可靠性，2018（02）：35-39.

[52] 范蕾懿. 新形势下航天企业产品保证的实践与思考[J]. 质量与标准化，2017（10）：47-50.

[53] 张莹，孙丽玲，田耀亭. 航天型号研制产品保证工作研究[J]. 航天标准化，2017（01）：34-37.

[54] 侯建国. 航天产品保证与质量管理体系关系的再认识[J]. 质量与可靠性，2017（01）：38-41，46.

[55] 于晓鹏. 对产品保证体系与质量管理体系共存的思考[J]. 电子产品可靠性与环境试验，2015，33（05）：61-65.

[56] 高原，王海林. 型号产品保证模式的创建与实践[J]. 航天工业管理，2012（10）：11-15.

[57] 李琴，李福秋，江元英. 产品保证在航天工程中的应用策略研究[J]. 质量与可靠性，2011（05）：38-41.

[58] MURTHY D N P. Product warranty and reliability[J]. Annals of Operations Research，2006，143(1)：133-146.

[59] 王涛. 产品保证管理与现行质量管理体系的结合[J]. 中国质量，2004（05）：80-83.

[60] 马显军. 从项目管理角度认识产品保证[J]. 航天标准化，2004（02）：1-7，12.